TANJIANPAI
SHUXUE MOXING
JIQI YINGYONG

碳减排
数学模型及其应用

梁进 杨晓丽 郭华英 等编著

化学工业出版社

·北京·

本书共分7章，主要介绍了碳排放背景、碳减排模型的数学基础、碳减排相关模型、简单的碳减排模型、碳金融模型、碳优化模型，并在最后进行了总结与展望。书后还附有碳减排方面专有名词解释和碳优化模型相关数学证明，供读者参考。

本书内容深入浅出，包含一般普及性的模型和知识，也涉及最前沿的研究结果，既是数学方法在碳减排领域的应用展示，又是研究结果的汇集，可供在企业或研究所从事碳减排、碳交易工作的研究人员、专业人员参考，也可供高等学校应用数学、环境工程和新能源科学与工程等专业师生参阅。

图书在版编目（CIP）数据

碳减排数学模型及其应用/梁进等编著. —北京：化学工业出版社，2020.1（2023.3重印）
ISBN 978-7-122-35570-6

Ⅰ.①碳… Ⅱ.①梁… Ⅲ.①二氧化碳-减量化-排气-数学模型-研究 Ⅳ.①X511

中国版本图书馆 CIP 数据核字（2019）第 252403 号

责任编辑：刘　婧　刘兴春　　　　　　装帧设计：韩　飞
责任校对：王　静

出版发行：化学工业出版社（北京市东城区青年湖南街 13 号　邮政编码 100011）
印　　装：北京天宇星印刷厂
710mm×1000mm　1/16　印张 14¾　字数 250 千字　　2023 年 3 月北京第 1 版第 5 次印刷

购书咨询：010-64518888　　　　　　售后服务：010-64518899
网　　址：http://www.cip.com.cn
凡购买本书，如有缺损质量问题，本社销售中心负责调换。

定　　价：85.00 元　　　　　　　　　　　版权所有　违者必究

序

数学作为一门基础学科，不仅本身严谨优美，而且在实际应用中会发挥出神奇独特的魅力。 数学要走向应用，有一步是必需的，即要经过一系列去伪存真、去粗取精的过程。 通过一定的假设对原问题进行简化，以便引入一定的数学框架建立数学模型，在实际问题与数学之间架起一座桥梁，把原有的实际问题转化为一个数学问题，然后通过一系列细微深入的数学分析、推理和计算，对实际问题做出定性和定量的解答。 这里需要强调的是，在一定假设下，把原问题进行简化是重要的，因为一般来说原有问题是复杂的，数学模型不可能包罗万象，把所有的因果关系都包含进去。 它需要简化、突出主要矛盾，使数学模型既是可行的，可以运作的，又是可靠的，不失真的，误差是可以接受的。 这是一个好的数学模型必须具备的要求，也是摆在我们每个数学工作者面前需要完成的任务。

随着气候变化，温室效应等一系列环境问题越来越突出地摆到我们面前，碳减排也就成了一个全新而复杂的热门领域。 这不仅是因为快速发展中的新技术给我们带来了一些预想不到的负面影响，也因为这个领域涉及人们过去从未碰到的法律、技术、管理等综合问题。 要解决这些问题，不仅需要依靠政治家的智慧去谈判，而且也需要碳减排第一线的科学家和工程师利用他们的知识和经验去研究、去探索。 这里有大量的实际问题需要解决，当然不乏许多数学问题。 面对这样一个全新而又复杂的领域，如何迎难而上做出贡献是一个巨大的挑战。

本书作者梁进教授等是同济大学金融数学团队的成员，在金融衍生品定价、数值计算的误差估计以及信用风险估值的数学模型的理论分析等方面都做出过一些很有分量的工作。 近年来她带领学生们致力于碳减排领域的数学建模的理论分析的研究工作，特别在一定假设下，对碳排控制、碳交易衍生物估价以及碳减排优化等一系列实际前沿课题进行了探索性研究，取得了很多可喜的理论和应用成果，为实现碳减排提供了帮助。 这本书是这些成果的汇集和整理，我相信具有不同数学背景、正在从事碳减排工作的读者，以及数学系应用数学专业的师生们都可以在这本书中找到读点和感兴趣的内容。

2018 年初春　上海

前　　言

2016 年我造访加拿大冰原，得知集结了成千上万年的冰原正以每年几百米的速度退缩消融，由此带来海平面上升、生物链断链等一系列生态问题。这表明气候变暖不是只停留在我们的感觉上，而是实实在在地影响甚至是威胁着人类的生存状态。

加拿大班芙冰原

在这严峻的形势下，有识之士正行动起来，从百姓的低碳生活到政府的减排承诺，从企业的环保措施到国际磋商协议，人们为此正在艰难地努力。所谓碳减排，顾名思义，就是减少二氧化碳的排放量。随着全球气候变暖，二氧化碳的排放量必须减少，以缓解气候危机。联合国政府间气候变化专门委员会（IPCC）第三次评估报告指出，近 50 年来气候变暖的主要原因是人类活动。但我们知道，碳减排不是一句口号，同时意味着我们要放弃一些我们已经享受到的技术发展带给我们眼前的方便、快捷和舒适。减排也意味着我们要投入一些并不能马上看到效果的项目，从而影响到经济效益。这就是为什么碳减排的压力和困难是巨大的。如何能找到平衡，一方面尽可能地低碳、最大可能地减排；另一方面又尽可能减少对我们的生活影响，达到一定的经济效益就是我们关心的事。

为了碳减排，全球都已行动起来。已有的国际协议就有《斯德哥尔摩宣言》《联合国气候变化框架公约》《京都议定书》《欧盟气候变化计划》和《巴黎协定》等。中国也颁发了一系列如《"十二五"控制温室气体排放工作方案》《"十三五"控制温室气体排放工作方案的通知》等政策文件。但整体来说，碳减排的有效实施还有很长的路要走。

作为一名数学工作者，我希望不仅自己实施低碳生活，也要用自己的专业知识为碳减排的进行做出一点贡献。

我从十年前就开始关注碳减排的数学模型。当时碳减排还多半停留在概念上，停留在宣传上，停留在政府间的磋商上。这十年来，碳减排的议题越来越热，更多的碳协议签订实施，碳市场开放，低碳也进入了普通百姓的理念中。在学术界大量关于碳减排的论文也层出不穷，但议题多半还是法律、管理、测算、技术方面。对于量化优化方面的考虑还比较少，尽管这是一个重要的方向。而量化优化恰恰需要应用合适的数学工具。应用数学工具的第一步就是数学建模。这十年来，我和我的团队致力于碳减排的数学模型、应用和理论探讨方面的研究，做了不少工作，发表了一系列论文。希望此书对于那些从事和碳排相关工作，以及实施低碳生活的人们有点帮助，也希望为那些对碳减排数学方法感兴趣的研究者和学生抛砖引玉或者提供入门方略。

本书分为7章，第1章介绍了碳排放背景，介绍了相关的国际条约。第2章介绍了相关的数学知识。由于碳减排的数学模型涉及的数学知识非常广泛，这本书的立足点也不在数学知识上，所以本书采取了只阐述不证明但给出适当用法的办法，还给出了相应的参考书，有兴趣深究的读者可以此为线索深入研究。第3章介绍了与碳减排相关的数学模型，这些模型比较成熟，应用也很广泛，如人口模型、气温模型、GDP模型、扩散模型、Black-Scholes模型等。第4章收集了一些简单的和碳排放相关的数学模型，这些模型的基础涉及比较简单的数学知识，适于数学基础一般的读者，但也可以此了解数学是怎样应用到实际问题中去的、是如何处理碳数据和数值计算的等。第5章集中了碳金融方面的数学模型，而第6章是关于碳优化方面的模型，这两章是比较难的，读者可以根据兴趣和实力进行选读。但对于有志于深入研究的读者来说，这两章提供了用未定权益和优化控制的方法去研究碳排放和碳交易隐含的权益和价值基本框架，以及应用数学模型进行各种碳优化的方法和理论基础。这章所涉及的数学工具比较深，有随机过程、非线性偏微分方程等。我们将非常专业的数学证明放在书后附录里，以供感兴趣的读者研读。第 7 章是总结与展望，给有志于进一步研究的读者提了一些建议和看法。书后还附有碳排放方面专有名词解释和碳优化模型相关数学证明，以供读者查询。本书主要由梁进、杨晓丽、郭华英编著，黄文琳、徐佳晔、王子昂、陈伊凡和丁瀚林参与了部分内容的撰写。

限于作者水平，不足与疏漏之处在所难免，欢迎读者指正。

梁进

2019 年 2 月于上海

目　　录

第 3 章　碳减排相关模型　　**38**

第 1 章

碳排放背景

1.1 温室效应和气候变化

　　近年来，温室效应和气候变化越来越引起人们关注。恶劣的气候变化严重危害了生态系统的平衡，会对人类活动产生深远的影响。例如，全球气温升高，冰川融化，海平面上升等；在一些地区，降水的改变、冰雪的消融改变了当地的水文系统，影响了水源的数量和质量；气候变化也会影响到一些动物的生活习性，改变了它们生活的地理范围、季节性活动、迁移模式、丰富度和物种间的相互作用；气候变化对人类农作物生产也产生了很大的影响，危害了人类的粮食安全。温室气体过度排放导致的全球变暖正在世界范围内影响着人们的日常生活。1850—2017 年全球表面年平均温度距平见图 1.1。

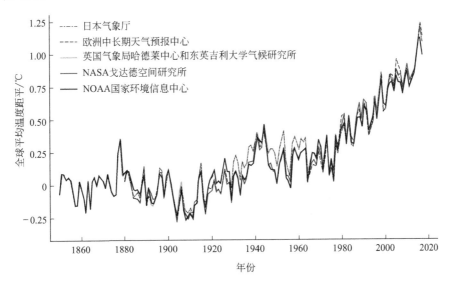

图 1.1　1850—2017 年全球表面年平均温度距平

统计结果表明，目前为止，全球陆地和海洋表面温度相较于工业革命开始的时候增加了约 0.9℃[1]。1992—2011 年间，格陵兰岛和南极洲冰原不断融化。1979—2012 年间，北冰洋的海冰面积以每十年 3.5%～4.1% 的速率在不断减少（图 1.2）。1901—2010 年间，全球海平面平均上升了 0.19m（图 1.3）。

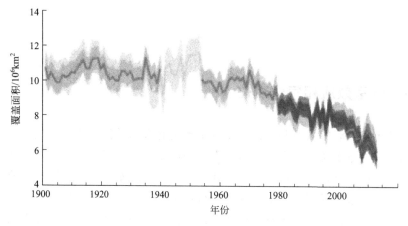

图 1.2　北冰洋夏季海冰覆盖范围

资料来源：IPCC 第五次评估报告，海通证券研究所

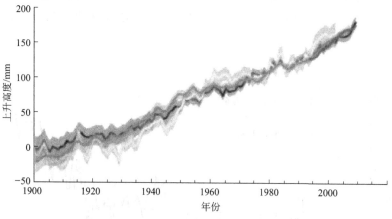

图 1.3　全球海平面变化

资料来源：IPCC 第五次评估报告，海通证券研究所

联合国政府间气候变化专门委员会（Intergovernmental Panel on Climate Change，IPCC）第三次评估报告指出，近 50 年来气候变暖的主要原因是人类活动。自工业革命以来，由于经济发展和人口增长，人类活动（例如大量燃烧化石燃料、毁坏树林等）所产生和排放的温室气体不断增加，

导致大气中二氧化碳、一氧化二氮等气体的浓度有了空前提升。其中，二氧化碳是最重要的因人类活动产生的温室气体，统计数据表明，大气中二氧化碳浓度从工业社会以前的280ppm（parts per million，即 280×10^{-6}）增加到了 2016 年的 400×10^{-6} 左右（图 1.4）。根据冰芯钻探的结果，这是近 80 万年来的历史最高浓度水平❶。此外，数据表明不仅二氧化碳排放量每年有所增加，其平均每年的增长率也在逐年递增。IPCC 第五次评估报告中给出了四种未来温室气体排放演化的情景（Representative Concentration Pathways，RCPs），其中在不对温室气体排放进行控制的情形（RCP 8.5）下，模拟结果显示二氧化碳的浓度在 20 世纪末会达到 1000×10^{-6} 左右。自 1750 年到 2011 年，人类活动累计排放到大气中的二氧化碳为 (2040 ± 310) $GtCO_2$，并且其中 1/2 的排放发生在近 40 年里。这部分气体中的约 40% 会保留在大气中，其余的由土壤、植物和海洋吸收。而海洋吸收了其中约 30% 的气体，这将会导致海洋酸化。未来不断的温室气体排放将对气候系统产生持续影响，可能对生态系统和人类产生严重、普遍和不可逆转的影响。而人类温室气体的排放主要由人口数量、经济活动、生活方式、能源使用方

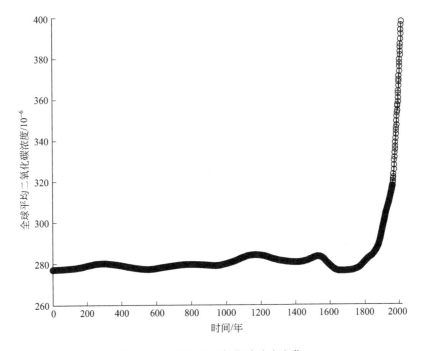

图 1.4 全球平均二氧化碳浓度变化

---

❶ 全球二氧化碳平均浓度变化和冰芯钻探数据：https://www.co2.earth/co2-ice-core-data。

式、生产技术和气候政策来决定。2006 年发布的《斯特恩气候变化经济评估报告》[2] 中指出所有国家将受到气候变化影响，但国际社会行动起来将可避免最坏的情况发生。而且及早开展相关行动，在经济上是占优势的。

气候变化的成因和效果都是全球性的，因此国际合作，在全球开展统一的气变化行动是公平有效地应对气候变化的基础。解决全球变暖的问题，主要措施是降低大气中温室气体的浓度，而温室气体的排放又与各国的经济活动紧密联系，因此减排需要全球一体的合作。全球合作，共同防御气候变化给人类带来毁灭性影响逐渐成为人们的共识。由于以二氧化碳为代表的温室气体的排放引起的气候变暖正在全球范围内产生深远影响，从长远来看，全球变暖产生的损失将远远超过控制温室气体排放（从而抑制全球变暖）的措施所需的费用。

1.2　保护环境的全球合作

1.2.1　《斯德哥尔摩宣言》

1972 年 6 月 16 日，在瑞典斯德哥尔摩联合国人类环境会议上通过了《联合国人类环境会议宣言》（又称《斯德哥尔摩宣言》，United Nations declaration of the human environment）[3]，这是人类历史上第一个保护环境的全球性宣言。该宣言阐明了与会国和国际组织取得的七点共同看法和二十六项原则，呼吁各国政府和人民为了人类世世代代的利益，维护和改善人类环境，为造福全人类而努力。

1.2.2　《联合国气候变化框架公约》

1992 年《联合国气候变化框架公约》（United Nations Framework Convention on Climate Change，UNFCCC）[4] 于巴西里约热内卢举行的联合国环境与发展大会上通过，1994 年 3 月 21 日生效。这是世界上首个为应对气候变化给人类带来负面影响而控制二氧化碳等温室气体排放的国际公约。截至 2016 年已有 197 个缔约国家。该公约指出环境恶化已成为世界关注的问题，越来越多的人意识到保护环境的重要性。由于温室效应、臭氧空洞、海洋污染等环境问题都是全球化的问题，解决问题需国际社会共同努力，这是人类所面临的严重挑战，全世界都应该行动起来创造宜居和可持续的人类生态环境。公约的最终目标是将大气中温室气体浓度稳定在防止气候系统受到危险的人为干扰的水平之上。1995 年起，公约每年召开缔约方会议以评估应对气候变化的进展。2021 年 11 月第 26 次缔约方大会在英国格拉斯哥召开。

1.2.3 《京都议定书》

经国际社会在 1997 年通过并在 2005 年 2 月 16 日正式生效的《京都议定书》（Kyoto Protocol，以下简称《议定书》），鼓励世界各国积极进行温室气体减排（碳减排）。

《议定书》[5,6] 标志着人们用法律来规范国家减排任务的开始。它是关于降低包括二氧化碳在内的温室气体的国际协定，已经被包括欧盟成员国在内的一些国家接受。它为签字国设定了温室气体排放量的上限。同时，《议定书》中附录 B 国家也有一定量的分配数量单位（Assigned Amount Units，AAU），每个 AAU 意味着可以排放 1t（等价）二氧化碳的权利。

第一个承诺期是 2008—2012 年。在这个阶段，37 个发达国家和欧盟承诺将国内包括二氧化碳在内的 6 种温室气体的排放量在 1990 年的基础上降低 5%。

第二个承诺期是 2013—2020 年。在这个阶段，部分成员承诺在 8 年时间内，降低温室气体排放，在 1990 年水平上减少 18%，但是，这两个阶段内，成员国的构成有变化。

除了自己本国的限制排放以及减排措施行动以外，议定书中还提供了如下 3 种市场机制来完成排放削减目标。

（1）国际间的排放交易（International Emissions Trading，IET）

《议定书》附录 B 中的国家承诺的减排目标被表述为在承诺期（2008—2012 年）允许的排放水平或者分配数量，而这些允许的排放被拆分为分配数量单位。《议定书》中第十七条规定，附录 B 国家之间可以通过 AAU 的方式履行各自的减排义务。即允许有剩余允许排放配额的国家将剩余排放配额出售给那些超出排放目标的国家。这一交易方式被称为"排放交易"。因为二氧化碳是温室气体中的主要气体，因此人们简称这种交易为碳交易，而排放配额就像其他类型的商品一样进行贸易，这被称为碳市场。

（2）清洁发展机制（Clean Development Mechanism，CDM）

在《议定书》第十二条中规定，允许附录 B 中允诺减排的国家在发展中国家实施减排项目，减少温室气体排放量，这些项目可以获得可出售的核证减排额度（Certified Emission Reduction，CER），单位是每吨二氧化碳当量（$GtCO_2$），可以用来履行议定书中的减排目标。这一方式被称为"清洁发展机制"。

清洁发展机制是第一个全球化的碳交易机制。这是 3 种减排机制中唯一涉及发展中国家（非签字国）的规定。它促进了发达国家和发展中国家在减排温室气体上的合作，为发达国家提供了一种灵活的履约机制，同时发展中国家也可以通过这些减排项目获得资金和技术援助。

（3）联合履行机制（Joint Implementation，JI）

《议定书》第六条中规定，允许承诺减排的国家之间进行减排合作，从减排项目上获得减排量单位（Emission Reduction Units，ERUs），也就是可以采用"集团方式"减排。例如欧盟内部的多个国家可视为一个整体，在总体上完成减排任务。和 CDM 不同的是，这种合作是在《议定书》附录 B 的国家间进行的。即 CDM 的合作双方分别是签字国和非签字国，而 JI 的合作双方都是签字国。对于签字国而言，可以采取的减排方式有以下 3 种：

① 直接缩减本国碳排放量；

② 从市场购买 AAU、CER 或 ERU；

③ 同时使用上述两种方式。

每一单位 AAU、CER 或 ERU 均可代表 1t 二氧化碳当量的排放权[7,8]，这就使得有减排义务的机构可以根据自身情况自由选择减排方法。

随着《议定书》的生效，越来越多的国家制定了自己本国的减排政策，制定了相关的法律法规。例如 2005 年欧盟排放交易体系开始实施，2007 年美国颁布了《低碳经济法案》等。

1.2.4 《欧盟气候变化计划》

2000 年 6 月，欧洲委员会（European Commission，EC）制定了《欧盟气候变化计划》（European Climate Change Program，ECCP），作为在欧盟范围内执行《议定书》的准则。之后，EC 制定了欧盟排放交易机制（European Union Emission Trading Scheme，EU ETS），自 2005 年 1 月 1 日起正式实施[9]。现在，EU ETS 已发展为世界范围内最大的碳排放交易市场[6]。EU ETS 采取"限额交易"（cap-and-trade）机制，即为参与减排的各国设立碳排放量上界（"限额"），向涉及的国家和机构分配一定量的碳排放权，允许这些国家和机构为控制碳排放量进行交易[9-12]。EU ETS 确定每个国家的排放量上界之后，会按照每个国家的分配标准（National Allocation Plan，NAP）向各个国家免费提供一定量初始排放许可（European

Union Allowance，EUA)[6,7,13]。然后各个国家再将本国的初始排放许可进一步分配到各个需要减排的机构[10-12]。这些机构必须随时监测自身的碳排放量，在次年 4 月 30 日之前汇报本年度的碳排放量，并提供足以抵消这些碳排放量的排放许可。在此之后，这些排放许可将被取消，不能重新使用[9]。这些机构可以通过 CDM 项目获得 CER 或通过 JI 项目获得 ERU 或交易 EUA 获得足够多的排放许可（1EUA＝1CER＝1ERU），并在约定期限结束时为没有排放许可的碳排放量支付罚款[7,14]。EU ETS 对碳排放征收的罚款，使得有减排义务的国家和机构纷纷发展低碳节能技术，以寻求最经济的碳减排方法[9,12]。迄今为止，EU ETS 已制定了 3 个阶段的发展计划[7,9]。目前正在实施第三阶段的发展计划。

（1）第一阶段（2005—2007 年）

这是 EU ETS 的实验阶段，目的是在《议定书》开始实施之前逐步建立并开始实施交易系统[14,15]。这一阶段没有制订明确的减排计划。在第一阶段中，EU ETS 成功地对碳排放实施了定价，在欧盟范围内建立了碳排放许可的交易机制，并建立了碳排放量的认定、监测和报告机制[16]。但是，实施初期对各国碳排放许可的过量分配导致碳排放的价格在第一阶段后期波动剧烈，并最终出现价格崩溃[12]。

（2）第二阶段（2008—2012 年）

这与《议定书》规定的第一个承诺期限重合。在此期限内，欧盟各成员国按照《议定书》的规定制订减排目标。在这一阶段，免费分配仍然是分配排放许可的主要方式[17]。由于第一阶段制订的排放量上界高于实际排放量而导致了市场中的碳排放价格崩溃，在第二阶段中，EU ETS 将排放量上界适当降低，以避免这种情况再次发生[10,12]。从第二阶段开始，各个机构可以进行跨阶段的排放许可储存（banking）。这就意味着有减排义务的机构如果预见到未来碳排放权的价格将上扬，可以将现在的碳排放权储存，以备未来使用。这一规定有助于建立不同交易阶段之间碳排放权价格的一致性[12,14,18]。从 2012 年起，航空工业也被纳入 EU ETS 范围。

（3）第三阶段（2013—2020 年）

EU ETS 为欧盟成员国制订了新的排放限额，进一步涵盖了新的行业和其他种类的温室气体。同时，从这一阶段开始，拍卖将代替免费分配，成为分配碳排放许可的主要方式。

《议定书》签署后有不少波折，有些国家退出了协议。但国际间的合作和协商也在不断进行，2007 年 12 月 15 日，联合国气候变化大会通过了

"巴厘岛路线图"决议❶，强调了减少温室气体排放的紧迫性，提出了减排的长期目标。2009 年 12 月 7 日，哥本哈根世界气候大会召开，有 192 个国家和地区的领导人参会，为《议定书》后的减排方案进行商讨。

1.2.5 《巴黎协定》

2015 年 12 月 12 日，在巴黎气候变化大会上通过了具有里程碑意义的《巴黎协定》❷，该协定为 2020 年后全球应对气候变化做出安排，标志着全球气候新秩序的起点。该协定提出把全球平均气温升幅控制在工业化前水平以上 2℃以内，并努力将气温升幅限制在工业化前水平以上 1.5℃以内。

2016 年 9 月 3 日，中美宣布批准《巴黎协定》。2016 年 11 月 4 日，《巴黎协定》正式生效，是《议定书》后第二份具有法律约束力的气候协议，填补了《议定书》第一个承诺期 2012 年到期后一直存在的空白。

2018 年 12 月 2 日上午，《联合国气候变化框架公约》（UNFCCC）第二十四次缔约方会议于波兰卡托维兹举行。这次大会是《巴黎协定》生效后的第三次缔约方大会，在本次大会中多国政府、相关组织以及气候变化领域的专家汇聚一起完成了对《巴黎协定》实施细则及资金问题的谈判，推动《巴黎协定》的全面实施。这场为期两周的谈判被称为 2015 年巴黎气候变化大会以来最重要的联合国会议。然而会议的进展并不理想，结果差强人意。

总体来讲，全球碳减排充满希望，但也困难重重，例如美国 2017 年退出《巴黎协定》、各国经济变化导致对碳减排的投入也波动变化、碳减排技术手段需要创新升级等，碳减排需要全球社会更加重视。

1.2.6 中国的行动

我国也面临着严峻的气候变化问题。《第三次气候变化国家评估报告》[19]显示，近百年来（1909—2011 年）我国陆地区域平均温度增加了 0.9～1.5℃，目前处于近百年来气温最高阶段，自然灾害风险等级处于全球较高水平。气候变化对我国的影响利弊共存，总体上弊大于利。作为负责任的发展中国家，我国对气候变化问题给予了高度重视。2007 年 6 月 3 日，中国政府发布了《中国应对气候变化国家方案》，明确了到 2010 年，我国应对气候变化的具体目标、基本原则、重点领域及政策措施。

---

❶ "巴厘岛路线图"决议：http：//www. pewclimate. org/docUploads/Pew％ 20Center COP％2013％20Summary. pdf。

❷ 《巴黎协定》：http：//unfccc. int/files/essential background/convention/application/pdf/ chinese paris agreement. pdf。

2011 年 8 月，中华人民共和国科学技术部颁布了《清洁发展机制项目运行管理办法》，使得项目申报与管理有序进行。2011 年 12 月，国务院发布了《"十二五"控制温室气体排放工作方案》（下文简称《方案》）。《方案》分为总体要求和主要目标、综合运用多种控制措施、开展低碳发展试验试点、加快建立温室气体排放统计核算体系、探索建立碳排放交易市场、大力推动全社会低碳行动、广泛开展国际合作、强化科技与人才支撑、保障工作落实 9 部分。2012 年 6 月，国家发改委印发了《温室气体自愿减排交易管理暂行办法》的通知，对交易主体、原则、交易量、方法学的建立和使用、交易量管理等具体内容作了详细规定，使自愿减排交易市场获得了规范。

2014 年 11 月 12 日，中美两国发布《中美气候变化联合声明》[20]，宣布两国自 2020 年后的气候变化行动，其中中国计划在 2030 年左右二氧化碳排放达到峰值，并计划到 2030 年非化石能源占一次能源消费比重提高到 20% 左右。2014 年 12 月，国家发改委公布《碳排放权交易管理暂行办法》，指导推动全国碳市场的建立和发展。2016 年 11 月，国务院发布《"十三五"控制温室气体排放工作方案的通知》，明确提出到 2020 年，单位国内生产总值二氧化碳排放比 2015 年下降 18%，力争部分重化工业 2020 年左右实现率先达峰；加强能源碳排放指标控制，实施能源消费总量和强度双控；国有企业、上市公司、纳入碳排放权交易市场的企业要率先公布温室气体排放信息和控排行动措施。2017 年 12 月，国家发改委召开电视电话会议，宣布全国碳市场正式启动，并于 12 月 20 日正式印发了《全国碳排放权交易市场建设方案（发电行业）》。这标志着我国通过市场机制利用经济手段控制和减少碳排放进入了崭新的阶段。

同时中国积极参与清洁发展机制项目，根据中国清洁发展机制网统计数据，截至 2016 年 8 月，国家发改委共批准 CDM 项目 5074 个，估计年减排量为 78205.3 万吨二氧化碳当量❶。

2020 年习近平主席在第 75 届联合国大会上宣布："中国将提高国家自主贡献力度，采取更加有力的政策和措施，二氧化碳排放力争于 2030 年前达到峰值，努力争取 2060 年前实现碳中和。"碳达峰指二氧化碳排放量增到最大后下降；碳中和指人类产生的二氧化碳，通过植树造林、海洋吸收、工程封存等手段被吸收掉，实现相对零排放。中国正对此郑重承诺担当。

---

❶　一种气体的二氧化碳当量为这种气体的吨数乘以其全球变暖潜能值（Global Warming Potential，GWP），可以标准化不同气体的温室效应。例如 CO_2 的 GWP 为 1，甲烷为 25，其他温室气体的 GWP 值一般大于二氧化碳的值。

1.2.7　减排手段

目前，国际社会已经对环境保护的紧迫性达成共识，并为很多国家和地区制订了温室气体减排目标，并且通过建立碳市场、促进国际碳交易和碳减排合作等方式，使用金融手段激励这些国家和地区进行碳减排。碳减排手段除了鼓励人们低碳生活，绿化环境，在政策上主要有碳排放交易和碳税两种。

（1）碳排放交易

制订一定时间和空间内的排控目标，转化为碳排放配额分配给下级政府和企业，并允许政府和企业交易其排放配额，形成二级市场。

（2）碳税

以减少温室气体排放为目的，以化石燃料（煤、石油、天然气）的含碳量或碳排放量为基准征收税费。

碳排放交易为总量控制型，可以确定完成排控目标、降低减排成本、可接受度高，但前期实施成本较高、操作复杂；碳税操作简单方便，但减排效果难以确定，同时可接受度较低，前期易受企业抵制。预计两种手段将长期并存，并可能组合使用。

1.3　碳市场

从交易的角度来看，碳排放权价格的变化类似金融资产，以碳排放权为标的的衍生产品也不断涌现；从减排的角度而言，国家固有的碳排放量变化有一定的不确定性，国家需要根据当前的碳排放量，权衡碳减排和碳交易的成本，制定合理的碳减排策略。这也涉及对未定权益定价和控制的问题。据世界银行测算，全球二氧化碳交易需求量预计为每年 7 亿～13 亿吨，由此形成一个年交易额高达 140 亿～650 亿美元的国际温室气体贸易市场。

碳排放权交易市场有两类基础产品，一类为政策制定者初始分配给企业的减排量（即配额）；另一类就是 CER，在中国就是中国核证自愿减排量（Chinese Certified Emission Reduction，CCER）。在履约过程中，企业如果超出了国家给的碳配额，就需要购买其他企业的配额，随即形成了碳交易。但也可以通过采用新能源等方式自愿减排，这种自愿减排量经过国家认证之后，就可以称为 CCER。它可以在控排企业履约时用于抵消部分碳排放使用，从而适当降低企业的履约成本，同时也能给减排项目带来一定收益，促进企业从高碳排放向低碳化发展。其中碳配额是主要产品，占比达 80%～85%；CER 为碳配额的补充产品，成交额占比达 15%～20%。

如果说《议定书》的签署等同于给二氧化碳标上了价，那么在不同类型的交易所内挂牌交易使得二氧化碳排放权迈出了市场化的第一步。随后金融机构开始大规模介入。除了最早的造纸、金属、热能、炼油以及能源密集型五个行业的 12000 家企业积极投身其中，投资银行、对冲基金、私募基金以及证券公司等金融机构在碳市场中也扮演着不同的角色。最初金融机构只是作为企业碳交易的中介机构，赚取略高于 1% 的手续费。也有机构看准了二氧化碳排放权的升值潜力而直接投资。金融机构的参与使得碳市场的容量扩大，流动性加强，市场也愈发透明成熟，反过来又吸引更多的企业、金融机构甚至私人投资者参与其中，且形式也更加多样化。2006 年 10 月，巴克莱资本率先推出了标准化的场外交易核证减排期货合同，摩根士丹利宣布投资 30 亿美元于碳市场；2007 年，荷兰银行与德国德累斯顿银行都推出了追踪欧盟排碳配额期货的零售产品；2007 年 3 月，参股美国迈阿密的碳减排工程开发商间接涉足了清洁发展机制的减排项目；8 月成立碳银行，为企业减排提供咨询以及融资服务。

在碳排放交易如火如荼，碳金融衍生品层出不穷的同时，被称为"碳资产"的减排项目正成为对冲基金、私募基金追逐的热点。但碳价主要受经济增速、配额供求关系、企业减排成本等各种因素共同影响，其中经济增速影响最为直接。以欧盟为例，2006 年碳价（EUA）高达 30 欧元/t；此后，由于经济下滑、温室气体排放量减少，导致配额供给量严重过剩，2011 年后 EUA 均价由 13 欧元/吨最低下滑至 5 欧元/t 以下。

欧盟自 2005 年开始实施欧盟碳排放交易体系，共分三个阶段，目前已进入第三阶段，涵盖 28 个成员国和欧洲经济区 3 个国家，近 14 个行业、1.1 万个工业气体排放实体，是国际上最成功的碳交易市场。其他典型市场包括美国区域温室气体减排计划（Regional Greenhouse Gas Intiative，RGGI）、中国七个碳排放交易试点等。

1.3.1 欧盟排放交易体系

为了应对气候变化以及在欧盟范围内实施《议定书》，2000 年 6 月，欧洲委员会推出《欧盟气候变化计划》。随后，2005 年 1 月，欧盟排放交易机制 EU ETS❶ 开始执行。

---

❶ 欧盟排放交易机制：http://ec. europa. eu/clima/policies/ets_en en.

2008 年 1 月 23 日，完成合并的纽约-泛欧交易所（NYSE Euronext）与法国国有金融机构信托投资局展开合作，宣布共同建立一个二氧化碳排放权的全球交易平台。这个被命名为 BlueNext 的交易平台以二氧化碳排放权的现货交易为主，并计划在 2008 年的二季度设立期货市场，最终涉足各种与环境有关的金融衍生品交易。2 月 18 日，作为首个交易碳排放配额的平台，BlueNext 开始正式运作。

之前，一些区域性的"碳市场"已经开始运作，二氧化碳排放权早已出现在多个交易所中。欧盟内的欧洲气候交易所（European Climate Exchange）、北方电力交易所（Nordpool）、未来电力交易所（Powernext）以及欧洲能源交易所（European Energy Exchange）等均参与了碳交易，欧盟的碳交易量和交易额均居全球首位。

目前为止，EU ETS 是世界上最大的碳排放交易市场[9]。EU ETS 采用"限额交易"机制，限额指对系统内的设施或企业的二氧化碳总排放量设定上限，且该额度随着时间递减，因而达到整体碳排放下降的目的。每年企业的碳排放量必须低于其排放限额，如果超出，则需要对超出的部分支付罚款。此外，如果排放许可有剩余，则可以进行出售而获益。企业互相之间可以购买或出售碳排放权，同时它们也可以通过减排项目从其他国家购买有限的排放份额，这种方式是通过《议定书》中提供的 CDM 和 JI 两种机制完成的。

目前为止，EU ETS 已经进行到第三个阶段（2013—2020 年）。第一阶段（2005—2007 年）是探索阶段，几乎所有排放份额免费发放，而超出限额的排放量按每吨 40 欧元进行罚款。在这个阶段，EU ETS 成功对碳排放权进行了定价，实现了欧盟范围内的碳排放权交易，建立了检测、报告和认定企业排放的设施。但是由于对碳排放总额的估计不足，发放的碳排放许可超过了总体排放量，供应超出需求，使得碳排放权价格在第一阶段后期出现剧烈波动，并在 2007 年暴跌。另外这也和 EU ETS 规定有关，即第一阶段的配额不能存储到第二阶段进行使用。在第二阶段（2008—2012 年），根据第一阶段的数据反馈，EU ETS 制订了更为严厉的碳减排目标，配额仍然主要是免费发放，提高了超出限额罚款的价格（每吨 100 欧元）。虽然降低了总的碳排放额度，但是由于经济危机的发生，使得碳排放权额度大量剩余。

在 EU ETS 的第一和第二阶段中碳排放权的分配主要是免费发放，而在第三阶段，虽然也有部分免费发放，但竞拍是默认的方法，对企业免费发放的部分，最高不能超过整个第三阶段的排放限额的 43%。其中电力行业将 100% 通过竞拍方式分配碳排放权。非能源型工业和供热行业的免费发放比例将逐年降低。在 2013 年，制造业 80％的碳排放配额仍是免费获得，这一比例将逐年递减，到 2020 年降低到 30％。在第一和第二阶段中，配额的分配方式主要是"历史排放法"，即根据减排企业历史的排放水平来决定可获得多少碳排放配额。而第三阶段使用"基线法"，具体来说，就是一种产品的基准线，在欧盟范围内能够生产该产品的部门中效率最高的前 10％的平均排放量。因此，如果企业达到基准线水平，则其一定是效率高的企业，而没有达到基准线，则需要降低排放，或者购买配额❶。

目前，EU ETS 覆盖的行业范围和温室气体总类进一步扩大，航空业于 2012 年正式纳入 EU ETS 的覆盖范围。第三阶段中，总限额按 2008—2012 年的平均年总限额，以 1.74％的速度线性递减。线性递减因子给出了 EU ETS的减排步伐，使得投资者可以确定知道投资在将来能够得到回报。根据逐年递减的总排放限额，2020 年可以使用的碳排放额度将在 2005 年的基础上降低 21％。

除了这种最基本的交易方式，欧洲气候交易所还于 2005 年 4 月推出了与欧盟排碳配额挂钩的期货，随后又推出了期权交易，使二氧化碳排放权如同大豆、石油等商品一样可自由流通，丰富了碳交易的金融衍生品种类，客观上增加了碳市场的流动性。2007 年 9 月，与核证减排量挂钩的期货与期权产品也相继面市。交易产品的丰富使欧洲气候交易所的成交额与成交量逐年稳步攀升。2005 年，欧洲气候交易所交易的二氧化碳排放量超过 2.7 亿吨，价值 50 亿欧元；2006 年交易量攀升至 8 亿吨，交易额突破 100 亿欧元；2007 年 15 亿吨，成交额接近 200 亿欧元。目前，EU ETS 的碳交易市场主要以衍生品交易为主，将近 85％的排放权交易是通过衍生品交易完成的，包括期货、远期、期权等。市场交易数据显示，在 2014 年，EU ETS 总市场交易量达到 83 亿吨，约 470 亿欧元，其中只有 9 亿吨、价值约 52 亿欧元的交易是现货交易。REFINITIV 的报告显示，2018 年欧盟碳市场交易量达到 78 亿吨，市场价值约 1300 亿欧元。

1.3.2 美国交易市场

区域温室气体减排计划（RGGI）❷是美国第一个减少温室气体排放的市场交易计划。覆盖康涅狄格、马萨诸塞、新罕布什尔、新泽西、纽约、佛

---

❶ 欧盟排放交易体系规则：http://ec.europa.eu/clima/sites/clima/files/docs/ets_handbook_en.pdf。

❷ 美国区域温室气体减排计划：http://www.rggi.org/design/overview。

蒙特、罗德岛 7 个州，实施总量管制制度，排放权主要以竞拍方式售予企业。

美国加利福尼亚州碳排放交易计划（California's cap-and-trade program）❶ 于 2013 年 1 月 1 日开始实施，使用的是限额排放制度，覆盖了美国加州近 450 家企业，占加州 85％ 的温室气体排放。初期主要针对电力行业和大型制造业，2015 年将交通工具和天然气销售商纳入该框架中。配额以免费发放为主，限额则逐年递减。

1.3.3　其他外国交易市场

加拿大、新加坡和东京也先后建立起了二氧化碳排放权的交易机制。在亚洲，碳交易所通过电子交易系统来买卖由清洁发展项目产生的核证减排量（CER）。

此外还有一些较小规模的交易体系，如通过设立减排基金（Emissions Reduction Fund）形式进行的的澳大利亚排放交易体系❷、新西兰碳排放交易体系等。据世界银行集团报告统计❸，目前为止，约 40 个国际司法管辖区和超过 20 个城市、州和地区正在实施碳定价。

1.3.4　中国交易市场

作为发展中国家和全球第二大碳排放国，中国是最大的减排市场提供者之一。由于目前我国碳排放权交易的主要类型是基于项目的交易，因此，在我国"碳金融"更多的是指依托 CDM 的金融活动。但 CDM 和"碳金融"在我国传播的时间有限，国内许多企业还没有认识到其中蕴藏着巨大商机；同时，国内金融机构对"碳金融"的价值、操作模式、项目开发、交易规则等尚不熟悉，目前关注"碳金融"的除少数商业银行外，其他金融机构鲜有涉及。中介市场发育不完全是中国碳市场不完善的另一个原因。在国外，CDM 项目的评估及排放权的购买大多数由中介机构完成，而我国本土的中介机构尚处于起步阶段，难以开发或者消化大量的项目，同时也缺乏专业的技术咨询体系来帮助金融机构分析、评估、规避项目风险和交易风险。国内

---

❶ 美国加利福尼亚州碳排放交易计划：https：//www.arb.ca.gov/cc/capandtrade/guidance/cap_trade_overview.pdf。

❷ 澳大利亚排放交易体系：http：//www.cleanenergyregulator.gov.au/ERF/AbouttheEmissionsReductionFund。

❸ 世界银行集团统计结果：https：//openknowledge.worldbank.org/bitstream/handle/10986/25160/9781464810015.pdf？sequence＝7& isAllowed＝y。

各大试点 2016 年 1 月～2017 年 1 月碳交易情况见图 1.5。

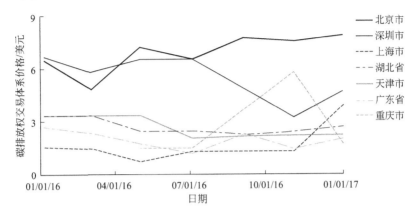

图 1.5 国内各大试点 2016 年 1 月～2017 年 1 月碳交易情况

中国碳金融市场建设起步较晚，但这并没有影响到中国商业银行在此领域的探索。兴业银行于 2006 年 5 月与国际金融公司签订首次合作协议，国际金融公司向兴业银行提供了 2500 万美元的本金损失分担，以支持兴业银行最高达 4.6 亿元人民币的贷款组合。兴业银行则以国际金融公司认定的节能环保型企业和项目为基础发放贷款，国际金融公司为整个项目提供技术援助。截至 2007 年年底，兴业银行发放的节能减排项目贷款达到 38 笔，金额达 6.63 亿元，远远超过了双方一期的合作额度。2008 年 2 月，双方签订二期合作协议。与一期相比，除了贷款总额度扩大外，单笔贷款额度也从不能超过 1600 万元人民币变为没有上限。中国的碳交易试点开始于 2011 年，北京、上海、广东等 7 省市被列为碳交易试点。

在 2011 年《"十二五"控制温室气体排放工作方案》中，国务院首次提出了"探索建立碳排放交易市场"的初步设想。同年 10 月，国家发改委批准北京市、上海市、天津市、重庆市、湖北省、广东省和深圳市为试点，开展碳排放权交易业务。经过几年的发展，在市场调查、系统设计、企业培育、交易安排、限额抵消等 7 个实验点进行交易系统、市场建设和产品创新的全流程测试。2013 年 6 月 18 日，第一个试点深圳碳排放交易市场正式开放，这也是中国自提出了探索建立碳排放交易市场设想以来的第一个碳排放交易所，交易规模和品种均大幅提升。它标志着中国碳金融市场进入了一个新的发展阶段。2015 年，中国认证自愿减排 CCER 正式纳入交易绩效体系。7 个试点相继发布了自己的碳抵消管理方法并全部启动，共纳入 20 多个行业的 2600 多家重点排放单位，年排放配额总量约 12.4 亿吨二氧化碳当量。碳市场配额累计成交量 4653 万吨，累计成交金额达 13.51 亿元，均价

29.04 元/t。试点排放量占全国碳排放量的 18％，预计未来全国配额可达 60 亿吨，其中首批配额 30 亿～40 亿吨。据国家发改委公布的数据显示，截至 2017 年 9 月累计配额成交量达到 1.97 亿吨二氧化碳当量，约 45 亿元人民币。在排放控制中的企业绩效也在不断提高，2016 年和 2017 年的绩效率都达到 98％以上。根据各交易机构公布的交易数据，截至 2017 年 12 月 20 日，各交易机构累计成交量（包括网上交易和协议转让）分别为：上海市 8741 万吨；北京市 2000 万吨；深圳市 2841.6 万吨；广东省 5810.4 万吨；重庆市 800 余万吨。根据欧盟换手率经验，未来我国碳市场成交金额或达万亿。

尽管碳排放量居世界首位，但由于后期相关制度设计起步较晚，中国碳金融市场与发达国家在交易层面和规模上相比存在较大差异：制度体系和制度环境滞后发展，碳融资交易在产品定价、合同标准化和产品创新方面的发展明显不足，处于全球碳融资价值链的低端。中国还不完全适应碳金融市场。主要问题如下。

① 当前没有颁布针对污染的具体政策法规，并没有从法律的角度对碳融资问题实施强制性的法律限制，导致碳融资的发展缺乏具体的指导和依据，可操作性不强。由于缺乏立法，碳排放控制体系尚未建立。

② 环境信息共享机制建设不完善，环境信息不够详细，存在一定的时间滞后性，很难作为运行指标参与主体项目评估。

③ 缺乏完善的市场服务机构体系。在碳金融市场，碳排放量及其衍生产品的销售具有虚拟特征，其开发和交易的复杂程度高于其他商品。贸易主体来源复杂，涉外主体多，需要专业的中介服务机构。而中国地方中介机构尚处于起步阶段，暂时无法提供评估、咨询、风险预控、产品研发和市场拓展等专业服务。

④ 缺乏碳金融产品。国内碳金融产品是单一的，目前中国的碳交易产品仅限于 CDM 现货，碳金融衍生产品需要开发。碳金融工具支持的碳金融体系（如银行贷款、指数交易、贸易权期货和直接投融资等）尚未健全。

⑤ 缺乏碳资产定价权。由于中国碳金融市场起步较晚，风险评估和价格发现功能缺乏，中国成为全球碳交易价格的被动接受者。根据世界银行的统计数据，中国目前的碳交易价格维持在 10 欧元/t 左右，远低于全球平均价格（15～20 欧元/t），有些项目价格甚至更低。

双碳，用数学的话说，碳达峰对应的就是碳排放关于时间的函数，现在是增函数，在未来的某点达到最大值后减，而碳中和就是碳排正负两个函数，现在是正大负小，需要增负减正，使其和为零。特别地，通过全面深入的科学管理、数学建模和数据计算，双碳还有很大的发展潜力和空间。

第 2 章

碳减排模型的数学基础

2.1 最小二乘法拟合

　　研究碳排放相关问题时，常常需要根据多个变量的几组实验数据找出这些变量最接近这些数据的函数关系的表达式。处理这样的问题通常有两种情况：一种情况是完全不了解两个变量之间的任何函数关系式（黑箱模型），希望通过实验数据的分析讨论，建立两个变量之间的某种函数关系式。显而易见，这样建立的函数关系式通常不会是唯一的，而且需要对所给变量的实际背景做更加深入的分析，积累更多的相关信息和数据，才能建立变量之间较为合理的函数关系式。另一种情况是已知两个变量之间的带有若干个参数的函数关系式，希望根据实验数据确定该关系式中的参数（灰箱模型），从而得到变量之间的确切函数关系式。确定参数的方法，通常采用最小二乘法。其中变量之间的含参数的关系式通常可借鉴前人对相关问题研究所得出的一般结果，也可通过对实验数据的分析得到。更多细节可参考文献 [21，22]。

　　以两个变量为例。设已知两个变量 x，y 之间的含 n 个参数 $k_1, k_2, \cdots, k_n$ 的函数关系式

$$y = f(x, k_1, k_2, \cdots, k_n)$$

以及 m 组实验数据 (x_1, y_1)，(x_2, y_2)，$\cdots$，(x_m, y_m)，希望确定参数 $k_1, k_2, \cdots, k_n$ 的值。最理想的结果是选择参数 $k_1, k_2, \cdots, k_n$ 的值，使得函数 $y = f(x, k_1, k_2, \cdots, k_n)$ 都满足 m 组实验数据 (x_1, y_1)，(x_2, y_2)，$\cdots$，(x_m, y_m)。但在实际上这是不可能的，我们只能要求选取参数 $k_1, k_2, \cdots, k_n$，使得函数 $y = f(x, k_1, k_2, \cdots, k_n)$ 在 $x_1, x_2, \cdots, x_n$ 处的函数值与实验数据 $y_1, y_2, \cdots, y_n$ 相差都很小，就是要使偏差

$$y_i - f(x_i, k_1, k_2, \cdots, k_n), i = 1, 2, \cdots, m$$

都很小。那么如何来达到这一要求呢？能否设法使偏差的和

$$\sum_{i=1}^{m} \left[y_i - f(x_i, k_1, k_2, \cdots, k_n) \right]$$

很小来保证每个偏差都很小呢？不能，因为偏差有正有负，在求和时可能互相抵消。为了避免这种情形，可对各个偏差先取绝对值再求和，只要

$$\sum_{i=1}^{m} \left| y_i - f(x_i, k_1, k_2, \cdots, k_n) \right|$$

很小，就可以保证每个偏差的绝对值都很小。但是这个式子中含有绝对值记号，不便于进一步分析讨论。由于实数的平方非负，因此我们可以考虑选取参数 $k_1, k_2, \cdots, k_n$ 的值，使

$$M = \sum_{i=1}^{m} \left[y_i - f(x_i, k_1, k_2, \cdots, k_n) \right]^2$$

最小来保证每个偏差的绝对值都很小。这种根据所有偏差的平方和最小的条件来选择参数 $k_1, k_2, \cdots, k_n$ 的值的方法叫做最小二乘法。

最小二乘法就是求下列的极值（最小值）问题：

$$\min M(k_1, k_2, \cdots, k_n) = \sum_{i=1}^{m} \left[y_i - f(x_i, k_1, k_2, \cdots, k_n) \right]^2$$

这里 x_i, y_i 是已知实验数据，$k_1, k_2, \cdots, k_n$ 是待定参数，即确定 $k_1, k_2, \cdots, k_n$ 的值，使得 $M = M(k_1, k_2, \cdots, k_n)$ 取最小值。由多元函数求极值的方法，上述问题可以通过求方程组

$$\begin{cases} \dfrac{\partial M(k_1, k_2, \cdots, k_n)}{\partial k_1} = 0 \\ \qquad \cdots\cdots \\ \dfrac{\partial M(k_1, k_2, \cdots, k_n)}{\partial k_n} = 0 \end{cases}$$

的解来解决。这是 n 元方程组，求解得到 $k_1, k_2, \cdots, k_n$ 的值，就可确定函数关系式

$$y = f(x, k_1, k_2, \cdots, k_n)$$

拟合可以很方便地由计算机来完成。例如，在 MATLAB 中，多项式拟合的命令为 polyfit(x,y,n)，其中 x，y 为拟合的数据组成的向量，而 n 为拟合多项式的阶数，即 y 是 x 的多项式，而参数为该多项式的各系数。

在本书中我们多次应用拟合法来确定参数，如人口模型的参数、碳排放与能源消耗之间的关系等。

2.2 线性规划

线性规划是数学规划中研究较早、发展较快、应用广泛的一个重要分支，也是数学模型中的一项重要内容。它在生产安排、物质运输、投资决策、交通运输等现代工农业和经济管理等方面都有着广泛的应用。减排措施必定涉及投资、消费等事宜，一些情况下与生产创收是矛盾的，需要协调不同因素之间的关系，找到最佳的方案。线性规划是一个很好的解决这类问题的工具。

线性规划最早由苏联数学家康托罗维奇（Leonid V. Kantorovich，1912—1986）提出。1947 年美国数学家丹齐克（George Bernard Dantzig，1914—2005）提出了解决线性规划的普遍算法——单纯形方法；1947 年美国数学家冯·诺依曼（John von Neumann，1903—1957）提出了对偶理论并开创了线性规划的许多新领域。线性规划理论还包括整数规划、随机规划、非线性规划的算法研究等，深入学习线性规划相关知识可参考文献 [21~25]。

2.2.1 线性规划基本概念

定义（线性规划）：如下的一组数学关系式即称为一个线性规划或线性规划模型：

$$\max(\min)z = c_1 x_1 + c_2 x_2 + \cdots + c_n x_n \tag{2.1}$$

$$\text{s.t.} \begin{cases} a_{11}x_1 + a_{12}x_2 + \cdots + a_{1n}x_n \leqslant (=,\geqslant)b_1 \\ a_{21}x_1 + a_{22}x_2 + \cdots + a_{2n}x_n \leqslant (=,\geqslant)b_2 \\ \qquad\qquad \cdots\cdots \\ a_{m1}x_1 + a_{m2}x_2 + \cdots + a_{mn}x_n \leqslant (=,\geqslant)b_m \end{cases} \tag{2.2}$$

$$x_i \geqslant 0, i = 1,2,3,\cdots,n \tag{2.3}$$

式中，式(2.1) 为目标函数；x_i 为决策变量；c_i 为价值系数；式(2.2) 为约束条件，其中 b_i 为右端系数，式(2.3) 为非负限制。

线性规划问题有很多解法，传统解法是单纯形方法，但单纯形方法针对的是线性规划的标准型，为此引入标准型（典式）的概念。

定义（线性规划的标准型）：具有如下形式的线性规划为线性规划的标准型，

$$\max z = c_1 x_1 + c_2 x_2 + \cdots + c_n x_n$$

$$\text{s. t.} \begin{cases} a_{11}x_1 + a_{12}x_2 + \cdots + a_{1n}x_n = b_1 \\ a_{21}x_1 + a_{22}x_2 + \cdots + a_{2n}x_n = b_2 \\ \qquad\qquad \cdots\cdots \\ a_{m1}x_1 + a_{m2}x_2 + \cdots + a_{mn}x_n = b_m \end{cases}$$

$$x_j \geqslant 0, j = 1, 2, \cdots, n, b_i \geqslant 0, i = 1, 2, \cdots, m$$

对于非标准形式的线性规划都可以经过适当的转换而化为相应的标准型。

2.2.2　线性规划的解法

有了线性规划的基本概念之后，下面的问题就是求出线性规划的解。这里我们只列出一些解法，具体使用请参阅相应的参考书。由于计算机的普及，现在流行的是计算机解法，建议读者了解相应的计算机软件和编程。

定义（线性规划的解）：设线性规划表示为式(2.1)～式(2.3)，x^* 为一个 n 维的实向量。若 x^* 满足式(2.2)，则称 x^* 为规划的一个解；若解 x^* 满足式(2.2)～式(2.3)，则称 x^* 为规划的一个可行解；可行解的全体称为线性规划的可行域；使规划达到极值的可行解称为规划的最优解，相应的目标函数值称为规划的最优解值。

简单线性规划模型常用解法如下。

（1）图解法

只适用于两三个变量。图解法虽然使用限制较大，但有利于我们理解线性规划问题。

（2）单纯形方法

本质上是代数解法，也只适用于变量较少的情形，与图解法同样，单纯形方法有助于我们理解解线性规划问题的过程。

（3）整数规划解法

有些线性规划除了要求决策变量非负外，还要求变量取值为整数，这样的规划称为整数规划。若规划中部分变量的取值为整数，相应的规划称为混合整数规划。

整数规划可表示成

$$\max z = c_1 x_1 + c_2 x_2 + \cdots + c_n x_n$$

$$\text{s. t.} \begin{cases} a_{11}x_1 + a_{12}x_2 + \cdots + a_{1n}x_n = b_1 \\ a_{21}x_1 + a_{22}x_2 + \cdots + a_{2n}x_n = b_2 \\ \qquad\qquad \cdots\cdots \\ a_{m1}x_1 + a_{m2}x_2 + \cdots + a_{mn}x_n = b_m \end{cases}$$

$$x_i \geqslant 0, i = 1, 2, 3, \cdots, n, x_i \text{ 为整数}$$

在整数规划中，舍弃决策变量的整数限制，所得到的规划称为原规划所对应的松弛问题。需要注意的是，求解整数规划并不能通过求对应的松弛问题的最优解再取其整数部分而求得。求解整数规划的方法主要有分枝定界法和割平面法。

(4) 0-1 规划解法

所谓 0-1 规划，就是变量只能取两个值：0 或 1。其解法有匈牙利法。

2.2.3 线性规划的软件包解法

在前面的讨论中我们看到，手工算法求解一般适用于简单线性规划问题。当线性规划问题规模较大或限制条件较复杂时，手工算法效率很低，需要借助软件包求解。可以运行线性规划的软件有许多，如 Lindo、Lingo、Excel、MATLAB、Mathematica 等。这里我们只介绍借助 Lingo 和 MATLAB 软件来求解线性规划的方法。下面以 Lingo 软件为例求解线性规划问题。Lingo 软件是由美国 Lindo 公司研制开发的，是用于求解线性规划和非线性规划的应用软件。在 Lingo 官方网站上可以得到相应的下载软件，其特点是书写简便，使用灵活。

熟悉 MATLAB 的读者，可以用 MATLAB 求解，基本命令是

线性规划：linprog(f,A,b,Aeq,beq,lb,ub)；

整数规划：intlinprog(f,intcon,A,b,Aeq,beq,lb,ub)；

这里 f 是目标向量，A 是条件矩阵，b 是条件向量，Aeq 和 beq 分别是相等条件，lb 和 ub 分别是下上界；intcon 是整数变量的指标；如果下界为 0、上界为 1，就可以应用整数规划求 0-1 规划。

具体的例子可参考第 4 章相关内容。

2.3 Shapley 值法

在为企业制订碳减排目标时，可能需要综合考虑企业的各方面因素分配碳排放权许可额度。此时 Shapley 值法无疑是相对合理的分配方法[21,22,26]。

在社会或经济活动中，两个或多个实体，例如个人、公司、国家等，相互合作结成联盟或者利益集团，通常能得到比他们单独活动时更大的利益，产生一加一大于二的效果。然而，这种合作能够达成或者持续下去的前提就是合作各方能够在合作的联盟中得到他应有的那份利益。那么，如何才能做到合理地分配合作各方获得的利益呢？

这类问题称为 n 人合作对策。沙普利（Lloyd Stowell Shapley，1923—2016）在 1953 年给出了解决该问题的一种方法，称为 Shapley 值法。

下面先给出合作对策的一般模型。

定义（合作对策模型的特征函数）：记 $I=\{1,2,\cdots,n\}$ 为 n 个合作人的集合。若对于 I 的任何子集 $s\subseteq I$ 都有一个实数 $v(s)$ 与之对应，且满足下列条件：

① $v(\phi)=0$，其中 ϕ 为空集；

② 对于任意两个不交子集 $s_1,s_2\subseteq I$，都有 $v(s_1\bigcup s_2)\geqslant v(s_1)+v(s_2)$。则称 $v(s)$ 为定义在 I 上的一个特征函数。

在实际问题中，$v(s)$ 就是各种联盟的获利，而第二个条件表明任何情况下合作总比单干或者小团体的合作至少来得有利。合作对策就是需要确定每个人获得的利益 $\varphi_i(v)$，或者对全体成员来讲就是向量 $\varphi(v)=[\varphi_1(v),\varphi_2(v),\cdots,\varphi_n(v)]$。按照前例的分析，我们知道合理的分配需要满足：

$$\sum_{i\in s}\varphi_i(v)\geqslant v(s)$$

并且，该式当 $s=I$ 时等号成立。

上述的提法中实质上没有什么限制，这样我们总可以找到多个解。所以，必须有一些有关合理性的限制，在该限制下，寻找合理的对策才是有意义的。

Shapley 给出了一组对策应满足的公理，并证明了在这些公理下合作对策是唯一的。

公理 1（对称性）：设 π 是 $I=\{1,2,\cdots,n\}$ 的一个排列，对于 I 的任意子集 $s=\{i_1,i_2,\cdots,i_n\}$，有 $\pi s=\{\pi i_1,\pi i_2,\cdots,\pi i_n\}$。若在定义特征函数 $w(s)=v(\pi s)$，则对于每个 $i\in I$ 都有 $\varphi_i(w)=\varphi_{\pi i}(v)$。

这表示合作获利的分配不随每个人在合作中的记号或次序变化。

公理 2（有效性）：合作各方获利总合等于合作获利：

$$\sum_{i\in I}\varphi_i(v)=v(I)$$

公理 3（冗员性）：若对于包含成员 i 的所有子集 s 都有 $v(s\setminus\{i\})=v(s)$，则 $\varphi_i(v)=0$。其中 $s\setminus\{i\}$ 为集合 s 去掉元素 i 后的集合。

这说明如果一个成员对于任何他参与的合作联盟都没有贡献，则他不应当从全体合作中获利。

公理 4（可加性）：若在 I 上有两个特征函数 v_1，v_2，则有

$$\varphi(v_1+v_2)=\varphi(v_1)+\varphi(v_2)$$

这表明有多种合作时，每种合作的利益分配方式与其他合作结果无关。

Shapley 证明了满足这四条公理的 $\varphi(v)$ 是唯一的，并且其公式为

$$\varphi_i(v) = \sum_{s \in S_i} w(|s|)[v(s) - v(s \backslash \{i\})]$$

式中，S_i 是 I 中包含成员 i 的所有子集形成的集合；$|s|$ 是集合 s 元素的个数；$w(|s|)$ 是加权因子且

$$w(|s|) = \frac{(|s| - 1)! \ (n - |s|)!}{n!}$$

Shapley 值公式可以解释如下：$v(s) - s(s \backslash \{i\})$ 是成员 i 在他参与的合作 s 中做出的贡献。这种合作总计有 $(|s| - 1)! \ (n - |s|)!$ 种出现的方式，因此每一种出现的概率就是 $w(|s|)$。

【例 2.1】　ABC 三人合作经商。倘若 AB 合作可获利 7 万元，AC 合作可获利 5 万元，BC 合作可获利 4 万元，三人合作则获利 10 万元。如果每人单干各获利 1 万元。问三人合作时如何分配获利？

很显然，三人合作时，三人获利总和应为 10 万元。设 ABC 三人分配获利为 x_1, x_2, x_3，则有

$$\begin{cases} x_1 \geq 1, x_2 \geq 1, x_3 \geq 1 \\ x_1 + x_2 \geq 7, x_1 + x_3 \geq 5, x_2 + x_3 \geq 4 \\ x_1 + x_2 + x_3 = 10 \end{cases}$$

三人中如果谁获利小于 1 万元，则他就会单干，不会加入这个联盟。如果 $x_1 + x_2 \geq 7$ 不成立，AB 就会组成一个小的联盟，而把 C 抛在一边。

但是，这个系统有无穷多组解，例如，$(x_1, x_2, x_3) = (4, 3, 3)$，$(6, 2, 2)$，$(5, 3, 2)$，甚至是 $(3, 5, 2)$。很显然，站在 B 和 C 的角度，和 A 合作都可以获得更大利益，换言之，A 在他所参与的合作中贡献最大；同理，B 次之，C 贡献最小。因此，像 $(5, 3, 2)$，$(14/3, 11/3, 5/3)$ 都是合理的解。哪一个更合理？应该有一种"最圆满"的利益分配方法。

使用 Shapley 值法，构造表 2.1 用于确定合作对策中 A 应得的获利。

表 2.1　用 Shapley 值法计算 A 的贡献度和应得利益

s	A	{A,B}	{A,C}	{A,B,C}
$v(s)$	1	7	5	10
$v(s \backslash \{1\})$	0	1	1	4
$v(s) - v(s \backslash \{1\})$	1	6	4	6
$|s|$	1	2	2	3
$w(|s|)$	1/3	1/6	1/6	1/3
$w(|s|)[v(s) - v(s \backslash \{1\})]$	1/3	1	2/3	2

由表 2.1 可计算得 A 应得的获利为 $\varphi_1(v) = \left(\dfrac{1}{3} + 1 + \dfrac{2}{3} + 2\right)$ 万元 = 4 万元。同理，可求得 B 和 C 的获利分别为 $\varphi_2(v) = 3.5$ 万元和 $\varphi_3(v) = 2.5$ 万元。

2.4 微分方程

处理动态问题，一般用微分方程（本节中简称为"方程"）作为工具。微分方程建立了变量的变化率和其他量之间的关系。微分方程的形式及其解法也是五花八门的，详见文献［27～32］。

2.4.1 一般概念

微分方程：含有参数、未知函数和未知函数导数（或微分）的方程。最简单的方程为

$$\frac{\mathrm{d}y}{\mathrm{d}x} = f(x)$$

式中，y 为未知函数；x 为自变量。

微分方程的解法一般和积分有关，但是这类方程的解法多种多样，每一种方法适用的范围都是有限的，只有很少一部分方程可以求得解析解。在计算机发达的今天，大多数方程需要通过计算机求解。

微分方程的阶：微分方程中出现的未知函数最高阶导数的阶数。

常微分方程：未知函数 y 是一元函数的微分方程。对线性常系数常微分方程，可以通过公式找到通解，然后通过初值条件确定通解中的不定系数。

偏微分方程：未知函数 y 是多元函数的微分方程。二阶偏微分方程一般分为双曲型方程、抛物型方程和椭圆型方程。在时间或空间上给定一定条件后得到偏微分方程定解问题。时间上给定的条件称为初值条件，空间上给定的条件称为边值条件。

① 偏微分方程并非对所有初/边值条件都有满足条件的解。

② 双曲型方程在物理上一般描述振动或波动现象，最简单的双曲型方程为

$$\frac{\mathrm{d}^2 y}{\mathrm{d}t^2} - \frac{\mathrm{d}^2 y}{\mathrm{d}x^2} = 0$$

③ 抛物型方程在物理上一般描述热传导现象，最简单的抛物型方程为

$$\frac{\mathrm{d}y}{\mathrm{d}t} - a^2 \frac{\mathrm{d}^2 y}{\mathrm{d}x^2} = 0$$

求解的方法有分离变量法等。

④ 椭圆型方程在物理上一般描述势能平衡现象，最简单的椭圆型方程为

$$\frac{\mathrm{d}^2 y}{\mathrm{d}t^2} + \frac{\mathrm{d}^2 y}{\mathrm{d}x^2} = 0$$

求解的方法根据不同的问题有特征线法、傅里叶变换法、拉普拉斯变换法、分离变量法、基本解法等。

差分方程：微分方程的离散形式。微分方程的数值解法一般先要将其化为差分方程。通过代数的方法求解。

由两个以上未知变量联立的微分方程称为**微分方程组**。

2.4.2　解的定性分析：微分方程的平衡解

对一般的微分方程（组）：

$$\frac{\mathrm{d}\vec{x}}{\mathrm{d}t} = \vec{f}(\vec{x})$$

如果方程右端与时间 t 无关，我们称方程为自治方程。而让上式左端为零，即所求函数随时间的变化为零，即有

$$\vec{f}(\vec{x}) = 0$$

这个问题解的实根 $\vec{x} = \vec{x}_0$ 我们称为**平衡点**。它也是原微分方程的一个特解。如果从平衡点一个小邻域内的任何一点出发，随着时间推移最终解趋于平衡点，我们称这个平衡点是**稳定的**，否则就是**不稳定的**。在应用中，找到平衡点，并分析其稳定性，这样的分析是非常有意义的。平衡点的稳定性判定有许多方法。这里只介绍最简单的。

① 对一维问题：如果右端函数 $f(x)$ 足够光滑，那么当 $f'(x_0) > 0$ 时，$x = x_0$ 不稳定；当 $f'(x_0) < 0$，时，$x = x_0$ 稳定。

② 对二维问题：记 $\vec{x} = (x, y)$，$\vec{x}_0 = (x_0, y_0)$，$\vec{f} = (f_1, f_2)$，以及

$$p = \left[-\frac{\partial f_1}{\partial x} - \frac{\partial f_2}{\partial y} \right]_{(x,y)=(x_0,y_0)}, q = \left[\frac{\partial f_1}{\partial x} \frac{\partial f_2}{\partial y} - \frac{\partial f_1}{\partial y} \frac{\partial f_2}{\partial x} \right]_{(x,y)=(x_0,y_0)}$$

当 $p < 0$ 或 $q < 0$ 时，$(x_1, x_2) = (x_{10}, x_{20})$ 不稳定；当 $p > 0$，$q > 0$ 时，$(x_1, x_2) = (x_{10}, x_{20})$ 稳定。

相应抛物型方程与时间无关的解叫平衡解。更多的稳定性结果可以参考

相应的参考文献 [28]。

2.4.3　微分方程的数值解

随着对微分方程的研究，人们找到了一些微分方程解析解的求解方式，然而在生产实际和科学研究中所遇到的微分方程往往较为复杂，难以得出解析解。并且有的微分方程即使得到封闭形式的解，也因为结构复杂难以进行性质分析和使用。人们寻求通过近似的方式研究微分方程的解，随着计算机技术的进步，求解微分方程数值方式逐渐发展起来，成为重要的研究方向和求解微分方程的手段。

作为例子，下面我们详解热传导方程的显式差分格式的数值解法。

考虑下述热传导方程初边值问题：

$$\begin{cases} U_t = a^2 U_{xx}, 0 < x \leqslant 1, 0 < t \leqslant T \\ U(x,0) = f(x), 0 \leqslant x \leqslant 1 \\ U(0,t) = u_0(t), U(1,t) = u_1(t), 0 \leqslant t \leqslant T \end{cases}$$

式中，$a \neq 0$。将区间 [0,1] 等分为 $M+1$ 个小区间，区间长度为 Δx，将区间 [0,T] 等分为 N 个小区间，区间长度为 Δt。将节点坐标 $(i\Delta x, j\Delta t)$ 记为 (x_i, t_j)，(x_i, t_j) 处的函数值记为 U_i^j，$i = 0, 1, \cdots, M+1, j = 0, 1, \cdots, N$。将对应时间 t_j 处的函数值序列 $(U_1^j, U_2^j, \cdots, U_M^j)$ 记为 $\boldsymbol{U}^j$。

当方程的解在区域内适当光滑时，对方程进行差分如下：

$$\frac{U_i^{j+1} - U_i^j}{\Delta t} = a^2 \frac{U_{i+1}^j - 2U_i^j + U_{i-1}^j}{\Delta x^2}$$

整理得

$$U_i^{j+1} = \frac{a^2 \Delta t}{\Delta x} U_{i-1}^j + \left(1 - \frac{2a^2 \Delta t}{\Delta x}\right) U_i^j + \frac{a^2 \Delta t}{\Delta x} U_{i+1}^j$$

即时间 t_{j+1} 处的函数值可以使用时间 t_j 处的函数值线性表示。以矩阵形式表示，即

$$\boldsymbol{U}^{j+1} = \boldsymbol{A} \boldsymbol{U}^j$$

其中

$$\boldsymbol{A} = \begin{pmatrix} 1 - \dfrac{2a^2 \Delta t}{\Delta x} & \dfrac{a^2 \Delta t}{\Delta x} & \cdots & 0 \\ \dfrac{a^2 \Delta t}{\Delta x} & 1 - \dfrac{2a^2 \Delta t}{\Delta x} & \cdots & 0 \\ \vdots & \vdots & \ddots & \vdots \\ 0 & 0 & \cdots & 1 - \dfrac{2a^2 \Delta t}{\Delta x} \end{pmatrix}$$

根据初值条件 $U^0 = [f(x_1), f(x_2), \cdots, f(x_M)]$，即可逐步解出 U^j。

根据 Taylor 公式容易证明，显式差分格式与热传导方程相容，其计算精度为 $O(\Delta t + \Delta x^2)$。显式差分格式计算方法简单，但对时间步长有限制。当 $0 < \dfrac{a^2 \Delta t}{\Delta x} < 0.5$ 时，差分格式才能得到稳定的数值解，否则解将会因为不稳定而震荡。

数值计算的方法还有很多，如隐式差分格式，感兴趣的读者可以参考文献 [30，31]。

2.5 随机过程

随着科学研究的深入，人们发现大量的现象用确定性的规律已难以描述，随机科学就自然进入人们的研究范围，随机数学的研究也就迅速发展。其中最重要的对象就是随机过程。随机的理论既艰深又实用，需要进一步研习的可参考文献 [33，34]。

2.5.1 马尔科夫链

马尔科夫链，因俄国数学家安德烈·马尔科夫（Andrey Andreyevich Markov，1856—1922）得名，是数学中具有马尔科夫性质的离散时间随机过程。该过程中，在给定当前知识或信息的情况下，只有当前的状态用来预测将来，过去（即当前以前的历史状态）对于预测将来（即当前以后的未来状态）是无关的。

在许多实际问题中，事物在发展中发展到什么状态不是确定的，例如身体每年的健康状态、家庭每月的财务状况等。这一类问题所求的量随着时间变化而随机变化。处理它们可以用随机过程来刻画。随机过程所描述的现象是发展的随机变量，即随机变量随时间不断获得的新信息，其分布也发生着变化。

马尔科夫链是随机变量 $X_0, X_1, X_2, X_3, \cdots$ 的一个序列。这些随机变量的取值范围，即它们所有可能取值的集合 $I = (a_1, a_1 \cdots)$，$a_i \in \mathbf{R}$ 被称为"状态空间"，而 X_n 的值则是在时间 n 时的状态。如果 X_{n+1} 对于过去状态的条件概率分布只与 X_n 有关，即

$$P(X_{n+1} = x \mid X_0, X_1, X_2, X_3, \cdots, X_n) = P(X_{n+1} = x \mid X_n)$$

这里 x 为过程中的某个状态，上面这个等式被称为**马尔科夫性**，亦称为无后效性或无记忆性。而满足马尔科夫性的过程称为**马尔科夫过程**，时间和状

态都是离散的马尔科夫过程就是**马尔科夫链**。常见的马尔科夫过程有：

① 独立随机过程；

② 独立增量过程；

③ 泊松过程；

④ 维纳过程；

⑤ 随机游走过程。

简单的马尔科夫链所适合的情况是研究对象在发展过程中只有有限个可能性，并且每个可能性从另一个可能性变过来的概率是已知的。我们把每个可能性称为研究对象的一种**状态**，而可能性的变化概率称为**转移概率**。

定义（转移概率）：称条件概率 $P_{ij}(m, m+n) = P\{X_{m+n} = a_j \mid X_m = a_i\}$ 为马尔科夫链在时刻 m 处于状态 a_i 条件下，在时刻 $m+n$ 转移到 a_j 的转移概率。转移概率组成的矩阵称为**转移概率矩阵**。并且

$$\sum_{j=1}^{\infty} P_{ij}(m, m+n) = 1, i = 1, 2, \cdots$$

特殊的马尔科夫链如下。

(1) 正则链

从一种状态经过有限次转移能以正概率到达另外任意状态的马尔科夫链。数学理论告诉我们正则链一定存在着极限。

(2) 吸收链

存在吸收状态的马尔科夫链。所谓吸收状态，即一旦到达这个状态则离开这个状态的概率为零。而任意非吸收状态经过有限次转移能以正概率到达吸收状态。

2.5.2 布朗运动

布朗运动（Brownian Motion）指的是悬浮微粒永不停息地做无规则运动的现象，它是 1827 年英国植物学罗伯特·布朗（Robert Brown，1773—1858）利用一般的显微镜观察悬浮于水中由花粉所迸裂出的微粒时发现的。

布朗运动在数学中叫维纳过程（Wiener Process），这是一种连续时间随机过程，得名于诺伯特·维纳（Norbert Wiener，1894—1964）。在纯数学、应用数学、经济学与物理学中都有重要应用，是刻画一系列重要的复杂随机过程的基本工具。金融数学中，维纳过程可以用于描述原生资产的随机过程，是期权定价模型的基本假定。

定义（维纳过程）：若一个随机过程 $\{X(t),t\geq0\}$ 满足，

① $X(0)=0$，$X(t)$ 是独立增量过程；

② 任意 $s,t>0$，$X(s+t)-X(s)\sim N(0,\sigma^2t)$，即 $X(s+t)-X(s)$ 是期望为 0、方差为 σ^2t 的正态分布；

③ $X(t)$ 的路径关于 t 是连续函数。

则称 $\{X(t),t\geq0\}$ 是维纳过程或布朗运动。

维纳过程的特点如下。

① 它是一个马尔科夫过程。因此该过程的当前值就是做出其未来预测所需的全部信息。

② 维纳过程具有独立增量。该过程在任一时间区间上变化的概率分布独立于其在任一其他时间区间上变化的概率。

③ 它在任何有限时间上的变化服从正态分布，其方差随时间区间的长度呈线性增加。

2.5.3 Feynman-Kac 公式

Feynman-Kac 公式是期权定价研究中常用的公式。通过这一公式，可以使用偏微分方程求解与随机过程相关的条件期望，从而将随机性的随机过程与确定性的偏微分方程联系起来。

设 X_t 是随机过程，其运行过程由随机微分方程(2.4) 刻画：

$$dX_t=\mu(X_t,t)dt+\sigma(X_t,t)dW_t \tag{2.4}$$

式中，W_t 为标准布朗运动，$E(dW_t)=0$，$var(dW_t)=dt$。

设 $U(x,t)$ 是条件数学期望：

$$U(x,t)=E\left[f(X_T)e^{\int_t^T g(X_s,s)ds}\mid X_t=x\right]\stackrel{\triangle}{=}E_{x,t}\left[f(X_T)e^{\int_t^T g(X_s,s)ds}\right]$$

这种类型的条件数学期望在期权定价问题中经常遇到。在期权定价问题中，$e^{\int_t^T g(X_s,\,s)ds}$ 一般表示贴现因子，$g(X_s,s)<0$ 为相应的贴现率。则有如下结论。

定理（Feynman-Kac 公式） 条件数学期望 $U(x,t)$ 是下述倒向抛物型方程终值问题的解：

$$\begin{cases}\dfrac{\partial U}{\partial t}+\mu(x,t)\dfrac{\partial U}{\partial x}+\dfrac{1}{2}\sigma^2(x,t)\dfrac{\partial^2 U}{\partial x^2}+g(x,t)U=0,(x,t)\in \mathbf{R}\times[0,T),\\ U(x,T)=f(x),x\in\mathbf{R}\end{cases}$$

证明：当 $t<T$ 时，考虑差商

$$\frac{U(x,t)-U(x,t-\Delta t)}{\Delta t}$$

$$=\frac{1}{\Delta t}\left\{U(x,t)-\mathrm{E}_{x,t-\Delta t}\left[f(X_T)\mathrm{e}^{\int_{t-\Delta t}^{T}g(X_s,s)\mathrm{d}s}\right]\right\}$$

$$=\frac{1}{\Delta t}\left(U(x,t)-\mathrm{E}_{x,t-\Delta t}\left\{\mathrm{e}^{\int_{t-\Delta t}^{t}g(X_s,s)\mathrm{d}s}\mathrm{E}_{x,t}\left[f(X_T)\mathrm{e}^{\int_{t}^{T}g(X_s,s)\mathrm{d}s}\right]\right\}\right)$$

$$=-\frac{1}{\Delta t}\mathrm{E}_{x,t-\Delta t}\int_{t-\Delta t}^{t}\left[\mathrm{e}^{\int_{t-\Delta t}^{t}g(X_s,s)\mathrm{d}s}U(X_\tau,t)\right]\mathrm{d}\tau$$

$$=-\frac{1}{\Delta t}\mathrm{E}_{x,t-\Delta t}\int_{t-\Delta t}^{t}\left\{g(X_\tau,\tau)\mathrm{e}^{\int_{t-\Delta t}^{\tau}g(X_s,s)\mathrm{d}s}U(X_\tau,t)\right.$$

$$\left.+\mathrm{e}^{\int_{t-\Delta t}^{\tau}g(X_s,s)\mathrm{d}s}\left[\mu(X_\tau,\tau)U_x(X_\tau,t)+1/2\sigma^2(X_\tau,\tau)U_{xx}(X_\tau,t)\right]\right\}\mathrm{d}\tau$$

式中，X_t 是随机微分方程(2.4) 其初值 $X_{t-\Delta t}=x$ 在 t 时刻的解。两边令 $\Delta t\to 0$，有

$$\frac{\partial U}{\partial t}+\mu(x,t)\frac{\partial U}{\partial x}+\frac{1}{2}\sigma^2(x,t)\frac{\partial^2 U}{\partial x^2}+g(x,t)U=0$$

又

$$\lim_{t\to T^-}\mathrm{E}_{x,t}\left[f(X_T)\mathrm{e}^{\int_{t}^{T}g(X_s,s)\mathrm{d}s}\right]=f(x)$$

从而定理获证。

2.6　蒙特卡洛（Monte Carlo）方法

蒙特卡洛方法是一种计算机随机模拟方法，也就是随机抽样方法或基于"随机数"的统计试验方法，属于计算数学的一个分支。这种方法是20世纪40年代中期由于科学技术的发展和电子计算机的发明，而被提出的一种以概率统计理论为指导的一类非常重要的数值计算方法。它使用随机数（或更常见的伪随机数）来解决很多计算问题，通过大量模拟实验刻画和研究一些复杂的事件、过程和机理，最后得到一些有很高参考价值的结论。与它对应的是确定性算法（参见文献［35］）。

蒙特卡洛方法的基本思想很早以前就被人们发现和利用了。早在17世纪，人们就知道用事件发生的"频率"来近似事件的"概率"。19世纪人们通过投针试验确定圆周率 π。这一方法成型于美国在第二次世界大战研制原子弹的"曼哈顿计划"。该计划的主持人之一，美籍匈牙利著名数学家，计

算机科学的奠基人冯·诺伊曼用驰名世界的赌城摩纳哥（Monte Carlo）来命名这种方法，为它蒙上了一层神秘色彩。20 世纪 40 年代电子计算机的发明，特别是近年来高速电子计算机的发明，使得用数学方法在计算机上大量、快速地模拟这样的试验成为可能。

经过几十年的发展，蒙特卡洛方法已广泛应用于许多实际领域，如计算物理学、金融计算、量子热力学计算、分子动力学等。蒙特卡洛方法的优点是计算复杂性不再依赖于维数，并适用于研究复杂的和机理不清的体系。近代计算机的发展，使得该方法的适用范围大大扩展。我们可以用其仿真演习一个城市的灾难应对能力，也可以用其实测分析一套生产新型管理系统，还可以进行沙盘推演，模拟一场现代化战争。

这种方法的基本思想是：当所要求解的问题是某种事件出现的概率，或者是某个随机变量的期望值时，通过某种"试验"的方法，得到这种事件出现的频率，或者这个随机变数的平均值，并用它们作为问题的解。即以概率模型为基础，抓住事物运动的几何数量和几何特征，利用数学方法来加以模拟，用实验的结果作为所讨论问题的近似解。就像民意测验结果不是全部登记选民的意见，而是通过对选民进行小规模的抽样调查得到的可能的民意。

蒙特卡洛方法的一个关键点是随机数的计算机抽取。计算机不能产生真正的随机数，但在一般情形下，计算机产生的伪随机数是够用的，对于这方面的知识，读者可以参考专业文献 [36，37]。

通过下面的简例可以了解这个方法的基本思路。

【例 2.2】 考虑平面上的一个边长为 1 的正方形及其内部的一个形状不规则的"图形"（如图 2.1 的正方形中的浅色图形），如何求出这个"图形"的面积呢？蒙特卡洛方法是这样一种"随机化"的方法：向该正方形"随机地"投掷 N 个点，其中有 M 个点落于"图形"内，则该"图形"的面积近似为 M/N。

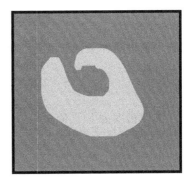

图 2.1 不规则图形

对这个问题，古典的方法是大量地、随机地向这个正方形方框里投针，看看落在浅色图形里的针与所有所投出针的比例，我们可以估算出浅色图形的面积。用现代方法，我们可以用计算机抽取在方形中均匀分布的随机数，然后算出落在浅色图形里的随机数与所有抽出随机数的比例并以此来估算浅色图形面积。

蒙特卡洛方法的实现过程有下面 3 个主要步骤。

（1）构造或描述概率过程

对于本身就具有随机性质的问题，主要是正确描述和模拟这个概率过程，对于本来不是随机性质的确定性问题，例如计算定积分，就必须事先构造一个人为的概率过程，它的某些参量正好是所要求问题的解，即要将不具有随机性质的问题转化为随机性质的问题。

（2）实现从已知概率分布抽样

构造了概率模型以后，按照这个概率分布抽取随机变量（或随机向量），这一般可以直接由软件包调用，或抽取均匀分布的随机数构造。这就成为了实现蒙特卡洛方法模拟实验的基本手段，这也是蒙特卡洛方法被称为随机抽样的原因。

（3）建立各种估计量

一般说来，构造了概率模型并能从中抽样后，即实现模拟实验后，我们就要确定一个随机变量，作为所要求的问题的解，我们称它为无偏估计。建立各种估计量，相当于对模拟实验的结果进行考察和登记，从中得到问题的解。

我们先通过用蒙特卡洛方法计算定积分来从理论上理解这个方法是如何工作的。

【例 2.3】 考虑积分：

$$I_a = \int_0^\infty x^{a-1} e^{-x} dx, a > 0$$

将这个积分看作某随机变量 X 的数学期望。如果假定 X 的密度 $f_X(x) = e^{-x}$，则

$$I_a = E(X^{a-1})$$

抽取密度为 e^{-x} 的随机数 $X_1, X_2, \cdots, X_n$，构造统计数：

$$\hat{I}_a = \frac{1}{n} \sum_{i=1}^n X_i^{a-1}$$

则

$$E(\hat{I}_a) = \frac{1}{n} E\left(\sum_{i=1}^n X_i^{a-1} \right) = \frac{1}{n} \sum_{i=1}^n E(X_i^{a-1})$$

$$= \frac{1}{n} \sum_{i=1}^n E(X^{a-1}) = \frac{n}{n} E(X^{a-1}) = I_a$$

且

$$\mathrm{var}(\hat{I}_\alpha) = \mathrm{var}\left(\frac{1}{n}\sum_{i=1}^{n}X_i^{\alpha-1}\right) = \frac{1}{n^2}\sum_{i=1}^{n}\mathrm{var}(X_i^{\alpha-1})$$

$$= \frac{n}{n^2}\mathrm{var}(X^{\alpha-1}) = \frac{1}{n}\mathrm{var}(X^{\alpha-1})$$

即

$$\sigma(I_\alpha) = \frac{1}{\sqrt{n}}\sigma(X^{\alpha-1})$$

当 $\alpha = 1.9$ 时，$I_{1.9} = \int_0^\infty x^{0.9}\mathrm{e}^{-x}\,\mathrm{d}x$。用蒙特卡洛方法计算这个定积分。取 $X_i = -\ln R_i$，$R_i \sim U(0,1)$，进行 4 次模拟：$R_1 = 0.0587$，$R_2 = 0.0961$，$R_3 = 0.9019$，$R_4 = 0.3095$，代入上述估计式得 $\hat{I}_\alpha = 1.497$。

而 $\Gamma(1.9) = 0.96176$，这个 4 次模拟的结果不好！根据随机分布相关性质可以推算出，在这个模型中，如果要达到 0.001 的精确度，就需要 112360 次计算。

我们也可以将这个积分定义为其他期望形式。如重写积分 $I_{1.9} = \int_0^\infty x\mathrm{e}^{-x}\left(\frac{1}{x^{0.1}}\right)\mathrm{d}x$，对应密度函数为 $f_Y(y) = y\mathrm{e}^{-y}$，则 $I_{1.9} = \mathrm{E}(X^{-0.1})$。

取 2 个随机变量 R_1，$R_2 \sim U(0.1)$，令 $Y = R_1\ln R_2$，计算 $I_{1.9} = \mathrm{E}\left(\frac{1}{Y^{0.1}}\right)$。取 8 个随机数进行 4 次模拟：

$$R_1^1 = 0.0078, R_1^2 = 0.9325, R_1^3 = 0.1080, R_1^4 = 0.0063;$$

$$R_2^1 = 0.5490, R_2^2 = 0.8556, R_2^3 = 0.9771, R_2^4 = 0.2783$$

计算得 $\hat{I}_{1.9} = 0.9187$。这 4 次模拟大大改善了结果。这个例子说明，在应用蒙特卡洛方法时，合理设计模型和计算方法可以大大提高模拟效率。

2.7 随机最优控制及 HJB 方程

2.7.1 控制问题

控制问题一般可描述为通过影响动态系统的行为以达到期望的目标，如果目标的最优化取决于系统的控制输入，则称该问题为最优控制问题。20 世纪 50～60 年代航天工程的应用使得最优控制理论得到了快速的发展，之后该理论被广泛应用于经济、管理等其他领域。

设状态过程（state process）X_t 满足

$$dX_s = \mu(X_s, s; u_s)ds + \sigma(X_s, s; u_s)dW_s, \quad s \geq t \tag{2.5}$$

初始状态 $X_t = x$，W_t 是 m 维标准布朗运动，$\mu : \mathbf{R}^n \times U \times [0, \infty) \rightarrow \mathbf{R}^n$，$\sigma : \mathbf{R}^n \times U \times [0, \infty) \rightarrow n \times m$ 阶矩阵，对于 $s \geq t$，u_s 取值于集合 U，U 称为控制空间（control space）。记所有的可允许的控制构成的集合为 A。

假设 $O \in \mathbf{R}^n$ 是开集，定义有穷水平（finite horizon）上问题的目标函数（objective function）为

$$J(x, t; u) \stackrel{\triangle}{=} \mathrm{E}\left[\int_t^{\tau \wedge T} L(X_s, u_s, s)ds + g(X_\tau, \tau)1_{\tau \leqslant T} + \psi(X_T)1_{\tau \geqslant T} \mid X_t = x\right] \tag{2.6}$$

式中，$\tau \stackrel{\triangle}{=} \inf\{s \geq t \mid X_s \notin O\}$ 为停时（一种特殊的随机变量，表示不确定的时间），表示随机状态过程 X_t 到达区域 O 边界逸出的时刻；连续函数 L 为运行费用（running cost），指随机状态过程 X_t 在区域 O 内运行时对应的费用；g 为边界费用（boundary cost），是状态过程逸出时区域 O 对应的费用；ψ 为期末费用（terminal cost），是状态过程在区域 O 内运行至到期时对应的费用，且满足 $g(x, T) = \psi(x)$，$\forall x \in \partial O$。

求解最优控制问题的主要任务是找出最优控制过程 u^* 使得目标函数 J 取得最大或最小值。我们将通过使用动态规划原理来将问题转化为偏微分方程问题，然后通过求解偏微分方程获得最优控制的反馈形式，然后通过求解状态过程式（2.5）从而得出最优控制过程 u^*。

2.7.2　动态规划原理

动态规划原理是 20 世纪 50 年代由理查德·贝尔曼（Richard Ernest Bellman，1920—1984）及其同仁提出的。其对应的离散系统方程式一般称为贝尔曼方程。在连续时间的结果可以视为由卡尔·雅可比及威廉·哈密顿提出，是经典力学中哈密顿-雅可比方程的延伸。连续系统下所对应的方程称为哈密顿-雅可比-贝尔曼方程（Hamilton-Jacobi-Bellman，HJB）。这是一个非线性偏微分方程，是最优控制理论的核心方程。其解是针对特定动态系统及相关效用函数下，有最小费用的值函数。

对于 $Q = \mathbf{R}^n \times (0, T)$ 上的动态规划原理数学描述如下。考虑类似于式（2.6）定义的值函数：

$$V(x, t) = \inf_{u. \in A} \mathrm{E}\left[\int_t^T L(X_s, u_s, s)ds + \psi(X_T) \mid X_t = x\right] \tag{2.7}$$

假设（1）：存在常数 $K > 0$ 使得函数

$$|\mu(x, u, t) - \mu(y, u, s)| \leqslant K(|x - y| + |s - t|), \forall (x, t), (y, s) \in Q, u \in U$$

$$|\sigma(x,u,t)-\sigma(y,u,s)|\leqslant K(|x-y|+|s-t|), \forall (x,t),(y,s)\in Q, u\in U$$

$$|\mu(0,u,s)|+|\sigma(0,u,t)|\leqslant K, \forall (x,t)\in Q, u\in U$$

这些假设保证随机微分方程(2.5)有唯一解。

假设(2)：如果 $u.$，$\hat{u}. \in A$，τ 为停时，定义

$$\bar{u}_s = \begin{cases} u_s, & s\leqslant\tau \\ \hat{u}_s, & s>\tau \end{cases}$$

则 $\bar{u}. \in A$。

定理（动态规划原理）：对于任意停时 $\tau\geqslant t$，假设（1）和假设（2）成立，且值函数连续可微，则值函数所满足的动态规划方程：

$$\frac{\partial V}{\partial t}(x,t)+\inf_{u\in U}\{A^u V(x,t)+L(x,u,t)\}=0, \mathbf{R}^n\times(0,T) \qquad (2.8)$$

证明：在动态规划原理中取 $\tau=t+h$，我们有

$$V(x,t)=\inf_{u.\in A}\mathrm{E}\left[\int_t^{t+h} L(X_s,u_s,s)\mathrm{d}s+V(X_{t+h},t+h)\mid X_t=x\right], h\in[0,T-t]$$

取常数控制 $u_s=u$，则由动态规划原理，有

$$V(x,t)\leqslant\mathrm{E}\left[\int_t^{t+h} L(X_s,u,s)\mathrm{d}s+V(X_{t+h},t+h)\mid X_t=x\right], h\in[0,T-t]$$

两边同时减去 $V(x,t)$，再同时除以 h，并令 $h\to 0$，得

$$0\leqslant\lim_{h\to 0}\frac{1}{h}\mathrm{E}\left[\int_t^{t+h} L(X_s,u,s)\mathrm{d}s+V(X_{t+h},t+h)-V(x,t)\mid X_t=x\right]$$

$$(2.9)$$

由 Itô 公式（详见参考文献［65］），我们有

$$V(X_{t+h},t+h)=V(x,t)+\int_t^{t+h}\left[\frac{\partial V}{\partial t}(X_s,s)+A^{u_s}V(X_s,s)\right]\mathrm{d}s$$

$$+\int_t^{t+h}\nabla V(X_s,s)\sigma(X_s,u_s,s)\mathrm{d}W_s \qquad (2.10)$$

其中

$$A^u V(x,s)=\nabla V(x,s)f(x,u,s)+\frac{1}{2}\mathrm{trace}[D^2 V(x,s)\sigma(x,u,s)\sigma'(x,u,s)]$$

将式(2.10)代入式(2.9)，得到

$$0\leqslant\lim_{h\to 0}\frac{1}{h}\mathrm{E}\left[\int_t^{t+h}\left[L(X_s,u,s)+\frac{\partial V}{\partial t}(X_s,s)+A^u V(X_s,s)\right]\mathrm{d}s\mid X_t=x\right]$$

$$=L(x,u,t)+\frac{\partial V}{\partial t}(x,t)+A^u V(x,t)$$

对所有的 $u\in U$ 上式均成立，于是

$$\frac{\partial V}{\partial t}(x,t) + \inf_{u \in U}\{A^u V(x,t) + L(x,u,t)\} \geqslant 0$$

另外，若 $u^* \in A$ 是最优控制过程，对每个 $h \in [0, T-t]$，

$$V(x,t) = E\left[\int_t^{t+h} L(X_s^*, u_s^*, s)\mathrm{d}s + V(X_{t+h}^*, t+h) \mid X_t^* = x\right]$$

其中 X^* 是 $u_. = u^*$ 时式（2.7）的解。和前面讨论类似，这里要求 u^* 在 t 连续，得到

$$\frac{\partial V}{\partial t}(x,t) + A^{u_t^*} V(x,t) + L(x,u_t^*,t) = 0$$

因此得到动态规划方程（2.8）。

关于动态规划原理的更多细节参考文献 [103]。

2.7.3 HJB 方程

以使得式（2.5）中定义的目标函数 J 取最小值为例，对应的 HJB 方程如下：

$$\frac{\partial V(x,t)}{\partial t} + \inf_{u \in U}\left\{\mu(x,t;u)\frac{\partial V(x,t)}{\partial x} + \frac{\sigma^2(x,t;u)}{2}\frac{\partial^2 V(x,t)}{\partial x^2} + L(x,t;u)\right\} = 0$$

其中 $V(x,t) = \inf_{u \in A} J(x,t;u)$ 是目标函数 J 取得极小值时的值函数。

对于一个简单的系统，HJB 方程可表示为

$$\begin{cases} \frac{\partial V}{\partial t}(x,t) + \min_u\{\nabla V(x,t), F(x,u) + C(x,u)\} = 0, t \in [0.T] \\ V(x,T) = D(T) \end{cases}$$

这里 $C(\cdot,\cdot)$ 和 $D(\cdot)$ 分别是成本费率函数和终值效用函数。$x(t)$ 是系统状态函数，假设 $x(0)$ 已知，而 $u(t)$ 就是我们要求的控制函数。系统还要求满足：

$$x'(t) = F[x(t),u(t)], t \in [0,T]$$

这里 $F(\cdot,\cdot)$ 是给定的状态发展函数。

（1）HJB 方程的粘性解

粘性解的概念最早在 1980 年由数学家 P. L. Lions 和 M. G. Crandall 通过推广偏微分方程解的概念提出。这个定义下的解不需要在定义域里处处可微。其定义有许多等价版本，以抛物型方程为例，通常的定义如下：

令 $Q \subset \mathbf{R}^n$，$T > 0$，$F(r,p,u,x,t) \in C[S^n \times \mathbf{R}^n \times \mathbf{R} \times Q \times (0,T)]$ 是

给定的函数，其中 S^n 是 $n \times n$ 阶对称矩阵的集合，考虑下面的抛物型方程问题：

$$u_t + F(D^2 u, Du, u, x, t) = 0, \quad (x, t) \in Q_T \stackrel{\triangle}{=\!=} Q \times (0, T) \quad (2.11)$$

$$u(x, T) = \psi(x), x \in Q \quad (2.12)$$

定义：（粘性解）

① 一个局部有界函数 $u \in C(\overline{Q_T})$ 是式（2.11）的粘性下解，只要对任意 $\phi \in C^{2,1}(\overline{Q_T})$，满足若 $u - \phi$ 以 $(x, t) \in Q_T$ 为局部最大值点，则

$$u_t + F(D^2 \phi(x, t), D\phi(x, t), u(x, t), x, t) \geqslant 0$$

② 一个局部有界函数 $u \in C(\overline{Q_T})$ 是式（2.11）的粘性上解，只要对任意 $\phi \in C^{2,1}(\overline{Q_T})$，满足若 $u - \phi$ 以 $(x, t) \in Q_T$ 为局部最小值点，则

$$u_t + F(D^2 \phi(x, t), D\phi(x, t), u(x, t), x, t) \leqslant 0$$

③ 若函数 $u \in C(\overline{Q_T})$ 既是式（2.11）的粘性下解又是粘性上解，则称 u 是式（2.11）的粘性解。另外，如果还满足在 Q 上，有 $u|_T = \psi$，则称 u 是终值问题式（2.11）和式（2.12）的粘性解。

函数和随机过程满足一定条件时，HJB 方程存在唯一的粘性解（可参考文献［92］）。

（2）HJB 方程的解法

HJB 方程是完全非线性方程，一般是个倒向问题，求解析解比较困难。可以通过数值求解。其解也一般为粘性解。更多的内容可研习参考文献［38～40，92］。

第 3 章

碳减排相关模型

3.1 人口模型

人口问题一直是一个重要的经济和社会问题。碳排放和人口增长有着密切的关系，所以研究碳减排的数学模型，了解人口模型是必需的。

人们应用数学模型来研究人口增长规律由来已久。全球人口增长的速度越来越快，人口每增加十亿的时间，由原来的一百多年缩短至十二三年。然而，地球的资源是有限的，人口问题必将严重困扰世界经济的发展。因此，认识人口数量变化的规律，建立合适的人口模型，作出准确的预报，具有十分重要的意义。

讨论人口问题可以从多方面入手，如人口数量、人口变化、人口地域分布和迁移、人口年龄性别结构等。其中人口数量是比较直接和简单的描述人口状况的变量，本节介绍的模型也主要从人口数量和增长率入手刻画人口变化。研究人口增长情况时，与变化率相关的函数导数必将扮演重要角色。变化率与其他因素的关系式就是一个微分方程。所以，人口问题用微分方程的工具来处理是自然的。虽然人数只取整数，但由于讨论的人口数目众多，我们可以认为作为变量的人口数是连续的。研究人口问题，还有历年人口普查所积累的大量的数据可以用，所以对这个问题还要处理实际数据。这样处理数据的统计工具、拟合技巧等也起着重要作用。更多的研究成果可参考文献 [41]。

3.1.1 指数增长模型（马尔萨斯模型）

1798 年，英国经济学家和社会学家马尔萨斯（Thomas Robert Malthus，1766—1834）匿名发表了他影响深远并且备受争议的专著《人口原理》。这本专著阐述了他在研究欧洲百余年的人口时的发现：单位时间内人口的增加量与当时人口总数是成正比的，并且在此基础上他得出了人口按几何级数增加（或按指数增长）的结论。这就是著名的人口指数模型。

假设人口的增长率是常数 ρ，或者说，单位时间内人口的增长量与当时的人口数成正比，比例系数为 ρ。以 $P(t)$ 表示第 t 年时的人口数［由于人口数庞大，可近似将 $P(t)$ 视为连续可微函数］。在初始时刻，即 $t=0$ 时，人口数为 P_0。

则人口增长模型为

$$\frac{\mathrm{d}P}{\mathrm{d}t}=\rho P$$

其初值条件为 $P(0)=P_0$。这个方程称为马尔萨斯人口发展方程。

这是一个一阶线性常微分方程，不难解出，这个方程初值问题的解为

$$P(t)=P_0\mathrm{e}^{\rho t}$$

可以使用人口历史数据对上述方程进行拟合，估计模型中的参数 k，N_0。将上述方程两边取自然对数：令 $M(t)=\ln P(t)$，则 $M(t)=\ln P_0+\rho t$。这样可以用第 1 章介绍的方法对 k，$\ln N_0$ 进行线性拟合。

马尔萨斯的模型较好地吻合了他那个时代（1790—1900 年）的数据。他认为，他的模型适用于自然资源丰富充足、没有战争、生活无忧无虑的社会，如当时的美国。这个模型的解告诉我们，人口将按一个指数函数无穷增长。那么，这个结果是不是符合实际情况呢？可不可以用它来预测未来人口呢？事实上，用马尔萨斯模型计算出的结果与现代的人口资料有很大的差异。从图 3.1 中可以看出，模型数据与实际数据在后部已分道扬镳，越差越

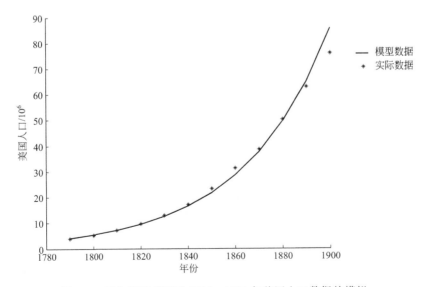

图 3.1　马尔萨斯模型对 1790—1900 年美国人口数据的模拟

远。在用此模型预测较遥远的未来地球人口总数时，发现更令人不可思议的结果。如按此模型计算，到 2670 年，地球上将有 36000 亿人口。如果地球表面全是陆地（事实上，地球表面还有 80％被水覆盖），我们也只得互相踩着肩膀站成两层了。这个结果非常荒谬。因此，这一模型应该修改。

3.1.2　阻滞增长模型（Logistic 模型）

马尔萨斯模型对近代人口数据的拟合越来越差，更谈不上能预测未来的人口。这是什么原因呢？这是因为模型的某些假定没有考虑到发展的因素，已不再合理。这种情况下模型假设应该进行修正。如果认为人口较少时，人口的自然增长率受其他因素约束较小的话，那么当人口增加到一定数量以后，这个增长率就要受到某种约束。事实上，地球上的资源是有限的，只能满足有限的人生活。随着人口的增加，自然资源、生活空间、环境条件等因素对人口增长的限制作用越来越明显。所以人口增长率应该随人口的增加而减小。因此，马尔萨斯模型中关于净增长率为常数的假设需要修改。

1838 年，比利时数学家韦尔侯斯特（Pierre-Francois Verhulst，1804—1849）引入常数 P_m，用来表示自然环境条件所能容许的最大人口数（这个数可能随国家和地区的不同而不同）。人口净增长率随着 $P(t)$ 的增加而减小，并当 $P(t) \rightarrow P_m$ 时，人口增长率趋于零，按此假定建立人口预测模型。这就是著名的阻滞增长模型，也称为逻辑模型或 Logistic 模型[42]（图 3.2）。

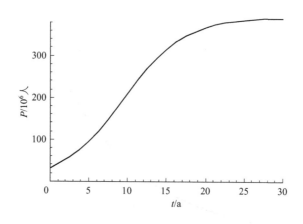

图 3.2　Logistic 模型的解图

假设人口增长率等于 $\mu[1-P(t)/P_m]$，初始时刻人口数为 P_0。由韦尔侯斯特假定，马尔萨斯模型应改为

$$\begin{cases} \dfrac{\mathrm{d}P}{\mathrm{d}t} = \rho\,(1-P/P_{\mathrm{m}})P \\ P(0)=P_0 \end{cases}$$

该方程的解（图3.2）为

$$P(t)=\dfrac{P_{\mathrm{m}}}{1+(P_{\mathrm{m}}/P_0-1)\mathrm{e}^{-\rho t}}$$

用该模型检验美国1790—1950年的人口，发现模型计算的结果与实际人口在1930年以前都非常吻合，自从1930年以后，误差越来越大，一个明显的原因是在20世纪60年代美国的实际人口数已经突破了20世纪初所设的极限人口。由此可见该模型的缺点之一是P_{m}不易确定，事实上，随着一个国家经济的腾飞，它所拥有的物质资源就越丰富，P_{m}的值也就越大。此值和经济、科技水平关系密切，也是个变量，要不断调整。

阻滞增长模型可以用来近似预测世界未来人口总数。例如，有生物学家估计，$k=0.029$，又当人口总数为3.06×10^9时，人口增长年速率是2%，由阻滞增长模型得

$$0.02=0.029(1-3.06\times10^9/P_{\mathrm{m}})$$

从而得$P_{\mathrm{m}}=9.86\times10^9$，即世界人口总数极限值近100亿。

阻滞增长模型是目前应用相当广泛的模型，也是我们在碳减排问题研究中主要采用的人口模型。

用中国1964—2007年的人口数据对人口阻滞增长模型中的参数进行拟合，得到$\rho=5.171\%,P_{\mathrm{m}}=1.47743\times10^9$。

3.1.3　带随机项的阻滞增长模型

标准Logistic模型中，假定某地的人口增长率ρ_t随当前人口数P_t的增大而减小：

$$\rho_t=\rho\,(1-P_t/P_{\mathrm{m}})$$

式中，ρ为人口固有增长率，表示人口在不受阻碍而自然资源丰富满足情形下的增长率；P_{m}为自然资源和环境条件所能容纳的最大人口数量，称为人口容量。

则可以解出人口关于时间的表达式为（P_0为初始时刻人口数）

$$P(t)=\dfrac{P_{\mathrm{m}}}{1+(P_{\mathrm{m}}/P_0-1)\mathrm{e}^{-\rho t}}$$

由此式可得

$$\frac{\mathrm{d}P}{P} = \frac{\rho(P_m - P_0)\mathrm{e}^{-\rho t}}{P_0 + (P_m - P_0)\mathrm{e}^{-\rho t}}\mathrm{d}t \tag{3.1}$$

在这一微分形式表达式中加入随机项，增大了人口增长模型中的不确定性，使得这一模型更能够体现实际情况[43]。这时，模型成为

$$\frac{\mathrm{d}P}{P} = \frac{\rho(P_m - P_0)\mathrm{e}^{-\rho t}}{P_0 + (P_m - P_0)\mathrm{e}^{-\rho t}}\mathrm{d}t + \delta\,\mathrm{d}W_t \tag{3.2}$$

其中，W_t 为标准布朗运动。为了以后引用方便，我们记

$$f_0(t) \stackrel{\triangle}{=} \frac{\rho(P_m - P_0)\mathrm{e}^{-\rho t}}{P_0 + (P_m - P_0)\mathrm{e}^{-\rho t}} \tag{3.3}$$

3.1.4　人口发展模型

人口模型还有很多进一步的推广。上面的模型在一定程度上刻画了人口增长的规律，但没有考虑人口的一个重要因素：年龄。研究人口年龄分布的变化状况，可以使用宋健人口发展模型（图 3.3）[41]。

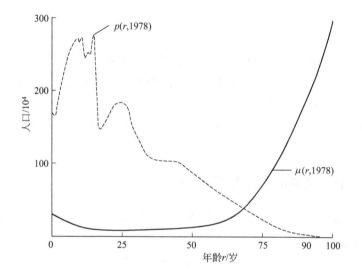

图 3.3　人口发展模型解图

假设 $p(r,t)$ 是人口年龄分布密度函数，其中 r 是年龄，t 是时间；$\mu(r,t)$ 是相对死亡率函数；$f(r,t)$ 是人口迁移率函数。则可以推出人口年龄分布密度函数满足如下一阶偏微分方程：

$$\frac{\partial p(r,t)}{\partial r} + \frac{\partial p(r,t)}{\partial t} = -\mu(r,t)p(r,t) + f(r,t)$$

加入合理的初边值条件就可以解出这个方程。易见，$r=0$ 时，人口密度函

数就是 t 时刻的相对出生率 $\nu(t)$ 乘以当时的人口总数 $N(t)$，而 $t=0$ 就是我们观察开始时某年龄段的人口密度 $p_0(r)$，都可以由人口统计数据给出，所以

$$p(r,0)=p_0(r),p(0,t)=\nu(t)N(t)$$

一般我们还要求一个相容性条件 $p_0(0)=\nu(0)N(0)$。

一般这个问题不容易得到解析解，可以通过数值方法去刻画。但如果死亡率函数不依赖于时间，而且迁移函数为 0，我们可以通过特征线方法求得解：

$$p(r,t)=\begin{cases} p_0(r-t)\mathrm{e}^{-\int_{r-t}^{t}\mu(\rho)\mathrm{d}\rho},0\leqslant t\leqslant r \\ \nu(r-t)N(r-t)\mathrm{e}^{-\int_{0}^{r}\mu(\rho)\mathrm{d}\rho},r\leqslant t \end{cases}$$

用中国 1975 年抽样调查统计数据作为上述方程的初边值条件，以 1975—1978 年国内平均死亡率作为右端系数。求解方程可得人口的预测数。然后拿这个预测数与 1978 年实际统计数据比较，如表 3.1 所列。可见计算结果与统计数据四年累计误差不超过 0.1%，而实际统计也会有 0.2% 的误差。所以预测误差和统计误差在同一个数量级上。换言之，模型的结果可达精度要求。

表 3.1 模型与实际统计数据比较

人口　　　　　　　年份	1975 年		1976 年		1977 年		1978 年	
	统计	预报	统计	预报	统计	预报	统计	预报
增加人口/10^4	1438	1440	1178	1180	1138	1137	1147	1146
人口总数/10^4	91970	91850	93267	93029	94523	94166	95809	95311

3.2 气温模型

温室效应引起气候变化已经是不争的事实。据美国的一项调查显示，80% 的企业将天气作为影响其盈余状况的重要因素。在夏天，类似啤酒公司、电力公司就希望气温高些，前者可以多卖些啤酒，后者则可以受惠于空调的长时间运作；而冬天，天然气公司则希望气温低些，暖气用多了自然推升天然气的价格。1997 年，美国的安然公司与佛罗里达西南电力公司交易了第一份基于温度的天气衍生合同，是最早的天气衍生品交易。之后华尔街则迅速将天气变成了期货市场上的标准产品，芝加哥商业交易所则开始交易基于气温的天气衍生品，又推出了挂钩美国和欧洲十几个大城市气温的天气

期货产品，根据高温天和低温天不同还分为"需要升温度日数"（HDDS）和"需要降温度日数"（CDDS）两种。通过构造以天气指标为标的物的期货、期权或者互换合约，来对冲因天气变化带来的不利影响。目前近绝大多数天气衍生品都是以温度为标的物。现已有全球 47 个城市或地区的温度指数期货，其主要分布于美国、欧洲、加拿大、日本、澳大利亚 5 个国家和地区，交易额也达到了数百亿美元。

衍生品的定价基于气温模型，而气温模型的基础——天气指数覆盖了大量数据，却不能在市场上直接进行交易，所以需要适当的数学模型刻画气温的变化。Dischel 提出了气温变动的均值回复模型的概念[44]，结合蒙特卡洛模拟完成了对天气衍生品的定价研究。Alaton 等[45]认为气温时间序列消除长期的线性趋势、季节效应后的残余项呈标准正态分布，并以瑞典斯德哥尔摩的历史气温数据为样本，构建了气温变化的均值回复模型。现有的气温模型有 Vasicek 均值回复模型、时间序列模型和其他相关统计方法[46]。这里我们主要介绍气温变化的 Vasicek 模型。

Vasicek 模型也称为 Ornstein-Uhlenbeck 模型，是 Vasicek 在 Merton 的均值回复模型（Mean-reverting Model）基础上提出的利率随机模型。最简单的模型中回归值是常数。由于天气温度关于四季具有一定的周期性，所以这个回归是一个关于时间的周期函数。也就是说每天的均值根据春夏秋冬的不同而不同，当然如果考虑到温室效应，这个函数就是如下式所示的周期上升函数：

$$dT_t = ds(t) + k[T_t - s(t)]dt + \sigma T_t dW_t$$

式中，T_t 为第 t 日的平均气温；$s(t)$ 为已知的长期趋势的季节效应回归量，是周期函数；k 为均值回复的速率；σ 为气温的随机波动率；W_t 是标准的布朗运动。

可以根据某地的气象资料对模型中的参数和函数进行拟合校验，具体可以参考文献 [47]。

3.3　GDP 模型

国内生产总值（Gross Domestic Product，GDP）是指一个国家或地区所有常住单位在一定时期内生产的全部最终产品和服务价值的总和，是按市场价格计算的一个国家（或地区）所有常住单位在一定时期内生产活动的最终成果，常被认为是衡量国家（或地区）经济状况的指标。国内生产总值有三种表现形态，即价值形态、收入形态和产品形态。其数据来源一是国家统计调查资料,二是行政管理部门的行政记录资料。在实际核算中,国内生产总值有三种计算方法,即生产法、收入法和支出法。三种方法分别从不同方面反映国内生产总值及其构成,理论上计算结果应该一致。中国 1999—2015 年 GDP 增长见图 3.4。

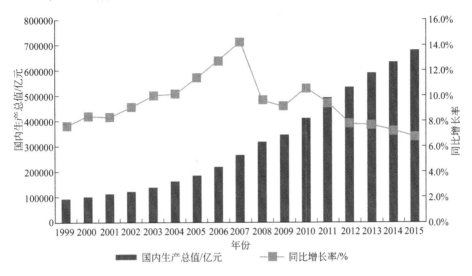

图 3.4 中国 1999—2015 年 GDP 增长

资料来源:国家统计局,川财证券研究所

由于 GDP 数据较为完整权威,所以在我们的碳排放模型中也常用 GDP 来表示经济发展状态。通常人们可以通过数据拟合绘制 GDP 的发展曲线来对 GDP 进行短期预测。但对未来经济的不确定性,拟合法的缺陷是明显的。于是用随机过程来刻画 GDP 的过程,这就是我们要介绍的随机 GDP 模型。

用几何布朗运动模型或对数正态分布模型描述 GDP 运动过程的思想是从 Black、Scholes 经典的期权定价模型[48]中用几何布朗运动描述金融市场中股价变换的思想推广而来,相关用这一模型的离散或连续形式描述 GDP 变化过程的文献还有 Chamon、Mauro[49],Kruse、Meitner、Schröder[50] 等。Chen 的文章[51,52]也论及用几何布朗运动模型描述 GDP 运动的合理性及局限性,他指出,"用几何布朗运动描述经济动态变化过程的有效性毋庸置疑(There is little doubt about the validity of geometric Brownian motion in economic dynamics)"。

我们对中国 1960—2013 年年度 GDP 数据的分析(图 3.5)也支持这一模型。

从图 3.5(a) 可以看出,年度 GDP 的自然对数有明显的上升趋势。从

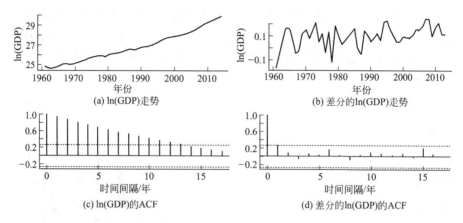

图 3.5　中国 1960—2013 年年度 GDP 数据的趋势及自相关函数分析

图 3.5(c) 可以看出，ln(GDP) 的自相关函数（Auto Correlation Function，ACF）衰减缓慢，说明 GDP 的自然对数序列有明显的单位根性质，即 GDP 自然对数序列不是平稳的时间序列，存在趋势性。对该自然对数进行差分后，发现差分序列没有明显的趋势性 [图 3.5(b)]，其间隔非零的自相关函数都不显著非零，说明该序列为布朗运动。这样的结果说明，我们使用几何布朗运动模型描述 GDP 变化过程有一定合理性。必须承认的是，目前关于 GDP 的历史数据极为有限，在未来数据量充足之后再对 GDP 的变化过程进行判断会更加可信。

因此随机 GDP 模型可写成：

$$dY_t = \mu Y_t dt + \sigma Y_t dW_t \tag{3.4}$$

式中，Y_t 为 GDP 在时间 t 的总量；μ 和 σ 分别为标的回报率和波动率；W_t 为标准布朗运动。

用中国 1953—2008 年 GDP 增长率对式(3.4) 中的 μ 和 σ 进行计算，求得

$$\mu = 11.93\%, \sigma = 9.88\%$$

3.4　人口、经济、科技与环境污染方程

环境污染与人口、技术和经济发展有着密切联系，它们之间的关系一直是人们探索的目标，为此建立了许多模型。

3.4.1　IPAT 模型

20 世纪 70 年代早期，人口统计学家、生物学家和生态学家进行了一系

列系统性研究，以解释人口和生活水平变化对环境的影响。当时一些学者认为人类对环境产生的影响与人口关系不大，为反驳这一观点，Ehrlich 和 Holdren 等建立了概念性的 IPAT 方程（人口、经济、科技与环境污染方程）[53]。其形式如下：

$$I = PAT$$

式中，I 为人类活动对环境的影响（environmental impact），在模型应用中主要指环境污染，在本书的模型中主要指二氧化碳排放，因此下文中用"二氧化碳排放""碳排放"等表示 I；P 为人口（population）；A 为富裕程度（affluence）；T 为科技发展水平（technology）。

同时，作者认为单位人口产生的影响 F 也是人口规模 P 的函数，即 $F = F(P)$；人口规模 P 又是 I 和 F 的函数，即 $P = P(I, F)$。这样构造模型，旨在强调方程中的变量是相互影响的，可能存在非线性特征，同时使人口在整个方程表达中起到了核心作用[53-57]。

该方程结构简单，是研究人类活动对环境影响的被广泛认可的公式。实际应用过程中，经常将这个方程用作恒等式，并将 A 定义为"人均GDP"，将 T 定义为"单位GDP对应的二氧化碳排放量"，使方程中的变量更易于观测。

而后，Waggoner 和 Ausubel[54] 在 IPAT 方程的基础上又提出了 ImPACT 方程，即将基本的 IPAT 方程改写为下面的形式：

$$I = PACT$$

该形式将原 IPAT 方程中的 T 进一步细化，变成单位GDP消耗的能源 C（consumption）和单位能源消耗产生的环境污染 T（也能在一定程度上反映科技发展程度）。另外还有 Schulze[58] 提出的 $I = PBAT$ 方程等。

这些方程共同的优点是形式简明，有充分的生态学依据，可以用于分析引起环境变化的因素和解释一些现象，但是也有一些缺点。一是不能直接用于统计推断，因为它们不适用于统计学中参数估计和假设检验；二是方程假定各种因素影响环境的能力相同，在其他因素不变的情况下，环境影响与各元素的变化成正比，而这一假设与实际观测数据不符（如著名的 Kuznets 曲线[59]假说表明，实际中环境污染程度并不随经济发展呈线性增长，而是先随经济增长而增长，达到某阈值后，经济增长反而会导致环境污染程度的下降）。

3.4.2 STIRPAT 模型

为了使模型更适合于参数估计和假设检验，Dietz 和 Rosa[56] 将其改进为 STIRPAT 方程，即"人口、经济、科技与环境污染的指数增长方程"（Stochastic Impacts by Regression on Population，Affluence and Technology）。其形式为

$$I = aP^b A^c T^d e$$

式中，参数 a、b、c、d 可以是常数，也可以是函数，e 是均值为 1 的正误差项。容易看出这个模型允许非线性关系存在，而且 IPAT 方程正是 STIRPAT 方程在 $a=b=c=d=1$ 时的特例。在上面的等式两边取对数：

$$\ln(I) = \ln(a) + b\ln(P) + c\ln(A) + d\ln(T) + \ln(e)$$

即可用线性回归方法估计各个变量对污染量的影响权重。这样就使得观念性的 IPAT 方程框架可以用于实际操作了。

实际应用过程中，由于科技发展程度 T 比较难以用具体数据衡量，而且考虑到存在对环境产生影响却未被列入 STIRPAT 方程的其他因素，因此经常将 T 与其他影响因素一并归入误差项，即使用简化的 STIRPAT 方程：

$$\ln(I) = \ln(a) + b\ln(P) + c\ln(A) + \ln(\hat{e})$$

其中 $\ln(\hat{e}) = d\ln(T) + \ln(e)$。即获得 I、P 和 A 的数据后进行线性拟合，再通过分析误差项的性质分析其他因素的变化对环境的影响。

由于 P 表示人口，A 通常用人均 GDP 表示，所以经常用 $Y=PA$，即 GDP 总量代替 A，并对上述方程进行改写，由 $Y=PA$ 两边取自然对数：

$$\ln(Y) = \ln(P) + \ln(A)$$

代入原式：

$$\ln(I) = \ln(a) + (b-c)\ln(P) + c\ln(Y) + \ln(\hat{e})$$

对应方程：

$$I = aP^{b-c} Y^c \hat{e}$$

这就是本书中用到的简化 STIRPAT 方程。

用中国 1981—2006 年的二氧化碳排放、人口和 GDP 总量数据对简化 STIRPAT 模型中的参数进行拟合，得到

$$\ln(I) = 15.936 - 1.746\ln(P) + 0.41\ln(Y)$$

这里有必要对拟合结果进行解释：一般认为人口越多，日常生活中消耗的能源就越多，相应碳排量就越大。但是此处 P 前面的系数是负值，即表示碳排量增长率是人口增长率的减函数，与我们普遍接受的情况相反。这种结果的产生是有原因的：由于采用计划生育政策，1981 年之后中国的人口增长率一直呈下降趋势，而同时间段的碳排量却呈逐年上升趋势，即这个时间段内人口增长率与碳排量的增长率呈负相关，因此对增长率进行拟合会产生这样的结果。所以不能从拟合结果得出"人口数量的增加会导致碳排量减少"

的结论。同时要说明，这样的模型只适用于人口增长率不断减小的国家的情况，不能用于人口增长率增大的国家。所以在中国实行"二孩"政策后拟合结果会有不同。

3.4.3 STIRPAT 模型的随机微分方程形式

Zagheni 和 Billari[57]给出了 IPAT 方程的一个随机表示，并用随机微分方程的形式表述该模型。在这个模型下，杨晓丽和梁进[43]进一步用阻滞增长模型来描述地区人口的变化，用国家 GDP 表示经济指标，得到了一个修正的环境压力模型。

考虑带流概率空间 $(\Omega, \mathscr{F}, \{\mathscr{F}_t\}_{t \geqslant 0}, P)$，假定经济指标 Y_t 满足式(3.4)中描绘的几何布朗运动：

$$\frac{\mathrm{d}Y_t}{Y_t} = \mu\,\mathrm{d}t + \sigma\,\mathrm{d}W_t$$

式中，μ 和 σ 为正常数；W_t 为 $\mathscr{F}_t$-适应的标准布朗运动。

人口 P_t 满足本章 3.1.2 部分中定义的阻滞增长模型：

$$\frac{\mathrm{d}P_t}{P_t} = f_0(t)\,\mathrm{d}t$$

这里 $f_0(t)$ 由本章 3.1.3 部分定义。

记 I_t 为该国在一年时间里的碳排放总量并假设初始排放总量为 $I_0 > 0$。根据简化的修正 STIRPAT 模型，碳排放过程可表示为

$$\frac{\mathrm{d}I_t}{I_t} = a_1 \frac{\mathrm{d}Y_t}{Y_t} + a_2 \frac{\mathrm{d}P_t}{P_t} \tag{3.5}$$

式中，a_1 和 a_2 为常数，分别代表 GDP 和人口对一国碳排放强度的影响权重。

将式(3.1)、式(3.4)代入式(3.5)，可以得到如下碳排放量的变化满足的随机微分方程：

$$\frac{\mathrm{d}I_t}{I_t} = [a_1\mu + a_2 f(t)]\mathrm{d}t + a_1\sigma\,\mathrm{d}W_t$$

3.5 扩散模型

刻画污染扩散一般用热扩散模型，因为扩散本质上是分子扩散，原理与热扩散相似。

1855 年，菲克（Adolf Fick）参照傅里叶于 1822 年建立的热传导方程，

建立了描述物质从高浓度区向低浓度区迁移的扩散方程[60]。菲克第一定律指出：在任何浓度梯度驱动的扩散体系中，物质将沿其浓度场决定的负梯度方向进行扩散，其扩散流大小与浓度梯度成正比，即浓度梯度越大，扩散通量越大。如果记扩散物质的浓度是 C，则 C 是位置和时间的函数。扩散系数记为 D，它反映了扩散系统的特性。理论上这是一个含有 9 个分量的二阶张量，但我们可以假定空间介质是均匀、各向同性的，这时 D 就是一个正常数，为方便并强调其为正记为 k^2。将单位时间内通过垂直于扩散方向单位截面积的扩散物质流量记为 J，则菲克定律可以用下式表示：

$$J = -k^2 \nabla C$$

这里比例系数就是扩散系数为 k^2，负号意味着扩散方向为浓度梯度的反方向，即扩散物质由高浓度区向低浓度区扩散，∇ 为梯度算子。

菲克第二定律指出，在非稳态扩散过程中，在空间 (x,y,z) 处，浓度随时间的变化率等于该处的扩散通量随距离变化率的负值，即

$$\frac{\partial C}{\partial t} = -\nabla J = \nabla \cdot (k^2 \nabla C)$$

如果时间 $t=0$，浓度的分布已知为 $C_0(x,y,z)$，则该问题就是标准的热传导方程的初值问题，也叫柯西问题。该问题有解析解：

$$C(x,y,z,t) = \iiint\limits_{R^3} K(x-\xi, y-\eta, z-\zeta) C_0(\xi,\eta,\zeta) \mathrm{d}\xi \mathrm{d}\eta \mathrm{d}\zeta$$

这里

$$K(x,y,z,t) = \begin{cases} \dfrac{1}{(4\pi k^2 t)^{3/2}} \mathrm{e}^{-(x^2+y^2+z^2)/(4k^2 t)} &, t > 0 \\ 0, & t \leqslant 0 \end{cases}$$

3.6 二叉树模型

二叉树模型是计算金融中衍生品定价的离散模型，在金融业界有广泛的应用。

我们以金融看涨期权为例来看二叉树模型是如何应用的。在这里我们假定股票价格的随机过程满足随机游走。更多示例可参考文献 [61，62]。

期权是一张合约，它赋予持有者一个不是一定要执行的权益：使之可以在一个约定的未来时间（到期日）以一个约定的价格（敲定价）购买（看涨）或出售（看跌）约定数量的标的（如碳排放权）。我们下面的讨论以看涨欧式期权为例，即期权买方在到期日有权选择是否行权，若行权则以约定

价格买入约定数量的碳排放权。

显然，这个权益的价值和未来碳排放权的价格有关。而从今天到未来，每个交易日，碳排放权的价格上下浮动都是随机的。所以，这个权益是一个未定权益。在期权定价问题中，关键在于如何刻画标的资产（此处为碳排放权）价格的涨落。我们先简化标的资产价格涨落的过程。标的资产价格在每下一个交易日只有"涨"和"落"两种情形，而涨落的幅度是有限的，即其满足随机游走的马尔科夫链。再把过程简化到只有一个时间段，即期权在下一个交易日到期。把这个最简单的情形下的期权价研究清楚，就可以把所有期权的生命期分解成这样一个个小的"细胞元"，最后归纳每个"细胞元"价值到初始时刻，从而得到期权定价。

假设：

① 市场无套利；

② 不考虑税收和交易费；

③ 标价为 S 的标的资产，当前价格为 S_0，在下个交易日只有两种可能：S_0u 和 S_0d，这里 $u>1>d>0$ 为已知，u 为涨幅，d 为跌幅；

④ 市场无风险利率为常数 r；

⑤ 期权以 S 为标的，标的在时刻 t 的价格为 S_t，敲定价为 K，到期日为 T，约定量为 1。

下面分两步推导期权合约价格。

第一步：一个交易细胞元的定价。在模型假设下，期权在到期日的价值 S_T 只有两种可能，$(Su-K)^+$ 或 $(Sd-K)^+$。这里 $(x)^+=\max\{x, 0\}$。现在我们构造一个投资组合 Π：买入一份期权 V，卖空 Δ 份标的资产 S，即 $\Pi=V-\Delta S$。可以调整 Δ 使得 Π 无风险，即可选取适当 Δ 的 Π 按无风险利率增长：$\Pi_T=(1+rT)\Pi_0$。而 $\Pi_0=V_0-\Delta S_0$。所以，我们由 T 时刻期权价值的两种可能性得到

$$\begin{cases}(S_0u-K)^+-\Delta S_0u=(1+rT)(V_0-\Delta S_0)\\(S_0d-K)^+-\Delta S_0d=(1+rT)(V_0-\Delta S_0)\end{cases}$$

解这个关于 V_0，Δ 的方程组，得

$$\begin{cases}\Delta=\dfrac{(S_0u-K)^+-(S_0d-K)^+}{S_0(u-d)}\\V_0=\dfrac{1}{1+rT}\left[\dfrac{(1+rT)-d}{u-d}(S_0u-K)^++\dfrac{u-(1+rT)}{u-d}(S_0d-K)^+\right]\end{cases}$$

这个表达式给出了期权在标的价格只有涨落两种状态且只有一个交易时段的情形下期权的价值。更一般点，如果将 0 和 T 换成 t 和 $t+\Delta t$，S 从 S_t 变到

涨落两状态 $S_t u$ 和 $S_t d$，而在 $t+\Delta t$ 时，标的已知期权的两种可能 $V_{t+\Delta t}^u$ 和 $V_{t+\Delta t}^d$，则有

$$V_t = \frac{1}{1+r\Delta t}\left[\frac{(1+r\Delta t)-d}{u-d}V_{t+\Delta t}^u + \frac{u-(1+r\Delta t)}{u-d}V_{t+\Delta t}^d\right]$$

当 Δt 充分小时，令 $q = \frac{(1+r\Delta t)-d}{u-d}$，则 $\frac{u-(1+r\Delta t)}{u-d} = 1-q$，且 $0<q$，$1-q<1$。从表达式看出，V_0 实际上是除去一个无风险增长因子外对到期日两种可能性在某种概率意义下的期望。如图 3.6 所示。

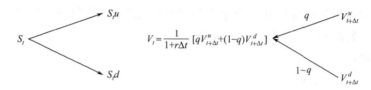

图 3.6 单周期双状态期权定价示意

第二步：从到期日逆推初始时刻期权价格。假定在到期日 T 前有 N 个交易日 $0=t_0<t_1<\cdots<t_N=T$，在每个交易日，标的价格都只有涨落两种状态，并且幅度已知，于是，每过一个交易日，标的价格多了一个可能性，就像一棵树，每过一个时间段节点分叉会增加一个。这样，到了到期日 T，标的价格就有了 $N+1$ 种可能性，相应期权价值也有 $N+1$ 种可能性。整个过程如图 3.7 的树。

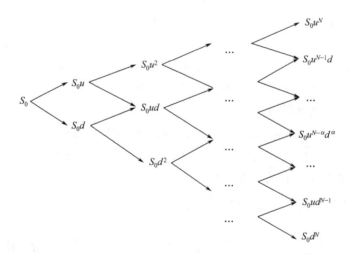

图 3.7 标的资产二叉树演化示意

有了期权在 t_N 时所有可能的期权值，根据从 t_{N-1} 到 t_N 的 N 个交易细

胞元，就可以使用第一步中的公式计算 t_{N-1} 时刻的 N 个期权值。以此类推可以求出所有 t_k 时刻的期权值。特别地，有 $V_{t_0}=V_0$。详细推导过程如下。

记时刻 t_k（$0 \leqslant k \leqslant N$）时的第 α（$0 \leqslant \alpha \leqslant k$）个节点上期权的价值为 V_α^k，则 $V_\alpha^N=(S_0 u^{N-\alpha} d^\alpha - K)^+$。再令 $\bar{\alpha}=\max\{\alpha \mid S_0 u^{N-\alpha} d^\alpha - K \geqslant 0, 0 \leqslant \alpha \leqslant N\}$，这样就有

$$V_\alpha^{N-1}=\frac{1}{1+r\Delta t}[qV_\alpha^N+(1-q)V_{\alpha+1}^N]$$

$$=\begin{cases} \dfrac{1}{1+r\Delta t}[q(S_0 u^{N-\alpha} d^\alpha - K)]+(1-q)(S_0 u^{N-\alpha-1} d^{\alpha+1}-K)], \alpha \geqslant \bar{\alpha} \\ 0, \qquad\qquad\qquad\qquad\qquad\qquad\qquad\qquad\qquad\qquad \alpha < \bar{\alpha} \end{cases}$$

由反向归纳不难推得

$$V_\alpha^{N-h}=\begin{cases} \dfrac{1}{(1+r\Delta t)^h}\sum_{l=0}^{\bar{\alpha}-\alpha}\binom{h}{l}q^{h-l}(1-q)^l(S_{\alpha+l}^N-K), \alpha \leqslant \bar{\alpha} \\ 0, \qquad\qquad\qquad\qquad\qquad\qquad\qquad\qquad\quad \alpha > \bar{\alpha} \end{cases}$$

记函数

$$\Phi(n,m,p)=\sum_{l=0}^{n}\binom{m}{l}p^{m-l}(1-p)^l, \rho=\frac{1}{1+r\Delta t}, \hat{q}=\frac{uq}{\rho}$$

则欧式看涨期权的定价公式为

$$V_\alpha^{N-h}=S_\alpha^{N-h}\Phi(\bar{\alpha}-\alpha,h,\hat{q})-\frac{K}{\rho^h}\Phi(\bar{\alpha}-\alpha,h,q)$$

3.7 马科维茨优化模型

在金融市场投资过程中，投资收益和风险往往是同时存在的。那么如何去避免或者降低投资风险呢？或者说如何平衡收益和风险之间的关系，使得投资者的效用最大化？1952 年马科维茨（H. M. Markowitz）将资本市场中的投资选择过程作为不确定条件下对寻求风险投资的期望收益最大化问题加以研究，提出了以资产收益率的期望和方差去度量投资的预期收益和风险，建立了以均值-方差投资组合选择模型为基础的投资组合理论。马科维茨投资组合理论表明，均值-方差模型可系统分析投资者的投资行为，通过组合风险资产来建立有效前沿，从投资者的自身偏好出发在有效前沿上选择最优

投资策略，并通过分散投资来降低投资风险。均值-方差模型第一次刻画了不确定性因素，马科维茨将均值-方差对应收益-风险关系，运用数理方法研究得出了资产自身的风险决定了其期望收益的结论，并给出了根据各个资产收益率的均值和方差计算最优投资组合的方法，开创了现代投资组合理论的先河，该方法成了现代金融学发展的重要基石[63,64]。马科维茨也由此获得了 1990 年的诺贝尔经济学奖。

在模型及一定假定下，投资者的投资决策只由收益率的均值和方差决定，收益率的方差可以用来衡量风险，并且投资组合的风险不仅与每种资产的风险有关，还与各种资产之间的协方差有关。其核心思想就是在一定的收益水平上，使得投资风险最小，或者是在一定的投资风险水平上，使得收益最大。这样，一个复杂多维的投资组合问题，就被转换成一个简单的二次规划问题。

3.7.1　马科维茨模型的基本假设

① 每个投资者都能充分了解到市场的各种信息；

② 投资者的投资决策只由收益率的均值和方差决定；

③ 每种资产都是无限可分的；

④ 每个投资者都是风险规避者，希望在收益一定的条件下风险最小，或者在风险一定的条件下收益最大；

⑤ 不存在交易费用、税收等成本；

⑥ 不允许卖空，即不考虑投资比例系数为负数的情况。

3.7.2　收益和风险的度量

对于除了无风险资产之外的任一资产而言，未来的收益都是存在不确定性的，因此风险是存在的。为了度量风险，将资产的收益率 R 看作一个随机变量，根据收益率的历史数据算出收益率的均值和方差，并且用样本收益率的均值来度量这种资产的收益率，用样本收益率的方差来度量资产的风险，即

$$\mu_i = \mathrm{E}(R_i) = \frac{1}{N} \sum_{j=1}^{N} r_{ij}$$

$$\sigma_i^2 = \mathrm{var}(R_i) = \frac{1}{N} \sum_{j=1}^{N} (r_{ij} - \mu_i)^2$$

式中，μ_i 为第 i 种资产的收益率；σ_i^2 为第 i 种资产的风险（方差）；r_{ij} 为第 i 种资产的第 j 个收益率数据。

对于一个由 K 种资产组成的投资组合 $\sum\limits_{i=1}^{K} w_i R_i$：

资产组合的收益率 $\mu_p = \mathrm{E}(R_p) = \mathrm{E}\left(\sum\limits_{i=1}^{K} w_i R_i\right) = \sum\limits_{i=1}^{K} w_i \mathrm{E}(R_i) = \sum\limits_{i=1}^{K} w_i \mu_i$

资产组合的风险 $\sigma_p^2 = \mathrm{var}\left(\sum\limits_{i=1}^{K} w_i R_i\right) = \sum\limits_{i=1}^{K} \sum\limits_{j=1}^{K} w_i w_j \mathrm{cov}(R_i, R_j)$

式中，w_i 为第 i 种资产在投资组合中所占比例（$0 \leqslant w_i \leqslant 1$）；$\mathrm{cov}(R_i, R_j)$ 为第 i 种资产的收益率与第 j 种资产的收益率之间的协方差，$i = 1, 2, \cdots, K$，$j = 1, 2, \cdots, K$。

3.7.3 马科维茨模型的建立

马科维茨模型假定每个投资者都是风险规避者，即希望在收益一定的条件下风险最小，或者在风险一定的条件下收益最大。考虑在收益率一定的情况下，使得风险最小，于是得到如下模型：

$$\min \sigma_p^2 = \sum_{i=1}^{K} \sum_{j=1}^{K} w_i w_j \mathrm{cov}(R_i, R_j)$$

$$\mathrm{s.t.} \begin{cases} \sum\limits_{i=1}^{K} w_i \mu_i = \mu_p \\ \sum\limits_{i=1}^{K} w_i = 1 \\ w_i \geqslant 0, i = 1, 2, \cdots, K \end{cases}$$

上述模型是一个二次规划问题，其中 μ_p 是给定的资产组合的期望收益率水平。运用 Lingo 软件，可以得到最优资产组合中资产 i 所占的比例 w_i，（$i = 1, 2, \cdots, K$），以及最小投资组合风险值 σ_p^2。因此，每给定一个期望收益率 μ_p，就会得到一个投资组合风险值 σ_p^2。为了使投资者的效用最大化，所求的最优解应该是使单位风险收益最大的投资比例，即每承担一单位的风险，使得投资组合的收益率达到最大。于是，单位风险收益率为

$$\nu_p = \frac{\mu_p}{\sigma_p}$$

式中，μ_p 为给定的资产组合的期望收益率水平；σ_p 为相应的投资组合收益率的标准差。

每给定一个资产组合的期望收益率水平 μ_p，就可以得到一个资产组合收益率的标准差 σ_p，将所有的（σ_p，μ_p）画在同一个平面中即可得到资产

组合的有效边界。

3.7.4 马科维茨模型的求解

由上分析可知，马科维茨模型是一个在一定约束条件下求极值的问题，因此在不考虑非负条件下（允许卖空），可利用拉格朗日乘数法对模型进行求解。该模型用矩阵语言可表述为

$$\min \frac{1}{2}\sigma_P^2 = \frac{1}{2}\boldsymbol{W}^T \sum \boldsymbol{W}$$

$$\text{s. t.} \begin{cases} \boldsymbol{W}^T \boldsymbol{U} = \mu_P \\ \boldsymbol{W}^T \boldsymbol{e} = 1 \end{cases}$$

其中 $\boldsymbol{W} = (w_1, w_2, \cdots, w_K)^T$，$\boldsymbol{U} = (\mu_1, \mu_2, \cdots, \mu_K)^T$，$\boldsymbol{e} = (1, 1, \cdots, 1)^T$

$$\sum = \begin{pmatrix} \text{cov}(R_1, R_1) & \text{cov}(R_1, R_2) & \cdots & \text{cov}(R_1, R_K) \\ \text{cov}(R_2, R_1) & \text{cov}(R_2, R_2) & \cdots & \text{cov}(R_2, R_K) \\ \vdots & \vdots & \ddots & \vdots \\ \text{cov}(R_K, R_1) & \text{cov}(R_K, R_2) & \cdots & \text{cov}(R_K, R_K) \end{pmatrix}$$

构造拉格朗日函数：

$$L(\boldsymbol{W}, \lambda_1, \lambda_2) = \frac{1}{2}\boldsymbol{W}^T \sum \boldsymbol{W} + \lambda_1(\mu_P - \boldsymbol{W}^T \boldsymbol{U}) + \lambda_2(1 - \boldsymbol{W}^T \boldsymbol{e})$$

对拉格朗日函数 $L(\boldsymbol{W}, \lambda_1, \lambda_2)$ 关于 $\boldsymbol{W}$、λ_1、λ_2 求偏导，并令导函数等于 0，得到

$$\boldsymbol{W} = \lambda_1 \boldsymbol{U}^T \sum{}^{-1} + \lambda_2 \boldsymbol{e}^T \sum{}^{-1}$$

其中

$$\lambda_1 = \frac{\boldsymbol{U}^T \sum{}^{-1} \boldsymbol{U} - \mu_P \boldsymbol{U}^T \sum{}^{-1} \boldsymbol{e}}{(\boldsymbol{U}^T \sum{}^{-1} \boldsymbol{U})(\boldsymbol{e}^T \sum{}^{-1} \boldsymbol{e}) - (\boldsymbol{U}^T \sum{}^{-1} \boldsymbol{e})(\boldsymbol{e}^T \sum{}^{-1} \boldsymbol{U})}$$

$$\lambda_2 = \frac{\mu_P \boldsymbol{e}^T \sum{}^{-1} \boldsymbol{e} - \boldsymbol{e}^T \sum{}^{-1} \boldsymbol{U}}{(\boldsymbol{U}^T \sum{}^{-1} \boldsymbol{U})(\boldsymbol{e}^T \sum{}^{-1} \boldsymbol{e}) - (\boldsymbol{U}^T \sum{}^{-1} \boldsymbol{e})(\boldsymbol{e}^T \sum{}^{-1} \boldsymbol{U})}$$

因此，每给定一个期望收益率 μ_P，就能得到一组最优投资比例 w_1，$w_2, \cdots, w_K$ 以及相应最小投资风险 σ_P^2。

同理可解出固定投资风险下的最大投资收益。

3.8 市场价格的连续随机过程

法国天才数学家 Louis Bachelier 第一次用布朗运动的数学模型刻画市场

价格的随机过程，1900 年在其博士论文《The Theory of Speculation》中首次给出了欧式买权的定价公式。1964 年，Sprenkle 提出了"股票价格服从对数正态分布"的基本假设，并肯定了股价发生随机漂移的可能性。1965 年，著名经济学家 Samuelson 把上述成果统一在一个模型中。1969 年，他又与其研究生 Merton 合作，提出了把期权价格作为标的股票价格的函数的思想。这就是流行至今的刻画市场价格的权威模型——几何布朗运动：

$$dS_t = \mu S_t dt + \sigma S_t dW_t$$

式中，S_t 为市场价格；μ 和 σ 分别为标的回报率和波动率，它们皆为正常数；W_t 为标准布朗运动。

之后，又有不同的随机模型提出用以刻画不同的对象和现象。这里列出几种常见的模型，参数意义和详细内容参见文献 [65]。

常数均值回归模型（也称为 Vecicek 模型，常用于利率过程）：

$$dS_t = \theta(\kappa - S_t)dt + \sigma dW_t$$

平方根均值回归模型（也称为 CIR 模型，常用于利率过程）：

$$dS_t = \theta(\kappa - S_t)dt + \sigma \sqrt{S_t} dW_t$$

带跳扩散的几何布朗运动模型（常用考虑市场有突变现象的过程）：

$$dS_t = \mu S_t dt + \sigma S_t dW_t + (y-1)S_t dq_t$$

对欧洲碳市场的实证研究认为碳排放权价格基本符合带跳的几何布朗运动[66]，所以可以近似认为碳市场的碳排放权价满足几何布朗运动。

3.9 Black-Scholes 模型

Black-Scholes 模型是 20 世纪 70 年代 Black、Scholes 和 Merton 提出来用于金融衍生品期权定价的模型[48]，3 位经济学家由此获得了 1997 年诺贝尔经济学奖。

期权是一种以股票等实物资产为标的资产的金融衍生产品。最早的股票期权于 1973 年在交易所进行交易，其后，期权的标的资产范围不断扩大，以其标的资产不同分为股票期权、股指期权、利率期权等，并逐渐成为金融衍生产品市场中一个重要的组成部分。根据实施条款的不同，期权还可分为欧式、美式、亚式、百慕大期权等。期权与远期合约、期货等其他衍生产品最大的不同点是，期权赋予其购买者一定的权力，使其在到期日自行决定是否实施期权，这样就可以在规避风险的同时保留一定的获利空间。因此购买者也需要为这部分权利支付一定的费用即期权金。

期权的定价问题很早就受到人们关注，1900 年 Louis Bachelier 首次提出股票价格可以通过布朗运动来刻画。到 20 世纪 60 年代末 70 年代初，期权定价理论出现了突破性进展。1973 年，Black 和 Scholes 发表论文，给出了期权定价的 Black-Scholes 公式，后 Merton 在无套利原理假设下，在更一般框架中，对期权定价的各种定量关系进行了深入分析，最终建立了期权定价的经典 Black-Scholes-Merton 模型，奠定了期权定价理论的基础。上节的二叉树模型实际上就是 Black-Scholes 模型的离散形式。

Black-Scholes 模型应用已早已不局限在金融衍生品上，在很多未定权益的评估中，这个模型都有用武之地。对一般由随机过程产生的评估问题，都可以考虑引用这个模型。

3.9.1　Black-Scholes 模型的建立

Black-Scholes 模型的基本假设：

① 标的资产满足几何布朗运动；

② 无风险利率为常数；

③ 标的资产不分红；

④ 市场无摩擦；

⑤ 不存在套利机会。

通过风险资产和无风险资产的组合来复制期权或者应用对冲技巧可得衍生品的价值 V 满足 Black-Scholes 方程：

$$\frac{\partial V}{\partial t}+\frac{1}{2}\sigma^2 S^2 \frac{\partial^2 V}{\partial S^2}+rS\frac{\partial V}{\partial S}-rV=0$$

这个方程也称为 Black-Scholes 方程。

3.9.2　Black-Scholes 公式

Black-Scholes 公式就是 Black-Scholes 模型的解，上一节给出了 Black-Scholes 方程，这是一个倒向的抛物型方程，要求解还需要终值条件。

对于不同的未定权益问题，可根据具体问题给出终值条件，并可得到问题的解。在经典的欧式期权定价问题中，期权的持有者可在到期日 T 选择行权或放弃，所以该期权在到期日的价值为

$$V(S,T)=\begin{cases}\max(V-K,0),看涨\\\max(K-V,0),看跌\end{cases}$$

这里 K 是期权合同约定的实施价。据此解出的结果就是著名的 Black-Scholes 公式：

$$V(S,t)=\begin{cases} SN(d_1)-Ke^{-r(T-t)}N(d_2), & \text{看涨} \\ Ke^{-r(T-t)}N(-d_2)-SN(-d_1), & \text{看跌} \end{cases}$$

$$N(x)=\frac{1}{\sqrt{2\pi}}\int_{-\infty}^{x}e^{-\frac{w^2}{2}}\mathrm{d}w$$

$$d_1=\frac{\ln(S/K)+(r+\sigma^2/2)(T-t)}{\sigma\sqrt{T-t}},d_2=d_1-\sigma\sqrt{T-t}$$

式中，$N(x)$ 为标准正态分布累积函数。

Black-Scholes 模型推出的方法多种多样，模型有许多变种，上述假设②～④也可以放松。该模型基本适于处理和应用基于随机过程的未定权益。更多内容参考文献 [62，67]。

3.10 GARCH 模型

在上述期权定价模型和期权定价实务中，标的波动率是影响期权定价的重要因素。上述模型中假设波动率为常数，但实际情况下市场波动率也有一定随机性。ARCH 模型和 GARCH 模型主要就是用来刻画平稳时间序列中方差的变化过程的。

ARCH 模型（Autoregressive Conditional Heteroskedasticity Model）又称为"自回归条件异方差模型"，是获得 2003 年诺贝尔经济学奖的计量经济学成果之一。GARCH 模型称为广义 ARCH 模型，是由 Bollerslev（1986）发展起来的 ARCH 模型的拓展[68]。

设平稳时间序列 r_t（$t=1,2,\cdots,n$）有均值 μ_t，则残差 $e_t=r_t-\mu_t$，若 e_t 满足如下条件，则称 e_t 满足 GARCH（p,q）模型：

$$e_t=\sigma_t\varepsilon_t,\sigma_t^2=a_0+\sum_{i=1}^{p}a_ie_{t-i}^2+\sum_{j=1}^{q}b_j\sigma_{t-j}^2$$

式中，ε_t 为均值为 0、标准差为 1 的独立同分布随机变量序列，$a_0>0$，$a_i\geq0$，$b_j\geq0$，$\sum_{i=1}^{\max(p,q)}(a_i+b_i)<1$。

容易发现 e_t 满足 GARCH(p,q) 模型相当于 e_t^2 满足 ARMA(p,q) 模型。有关时间序列分析基本模型介绍可参考文献 [69]。

第4章

简单的碳减排模型

关于碳排放，除了利用技术手段测量，还可以应用数学建模对其控制进行优化。许多数学模型都可以在针对碳排放问题的特有性质建模后应用到碳减排的问题。本章，我们应用了概率统计模型、线性规划模型、简单优化模型和未定权益定价模型解决碳减排过程中的实际问题。

4.1 概率统计模型

4.1.1 回归拟合碳曲线[●]

回归拟合的数学准备见第 2 章 2.1 节。

表 4.1 列出了 1990—2009 年我国煤炭、石油、天然气和水核风电的消耗量和相应二氧化碳排放量。从表中可以看出，能量的消耗和碳排量是逐年递增的。但它们之间是一个什么样的关系呢？

表 4.1　1990—2009 年各种能源的消耗量和二氧化碳排放量

单位：10^6 t

年份	CO_2 排放量 C	能源消耗总量 N	煤炭 X_1	石油 X_2	天然气 X_3	水核风电 X_4
1990	2293.39	987.03	752.1	163.8	20.7	50.3
1991	2401.36	1037.83	789.8	177.5	20.76	49.82
1992	2475.26	1091.7	826.4	191.04	20.74	53.49
1993	2640.75	1159.93	866.5	213.6	23.32	69.96
1994	2855.77	1227.37	920.5	213.6	22.04	60.32
1995	2903.39	1311.76	978.6	229.6	23.61	80.02
1996	2936.98	1351.92	993.7	252.8	24.33	81.12
1997	3133.13	1359.09	970.4	277.2	24.46	86.98

● 本节主要内容来自参考文献 [70]。

年份	CO_2 排放量 C	能源消耗总量 N	煤炭 X_1	石油 X_2	天然气 X_3	水核风电 X_4
1998	3029.19	1361.84	965.55	283.26	24.51	88.52
1999	2992.12	1406	992.42	302.22	28.11	82.94
2000	2966.52	1455	1007.08	323.08	32.02	93.14
2001	3107.99	1504	1027.27	327.89	36.1	112.8
2002	3440.6	1594	1084.13	355.53	38.26	116.38
2003	4061.64	1838	1282.87	389.64	45.95	119.46
2004	4847.33	2135	1483.52	454.66	53.36	143.02
2005	5429.3	2360	1679.86	467.27	61.36	160.48
2006	6017.69	2587	1839.19	499.24	75.02	173.31
2007	6284	2805	1994.41	527.36	92.57	190.75
2008	6803.92	2914	2048.87	533.35	107.84	224.42
2009	7710.5	3066	2158.8	548.9	119.59	239.18

我们可以通过拟合的方法得到能源消耗总量和碳排放量之间的对应关系。通过 MATLAB 拟合，我们得到

$$C \approx 0.0004N^2 + 0.8241N + 1109.6$$

如图 4.1 所示。

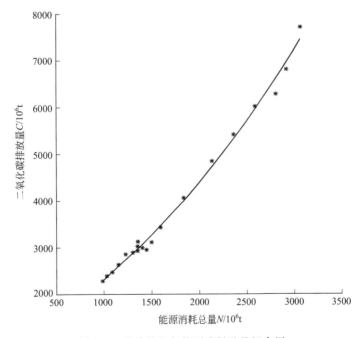

图 4.1　碳排放量与能源消耗总量拟合图

通过拟合，我们还可以求得这十年各种能源消耗量在能源消耗总量中的平均比重：

$$N = 0.71X_1 + 0.1937X_2 + 0.0283X_3 + 0.0682X_4$$

可以看出在全部能源中煤炭还是主要能源，石油次之，天然气和新能源的比重较小。

关于各能源相对于碳排放的关系，根据刘中文等[70]的研究结果，在直线模型、幂模型、对数模型和指数模型皆能通过显著性检验，拟合优度均大于 0.9，回归效果良好。但刘中文等认为幂模型在一定程度上可以反映碳排放的发展趋势，所以以此作为预测模型：

$$C = 0.914 + 1.036\ln X_1 + 0.096\ln X_2 + 0.036\ln X_3 + 0.085\ln X_4$$

4.1.2　用 GARCH 模型估计碳市场波动率❶

在简单的定价模型（如第 3 章 3.9 中的 Black-Scholes 模型）中往往假设标的资产收益的波动率为常数。但很多现象表明市场波动率不是常数，如期权隐含波动率的"微笑""假笑"现象以及重大风险事件往往集中发生等。由于波动率在资产定价问题中有重要作用，所以在精细建模中，需要模拟和估计市场波动率。估计市场波动率有许多方法，其中应用 GARCH 模型及其变种是常用的方法。对于碳市场，尤其是已经有些历史的欧洲碳市场，已经有许多工作，如文献 [71，72]。

选取 2009 年 1 月 16 日～2015 年 1 月 20 日欧洲能源交易所（European Energy Exchange，EEX）的碳排放权价格如图 4.2(a) 所示（具体数据见 Thomson Reuters Datastream）。

从图 4.2(a) 中可以看出（也可以通过单位根检验验证）碳排放权价格有趋势性。从图 4.2(b) 可以看出，在 2009 年、2012 年、2013 年年初，碳排放权收益率的波动率有聚簇（clustering）现象，即收益率出现高波动后往往会持续出现高波动，在图 4.2(c) 收益率平方走势图中，这种聚簇效应更明显。容易验证碳排放权价格的对数收益率为平稳序列图 4.2(b)，但对数收益率的绝对值或平方有明显的自相关性，需要使用时间序列模型拟合碳排放权价格波动率（详见参考文献 [71]）。采用 GARCH (1,1) 模型拟合碳排放权价格波动率：

$$\sigma_t^2 = \omega + \alpha x_{t-1}^2 + \beta \sigma_{t-1}^2$$

式中，$\omega, \alpha, \beta > 0$，$\alpha + \beta < 1$，$x_t = \sigma_t \varepsilon_t$，$\varepsilon \sim \text{iid} N(0,1)$。

---

❶　本节内容来自参考文献 [71]。

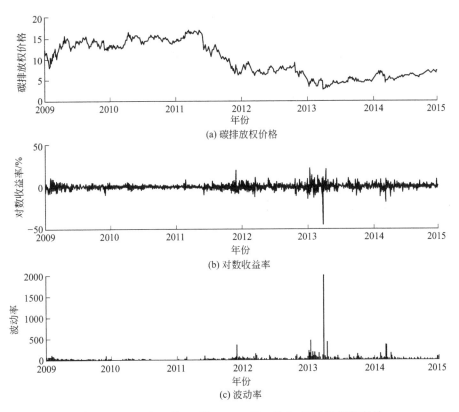

图 4.2 2009 年 1 月 16 日～2015 年 1 月 20 日欧洲能源交易
所碳排放权价格、对数收益率和波动率图

通过拟合，得

$$\omega=0.002, \alpha=0.116, \beta=0.864$$

在文献［71，72］里，还有对不同 GARCH 模型的分析结果，有兴趣
的读者可以进一步研读。

4.1.3 因子模型❶

因子法是指建立一个函数，其中自变量和应变量是要寻找的关系。简单
的假设是应变量与几个因子呈线性关系，然后通过具体数据拟合这几个因子
的系数（权重），最后进一步检验结果，分析其模型的合理性和模型的指向。

在参考文献［73］中，建立了几个模型，其中一个多元线性模型为

$$c_t=\beta_0+\beta_1 e_t+\beta_2 y_t+\beta_3 f d_t+\beta_4 O_t+\varepsilon_t$$

---

❶ 本节内容来自参考文献［73］。

式中，c_t 为人均二氧化碳排放量；e_t 为人均能量消耗；y_t 为人均实际收入；fd_t 为金融深化的测量指标；O_t 为贸易开放度；ε_t 为随机残差。

　　根据二氧化碳信息分析中心提供的中国人均二氧化碳排放量和《中国统计年鉴》提供的其他数据和银行业的相关金融指标，使用自回归分布滞后方法，通过时间序列 ADF 检验和格兰杰因果检验得到

$$\beta_0 = -7.610, \beta_1 = 0.313, \beta_2 = 3.210, \beta_3 = -0.356, \beta_4 = 0.567$$

金融深化指标与二氧化碳排放量负相关，所以文章得出"金融深化将减少二氧化碳排放量"的结论。其他结论可参考原文。

4.2　碳减排边际费用曲线

　　边际成本（marginal cost）是经济学的一个概念，指新增单位生产率所要求的新增单位成本。相应地，减排边际费用指新增单位不良物体减排所要求的新增单位成本。在碳减排相关研究中，经常使用这个概念估算碳减排成本。

　　碳减排边际费用（Marginal Abatement Cost，MAC）曲线表达的通常是碳减排总量与减排的边际费用（即为实现最后一个单位减排所付出的费用）之间的关系。碳减排边际费用曲线（MACC）的横坐标通常为减排总量，纵坐标是相应的边际成本。从定义可以看出，边际成本相当于碳减排总成本关于减排总量的偏导数，所以通过对碳减排边际费用曲线进行积分可以获得减排某给定量二氧化碳所需总费用。也有少部分边际费用曲线以相对减排比例（相对某一基准碳排放量的减排百分比）作为自变量，并将相应的减排边际费用作为应变量。通过对这类曲线进行积分，可以获得减排某特定百分比所需的总费用。计算 MAC 的方法可以分为专家推定法（Expert-based Approach）和模型计算法（Model-derived Approach）两类。

　　图 4.3 是参考文献［76］展现的经合组织国家的 MAC 曲线。其中 POLES 和 MIT 表示两种模型，USA 指美国，EEC 指欧洲经济体，Japan 指日本，OOE 指其他经合国家。我们可以看出这些曲线是上凹的，即随着碳减排的增加，费用的增量也越来越大。

　　专家推定法得到的碳减排边际费用曲线以 McKinsey 曲线为代表[77]。这类曲线是专家通过对所有可能的二氧化碳减排技术手段及相应的减排成本进行推算得到的。在 McKinsey 曲线中，不同减排方法按照成本从低到高排列，两种方法之间的距离就是这种方法能够减排的二氧化碳量。在某些情况下，碳减排的边际成本可能是负的，即国家或机构可以通过碳减排取得正收

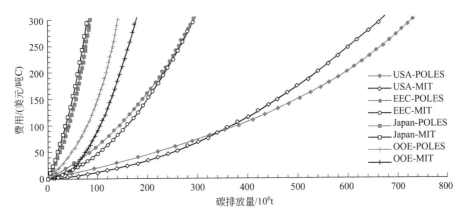

图 4.3　经合组织国家的 MAC 曲线

益。从上述介绍可以看出，专家推定法得到的减排边际费用曲线考虑了较多技术方面的细节，同时由于这种方法考虑了所有可能的技术手段，这样得到的边际费用曲线提供了当前科技条件下可能达到的碳减排量的上限。但是，这种方法没有考虑影响碳减排成本的经济和行为方面的因素，容易低估碳减排的成本，高估当前的碳减排潜力。同时，这种方法也不能反映不同减排方法的共同作用产生的效果和市场中的不确定性。

模型计算法是通过建立并求解综合考虑排放量上界、当前排放量、碳排放价格等因素的模型确定碳减排边际费用曲线的。根据建模的方式还可以将模型细分为两类；一类是基于经济的"自上而下"（top-down）模型；另一类是基于技术的"自下而上"模型（bottom-up）。自上而下模型依赖于能源价格、市场占比等经济因素，重点考虑碳减排策略对收入和交易的影响，不考虑碳减排的技术细节。这一类模型以文献［75］中的 EPPA 模型为代表（图 4.3 中的 MIT）。自下而上模型依赖于碳减排技术信息，通过求解局部均衡模型确定碳减排边际费用，而不考虑宏观和微观经济因素的影响。这一类模型以文献［78］中的 POLES 模型为代表（图 4.3 中的 POLES）。自上而下模型的主要优点是可以综合考虑碳减排过程中可能涉及的各个经济体受到的影响，考虑的范围不局限于能源领域，在实际中使用得更为广泛[75]。其突出的缺点是容易高估碳减排费用，技术方面的细节太少[75]，依赖历史数据，没有考虑市场扭曲因素等。自下而上模型的主要优点是包含了较多技术方面的信息，对当前能源系统的描述非常详尽。主要缺点是没有考虑能源领域与其他经济领域的相互作用，没有考虑宏观、微观经济的反馈效应[74,79]，因此容易低估碳减排费用。较之自上而下模型，自下而上模型的使用范围较小。更详细的内容参见参考文献［74～80］。

下面对中国的减排边际费用建模。

建模过程中主要考虑碳减排策略对经济和宏观决策的影响，因此选取模型计算法得到边际费用曲线，尤其是使用自上而下方法得到的边际费用曲线来确定碳减排措施产生的成本。尽管不同的模型对边际费用的估计不同，但文献显示，各个模型估计的费用数量级一致[76]。选取文献 [76] 中通过 EPPA 模型得到的数据对减排边际费用曲线进行拟合❶。文献 [76] 中边际费用是以 1990 年的美元计算的，将上述数据乘以美国 1990—2013 年的通货膨胀率❷，折算为以 2014 年的美元计算的数值。调整后的减排量与碳减排边际费用数据见表 4.2。

表 4.2　调整后的减排量与碳减排边际费用数据

减排量(以 CO_2 计)/Gt	MAC/(10^3 美元/t)	减排量(以 CO_2 计)/Gt	MAC/(10^3 美元/t)
0	0	3.76728	0.22781
0.68191	0.01898	3.94614	0.24679
1.23526	0.03797	4.10264	0.26577
1.67683	0.05695	4.29268	0.28476
2.02896	0.07594	4.47713	0.30374
2.33638	0.09492	4.62805	0.32272
2.57114	0.1139	4.76778	0.34171
2.82825	0.13289	4.94106	0.36069
3.00711	0.15187	5.09756	0.37968
3.20274	0.17085	5.25407	0.39866
3.3872	0.18984	5.37703	0.41764
3.57724	0.20882	5.50559	0.43663

文献 [76] 中以 EPPA 模型计算的中国的边际碳减排费用曲线如图 4.4 (a) 所示。由图中可以看出边际减排费用曲线的一些性质：以 x 表示减排量，$f(x)$ 表示对应这一减排量的边际减排费用，则：

① $f(0)=0$，即减排量为 0 时相应的边际减排费用为 0；
② $f(x)$ 是 x 的增函数。

---

❶　数据从文献 [76] 的图 7 中近似取得。图中标注 China-MIT 的即用 EPPA 模型得到的中国的边际费用曲线。图 7 中的单位(百万吨碳排放量，简记为 MtC) 需换算为十亿吨二氧化碳排放量(简记为 $GtCO_2$)。

❷　美国 1990—2013 年通货膨胀率数据来源：http://www.statista.com/statistics/191077/inflation-rate-in-the-usa-since-1990/。

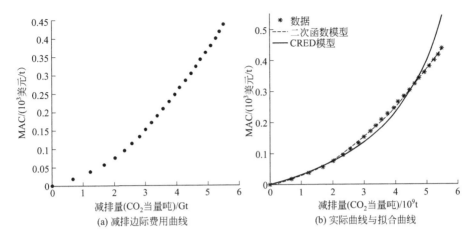

图 4.4　中国的边际减排费用曲线及拟合结果比较

考虑到以上两条性质，使用如下两种模型对边际减排费用曲线进行拟合：

$$f_1(x) = m_1 x^2 + m_2 x$$

$$f_2(x) = \frac{m_1 x}{m_2 - x}$$

第一个模型是截距为 0 的二次函数，第二个模型类似文献 [77] 中使用的 CRED 模型，其中 m_2 为碳减排能力上限。当减排量趋近 m_2 时，减排边际费用趋于正无穷大。拟合结果见表 4.3。

表 4.3　二次函数模型和 CRED 模型拟合结果的比较

模型	m_1	m_2	R^2
二次函数	0.0115	0.0162	0.9928
CRED	0.2142	7.6788	0.9342

从表 4.3 中的 R^2 值和图 4.4(b) 可以看出，使用二次函数模型比使用 CRED 模型的拟合效果好。确定了碳减排的边际费用函数后，可以根据下式得到碳减排的总费用函数：

$$g_2(A) = \int_0^A f_1(x)\,\mathrm{d}x = \frac{m_1}{3}A^3 + \frac{m_2}{2}A^2$$

4.3　碳项目的数学规划模型

数学规划是科学管理的重要手段，在碳排领域也起着很重要的作用。线性规划的数学准备见本书 2.2 节。

4.3.1 碳排放限制下的投资项目规划

问题1：某市要评估五个碳减排项目，投资资金是有限的 1000 万元，收益预期和产生的碳排放如表 4.4 所列。现在考虑：如何安排投资项目使得产生的碳排放控制在 500 单位以内，并使得投资收益最大？

表 4.4 碳排放限制项目投资规划

投资项目	产生碳排/（单位碳排放/万元）	到期税前收益率/%
A	0	3.0
B	2	5.4
C	1	5.0
D	1	4.4
E	3	6.0

建模：将投资额 1000 万分配到 A、B、C、D、E 五个项目中，目标是收益最大，限制条件就是总碳排放量和总资金。如果用 x_1，x_2，x_3，x_4，x_5 分别表示投入项目 A、B、C、D 和 E 的金额（单位：万元），以所给条件下投资的获利最大 z 为目标。则由表 4.4 可以建立下面规划模型：

$$\max z = 1.03x_1 + 1.054x_2 + 1.05x_3 + 1.044x_4 + 1.06x_5$$
$$\text{s.t.} \quad x_1 + x_2 + x_3 + x_4 + x_5 \leqslant 1000$$
$$2x_2 + x_3 + x_4 + 3x_5 \leqslant 500$$
$$x_1, x_2, x_3, x_4, x_5 \geqslant 0$$

模型的求解可通过线性规划软件解决。例如，应用 Lingo，可输入

```
clear,clc;
f=[-1.03,-1.054,-1.05,-1.044,-1.06];
A=[1 1 1 1 1; 0 2 1 1 3];
b=[1000; 500];
lb = [0;0;0;0;0];
[x,fval] =linprog(f,A,b,[],[],lb)
```

运行结果

```
x2=x4=x5=0, x1=x3=500
max z = 1040
```

结果解读：将 1000 万元平分成两半，一半投到项目 A，另一半投到 C，到期在碳排放许可范围内可获得最大收益 1040 万元。

4.3.2 碳减排项目投资规划

问题 2：某市要评估五个碳减排项目，初始投资资金是有限的 5000 万元，以后每年的维护资金是 8000 万元。项目只有选择完全投资或者完全不投资，收益预期和产生的减碳排效益和初始资金即维护资金如表 4.5 所列。考虑如何安排投资项目使得在可运行资金范围内产生的碳排放效果最好。如果每个项目只能投一个，或不投，结果如何？

表 4.5 碳减排项目投资规划

投资项目	预期投产后碳减排二氧化碳当量 /（单位碳排放/年）	初始投资/万元	维持费用/（万元/年）
A	2	1000	1000
B	3	5000	3000
C	1	1000	0
D	2.5	2000	3000
E	1.8	3000	0

建模：这是一个整数规划模型。记 x_1，x_2，x_3，x_4，x_5 分别表示投资项目 A、B、C、D 和 E 的数量（个），以所给条件下投资的获利最大 z 为目标。则由表 4.4 可以建立下面规划模型：

$$\max z = 2x_1 + 3x_2 + x_3 + 2.5x_4 + 1.8x_5$$

$$\text{s. t.} \quad x_1 + 5x_2 + 1x_3 + 2x_4 + 3x_5 \leqslant 5$$

$$x_1 + 3x_2 + 3x_4 \leqslant 8$$

$$整数 \ x_1，x_2，x_3，x_4，x_5 \geqslant 0$$

上述模型求解的 MATLAB 程序为

```
clear,clc;
f=[-2,-3,-1,-2.5,-1.8];
A=[1 5 1 2 3; 1 3 0 3 0];
b=[5; 8];
ic = [1; 2; 3; 4; 5];
lb=zeros(5,1);
[x,fval,flag]=intlinprog(f,ic,A,b,[],[],lb,[])
```

运行结果是

```
x1=5,x2=x3=x4=x5=0
max z = 10
```

如果每个项目只能投一个，或者不投，则问题是 0-1 规划问题。对应 MATLAB 程序为

```
clear,clc;
f=[-2,-3,-1,-2.5,-1.8];
A=[1 5 1 2 3; 1 3 0 3 0];
b=[5; 8];
ic = [1; 2; 3; 4; 5];
lb=zeros(5,1);
ub=ones(5,1);
[x,fval,flag]=intlinprog(f,ic,A,b,[],[],lb,ub)
```

运行结果为

```
x1=x3=x4=1, x2=x5=0
max z = 5.5
```

结果解读：将 1000 万全部投到 A，建 5 个 A 项目，其余不投，减排效果最好，每年可碳减排 10 个单位。但如果每个项目只能投一个，则最优结果是投 A、C、D，每年可碳减排 5.5 个单位。

4.3.3 低碳旅行

问题 3：某人公干，希望低碳出行。表 4.6 为使用各种交通工具的碳排放数据、出行平均速度和旅费。如果目的地与出发地距离 400km，要求 2 天来回，路上时间每天只能花 2h，飞机可飞行 350km，火车可行驶 380km，飞机和火车中途不可以下车，也不可以同时乘，单程旅费限制 200 元。如何选择交通工具，使得完成任务的同时碳排放最少？

表 4.6　出行问题的基本数据

交通工具	产生碳排放/(kg/km)	出行平均速度/(km/h)	旅费/(元/km)
飞机	0.275	800	0.75
火车	0.04	300	0.5
汽车	0.063	80	0.5
自行车	0	15	0.05
步行	0	5	0

建模：假设 x_1 和 x_2 分别表示是否乘飞机和火车，x_3、x_4、x_5 表示汽

车、自行车和步行的行程公里数，因为飞机和火车不可以中途下，所以 x_1 和 x_2 是 0-1 变量。用 C 表示旅程中产生的碳排放量，则问题可以表述为

$$\min C = 0.275 \times 380 x_1 + 0.04 \times 350 x_2 + 0.063 x_3$$

$$\text{s. t.} \quad 350 x_1 + 380 x_2 + x_3 + x_4 + x_5 \geqslant 400$$

$$\frac{350 x_1}{800} + \frac{380 x_2}{300} + \frac{x_3}{80} + \frac{x_4}{15} + \frac{x_5}{5} \leqslant 2$$

$$0.75 \times 350 x_1 + 0.5 \times 380 x_2 + 0.5 x_3 + 0.05 x_4 \leqslant 200$$

$$x_1 + x_2 \leqslant 1, x_i = 0 \vee 1, i = 1, 2$$

$$x_1, x_2, x_3, x_4, x_5 \geqslant 0$$

通过计算机求解。下面是应用 MATLAB 的小程序

```
clear,clc;
f=[0.275*350,0.04*380,0.063,0,0];
A=[-350 -380 -1 -1 -1; 350/800 380/300 1/80 1/15 1/5; 0.75*350  0.5*380 0.5 0.05 0; 1 1 0 0 0];
b=[-400; 2; 200; 1];
intcon =[1 2];
lb = zeros(1,5);
ub = [1; 1; inf; inf; inf];
[x,fval] =intlinprog(f,intcon,A,b,[],[],lb,ub)
```

运行结果为

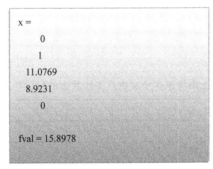

```
x =

      0
      1
  11.0769
   8.9231
      0

fval = 15.8978
```

结果解读：在限制条件下，产生碳排放最少的方案是火车乘到站后，坐汽车 11km，然后骑自行车。最优的结果是此次公差碳排放 15.8978kg。

4.4　合理分配碳许可

问题 4：上海浦东新区有 A、B、C3 个发电厂，地理位置相邻，A 共有 4 台 300MW 燃碳发电机组、B 共有 2 台 900MW 燃碳发电机组、C 共有 2

台 1000MW 燃碳发电机组，另外不管开不开工，各电厂每年的基本维持费用之和是 200000 万元。表 4.7 是 2008 年各厂的产值、能耗和碳排放的基本信息[81]。

表 4.7　上海浦东 3 个发电厂的基本信息

发电厂	A	B	C
产值/万元	241611	374413	214452
能耗(按标准煤计)/t	170314	179942	131118
万元产值能耗(按标准煤计)/(t/万元)	0.705	0.481	0.611
二氧化碳排放量/t	418972	442657	322550
万元产值二氧化碳排放量/(t/万元)	1.734	1.182	1.504

那么根据表中所提供的数据，这 3 家电厂如何分配所获得的初始碳减排许可配额？

分析：由于电厂相对独立，合作的效益不太明显，如果直接以产值计算，相当于每个电厂在总产值中的份额，即 A、B、C 分别获得 29%、45%、26% 的减排份额。但我们应该鼓励那些减排较好的企业，让这些企业获得更多的份额。

建模：从表 4.8 中我们看出 B 的减排效果较好，利用本书 2.3 部分的 Shapley 值法，我们以每吨标准煤纯产值作为特征，即如果有电厂不开，仍要支付基本维持费用，纯产值就是产值减去基本维持费用。如此可计算得表 4.8 各电厂开工状态下的纯产值，在每个电厂独开、两两开和全开情形下的每吨标准煤纯产值。

表 4.8　上海浦东 3 个发电厂工作状态的耗能和产值信息

开工状态	A	B	C	A、B	A、C	B、C	A、B、C
纯产值/万元	41611	174413	14452	416024	256063	388865	630476
耗能/t	170314	179942	131118	350256	301432	311060	481374
每吨煤纯产值/(万元/t)	0.2443	0.9693	0.1102	1.1878	0.8495	1.2501	1.3097

计算电厂 A 的 Shapley 特征值，如表 4.9 所列。

表 4.9　上海浦东 A 发电厂的 Shapley 特征值表

s	A	{A,B}	{A,C}	{A,B,C}
$v(s)$	0.2443	1.1878	0.8495	1.3097
$v(s\backslash\{A\})$	0	0.9693	0.1102	1.2501

s	A	{A,B}	{A,C}	{A,B,C}
$v(s)-v(s\backslash\{A\})$	0.2443	0.2185	0.7393	0.0596
$|s|$	1	2	2	3
$w(|s|)$	1/3	1/6	1/6	1/3
$w(|s|)[v(s)-v(s\backslash\{A\})]$	0.0814	0.0364	0.1232	0.0199

解模：由表 4.9，A 应得的碳减排许可配额值为

$$0.0814+0.0364+0.1232+0.0199=0.261$$

占总配额比 19.9%。

同理，计算得 B 应得的碳减排许可配额值为

$$0.3231+0.1573+0.19+0.1534=0.824$$

占总配额比 62.9%。

C 应得的碳减排许可配额值为

$$0.0367+0.1009+0.0468+0.0404=0.225$$

占总配额比 17.2%。

解读：比较直接按产值比例的碳减排许可配额分配方案，减排效果好的 B 厂获得了更多的初始碳减排许可配额。

4.5 微积分优化碳控制

使用微积分求极值的方法可以解决简单的碳控制和碳优化问题。

问题 5：一个企业生产某产品，收益与生产量成正比，比例系数为 α。同时，生产过程产生碳排放，排放量与生产量成正比，比例系数为 β。如果碳排放超过许可 Q，企业将面临高额罚款。为了解决碳排放问题，企业有两个选择：或者缩小生产规模以控制碳排放在许可范围内，或者投资减排。投资费用与减排量的平方成正比，其比例系数为 γ。制订最优的减排方案使得碳排放在许可范围内，并且收益最大，开销最小。

分析：出于企业盈利考虑，当然生产越多越好，但生产多，带来的碳排放就越大。碳排放的许可限制了企业的生产量。但如果企业花些钱投资减排，可以扩大生产量，但投资将增加成本，那么投资多少才可达到最优？

假设：企业的生产量为 x，企业的纯收益 P 与生产量成正比，生产排碳量 C 也与生产量成正比，即

$$P=\alpha x-c,C=\beta x$$

式中 α，β 为比例系数；c 为基本消费。

设减排量为 y，企业采取减排措施，由本章4.2碳减排边际费用曲线的研究假设，减排费用 B 与减排量的平方成正比，即

$$B = \gamma y^2$$

企业的排放量必须控制在 Q 范围内，即

$$C - y \leqslant Q$$

建模：根据分析，假如企业只减排超出限额部分排放量，即 $y = C - Q$，则企业净收益为

$$P_A = P - B = \alpha x - c - \gamma y^2$$
$$= \alpha x - c - \gamma(C - Q)^2$$
$$= \alpha x - c - \gamma(\beta x - Q)^2$$

解模：用微积分求极值的方法，对 P_A 关于 x 求导，并令其为零，得到极值点：

$$x^* = \frac{\alpha + 2\gamma\beta Q}{2\gamma\beta^2}$$

这就是最优的生产量。在这个生产量下，企业收益达到最优：

$$\max P_A = \alpha x^* - c - \gamma(\beta x^* - Q) = \alpha x^* - c - \frac{\alpha}{2}$$

同时将碳排放控制在容许范围之内。

图4.5可以更直观地表述问题。参数取 $\alpha = \beta = \gamma = 1$，$Q = c = 0$。图中实线即企业收益 P，虚线即企业减排成本 B。则对于给定生产量 x（横坐标），实线超过虚线的部分即企业净收益。则最优解即使得两条线"距离最远"的点。

解读：我们得到的最优解有若干参数。根据结果和参数分析，我们可以得到如下结果：

① 首先最优生产量 x^* 比 Q/β 来得大，这意味着碳减排投资是必要的，扣除碳减排费用，在碳减排上限的限制下，企业可以获得更大的收益；

② 最优生产量 x^* 与 β 成反比，这意味着企业增进生产技术，减少生产中碳排率可以有进一步扩大生产的空间，使得企业获益更大；

③ 最优生产量 x^* 与 γ 有反比关系，这提示企业增进碳减排技术，降低减减排消耗率可以有进一步扩大生产的空间，使得企业获益更大；

④ 最优生产量 x^* 与 α 有正比关系，这表明生产收益率始终是重要的。

模型延伸：进一步可对模型进行更深入的研讨。

① 可以通过实际数据，使用拟合方法等校验模型参数；

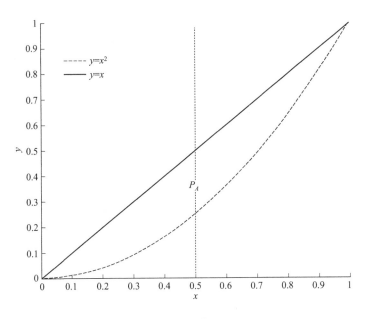

图 4.5　优化模型图

② 改进减排费用函数为更一般的二次函数：

$$C = \beta y^2 + \eta y + \delta$$

这样使得成本函数更灵活。

③ 对参数进行敏感性分析，即参数微小扰动时，对结果影响有多大。相应有稳定性/强健性分析。

4.6　碳排放权涨跌的马尔科夫模型

马尔科夫链的数学准备见第 2 章 2.5.1 部分。

假定市场上有 N 种碳排放权，并且这些碳排放权都是"均质"的，即涨跌的可能性都是一样的。我们只关心碳排放权价格"涨"或者"跌"的状态，就可以使用马尔科夫链描述碳排放权价格的涨跌过程。假设碳排放权价格上涨之后第二天继续上涨的可能性为 0.6，下跌的可能性为 0.4；碳排放权价格下跌之后第二天继续下跌的可能性为 0.3，上涨的可能性为 0.7，则可以得到如下转移概率矩阵：

$$\boldsymbol{P} = \begin{pmatrix} 涨了又涨 & 跌转涨 \\ 涨转跌 & 跌了又跌 \end{pmatrix} = \begin{pmatrix} 0.6 & 0.7 \\ 0.4 & 0.3 \end{pmatrix}$$

如果第一个交易日所有碳排放权价格都上涨，即上涨概率为 1，下跌概率为 0，则若干交易日后碳排放权涨跌的可能性如表 4.10 所列。

表 4.10 全涨开始的概率转移表

交易日	1	2	3	4	5	6	...	∞
涨	1	0.6	0.64	0.636	0.6364	0.63636	...	7/11
跌	0	0.4	0.36	0.364	0.3636	0.36364	...	4/11

从数据我们观察到碳排放权价格上涨/下跌的概率最后将分别稳定到 7/11 以及 4/11。那么，如果开始的时候所有碳排放权价格都下跌，又是什么结果呢？表 4.11 则给出了答案。

表 4.11 全跌开始的概率转移表

交易日	1	2	3	4	5	6	...	∞
涨	0	0.7	0.63	0.637	0.6363	0.63637	...	7/11
跌	1	0.3	0.37	0.363	0.3637	0.36363	...	4/11

我们看到，随着时间的进展，涨跌的概率再次趋于 7/11 和 4/11。如果今天碳排放权价格上涨概率有 35%，下跌概率为 65%，则每天的涨跌概率转移如表 4.12 所列。

表 4.12 从 35% 涨开始的概率转移表

交易日	1	2	3	4	5	6	...	∞
涨	0.35	0.665	0.6335	0.63665	0.63634	0.63637	...	7/11
跌	0.65	0.335	0.3665	0.36335	0.36366	0.36363	...	4/11

随着时间的进展，涨跌的概率仍趋于 7/11 和 4/11。这说明这个过程无论从何起步，最后都趋于同一个方向。换句话说，这个过程有个极限。假定这个过程的极限的确存在，即随着时间趋于无穷。涨跌的概率稳定在 w_1 和 w_2 上，那么，经过转换，涨跌的概率仍为 w_1 和 w_2，即

$$\begin{cases} 0.6w_1 + 0.7w_2 = w_1 \\ 0.4w_1 + 0.3w_2 = w_2 \end{cases}$$

这两个方程是相关的，加上 $w_1 + w_2 = 1$，可解出，$w_1 = 7/11$，$w_2 = 4/11$。这就从理论上证明了我们的验算。这个例子中，碳排放权价格的变化过程是一个马尔科夫链正则链。

下面考虑在加入因为价格崩盘直接退市、不回到市场交易的状态。由于碳排放权崩盘后直接退市无法回到市场交易，即崩盘状态无法转移到其他状态，所以这种状态称为吸收态。此时需要在转移概率矩阵中增加从其他状态

转移到崩盘的转移概率。假设上涨后崩盘的可能性为 0.01，下跌后崩盘的可能性是 0.05，上涨后下跌、下跌后上涨的概率不变，则转移概率矩阵为

$$P = \begin{pmatrix} 0.59 & 0.7 & 0 \\ 0.4 & 0.25 & 0 \\ 0.01 & 0.05 & 1 \end{pmatrix}$$

此时起始状态下市场上涨概率为 1 时的概率演变如表 4.13 所列。

表 4.13　考虑崩盘的全涨开始概率转移表

交易日	1	2	3	4	5	6	···	100	···	∞
涨	1	0.59	0.6281	0.605779	0.592078	0.577611	···	0.057683	···	0
跌	0	0.4	0.336	0.33524	0.326122	0.318361	···	0.031791	···	0
崩盘	0	0.01	0.0359	0.058981	0.081801	0.104028	···	0.910526	···	1

起始状态下市场下跌概率为 1 时的概率转移如表 4.14 所列。

表 4.14　考虑崩盘的全跌开始的概率转移表

交易日	1	2	3	4	5	6	···	100	···	∞
涨	0	0.7	0.588	0.58667	0.570713	0.557133	···	0.055634	···	0
跌	1	0.25	0.3425	0.320825	0.314874	0.307004	···	0.030661	···	0
崩盘	0	0.05	0.0695	0.092505	0.114413	0.135864	···	0.913705	···	1

从数据看出，尽管单个碳排放权价格崩盘可能性很小，但由于初始状态下交易的碳排放权数量固定，且崩盘的碳排放权无法重新上市交易，随着时间进展，崩盘的碳排放权会越来越多，如果没有新排放权加入交易，最终所有碳排放权都将退市。这种马尔科夫链就是吸收链。

4.7　大气颗粒屏蔽热辐射的蒙特卡洛模拟

温室效应，又称"花房效应"，是大气保温效应的俗称。大气能使太阳短波辐射到达地面，但地表受热后向外放出的大量长波热辐射线却被大气中的二氧化碳等物质吸收，使得地表与低层大气之间的气温升高。这种效果类似于栽培农作物的温室，故名温室效应。随着人类活动，向大气排放的温室气体（大部分是二氧化碳）加剧了温室效应。下面用蒙特卡洛方法来模拟温室效应过程。蒙特卡洛的数学准备见第 2 章 2.6 节。

问题 6：太阳的辐射几乎可以完全透射到地表，但地表的热辐射由于大

气层的温室效应只有部分可以透过大气层。假定地表热辐射垂直由下端进入大气层，除了大气层中含有的温室气体的吸收作用，大气中的颗粒如 PM_{10}、$PM_{2.5}$ 和霾对热辐射起到折射和阻挡作用。那么从地面上发出的热辐射经过大气中的颗粒和霾的影响后，有多少可以穿透大气层？

假设：热辐射是垂直由地球表面（图 4.6 下端）进入大气层，在大气层中运行一个单位距离然后碰上一个粒子，任意改变方向，并继续运行一个单位后与另一个粒子相遇。每次相遇，部分热能被损耗，这样下去，如果辐射在大气层里消耗掉所有的能量或者返回地表面就被视为被大气层屏蔽，产生温室效应。如果辐射穿过大气层由上端逸出就视为辐射释放。假设大气层厚度为 H 个单位，辐射运行 K 个单位后能量耗尽。

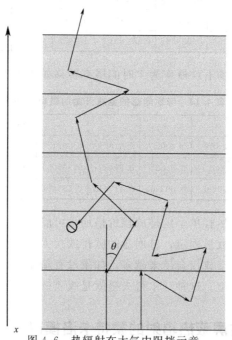

图 4.6 热辐射在大气中阻挡示意

这个问题并不复杂，但不容易找到一个解析表达式。而用模拟的方法求解却可以方便地得到满意的结果。

建模：热辐射在大气中的运行示意如图 4.6 所示，当辐射在与 x 轴夹角为 θ 的方向运行 1 个单位时，可以计算出辐射在 x 轴方向运行 $\cos\theta$，在垂直 x 轴方向运行 $\sin\theta$。我们关心的是辐射能与粒子相遇后，在 x 轴方向行进了多少，所以行进方向是正负 θ 的结果是一样的，可以只考虑 θ 是正的情形。由于辐射能运行的方向 θ 是随机的，我们用计算机抽取 $0\sim\pi$ 间均衡分布的随机数，模拟 1000000 次辐射在大气层里行进的情形，看看这些辐射与粒子相遇 K 次后，有多少达到或超过了大气层的上端。其伪程序代码为：

① 选择 K 个（0，1）均匀分布的随机数 e_i；

② 将这些随机数乘以 π 后求余弦值 $\cos\pi e_i$，然后记路径累加第 i 次后数为 $J_i = J_{i-1} + \cos\pi e_i$；

③ 记第 i 次后的剩余辐射为 $F_i = 1 - i/K$；

④ 判断 J_i 是否小于 0；

⑤ 判断 J_i 是否大于 H；

⑥ 如果④不发生，而⑤发生，计数加 F_i；

⑦ 最后将计数和除以总试验次数得到热辐射穿越大气层的比例。

解模：模拟 $K=100$，$H=5$，运行下列程序（1000000 次）：

```
N = 1e6;
K=100;
H=5;
p = 0;
for k = 1:N
   t = rand(1,K);
   x = cumsum( cos(t*pi) );
   a = find(x<0);
   [b,c] = find(x'>H);
   if ~isempty([b,c])
     if isempty(a)
       p = p + (K-b(1))/K;
     elseif b(1)<a(1) % not happen in this case
       p = p + (K-b(1))/K;
         end
   end
end
p;
p/N
```

运行结果得出穿出的大气层的辐射能约为 0.0683%。

改进：可以从以下几个方面改进模型。

① K 和 H 的值通过实际数据给定；

② 不同的高度，粒子和霾的浓度不同，所以与热辐射遭遇的概率不同；

③ 考虑粒子除了折射还有吸热作用，不同的粒子吸热系数不同的情况。

4.8 树种发展竞争模型

本节，我们用数学生态学的方法讨论物种间的竞争与共处，用到的数学工具是微分方程组的平衡解，数学准备见第 2 章 2.4 节。

问题 7：扩大绿化植被是碳减排的重要手段。但大自然中即使人类不干预，物种之间也有竞争。以森林里的针叶林和阔叶林为例。一般情况下，阔叶林生长在热带，针叶林生长在寒温带，所以阔叶林一般长得比较快，但随着地域的变化，两种树林的生长因素也在发生变化。特别是在阔叶林和针叶林的混交森林里，针叶林和阔叶林为了争夺有限资源，各展奇招。此时针叶林繁殖较快，抢占了大量的土地和水资源；而阔叶林生长较快，以高制胜，霸据了主要的空间和阳光。在竞争中，由于空间、阳光和土地资源有限，当某一种群数增加时，另一种群数将会减少。试用数学模型描述什么情况下两树种达到平衡？什么情况下，其中的一个树种被驱逐？

假设：针叶林和阔叶林的数量分别为 $x(t)$，$y(t)$，它们的自然增长率分别为 r_x，r_y。使用人口的阻滞增长模型描述树种的增长。假定森林容忍它们的最大种群数分别是 N_x，N_y。针叶林和阔叶林的增减分别造成对方种群的减增，交叉影响因子分别为 α,β。这里 $r_x,r_y,N_x,N_y,\alpha,\beta$ 都是正常数。

分析：由于竞争，种群数此消彼长，种群增长率的阻滞不仅来自自身的种群增长，也来自其他种群的种群增长，所以，各种群的增长率都是自然增长率减去自身的增长阻滞和其他物种引起的增长阻滞，形成一个方程系统。

建模：根据分析结合阻滞模型得到如下竞争模型，

$$\frac{\mathrm{d}x}{\mathrm{d}t}=r_x x\left(1-\frac{\beta y}{N_y}-\frac{x}{N_x}\right)$$

$$\frac{\mathrm{d}y}{\mathrm{d}t}=r_y y\left(1-\frac{\alpha x}{N_x}-\frac{y}{N_y}\right)$$

解模：求解平衡解系统，

$$\begin{cases} r_x x\left(1-\dfrac{\beta y}{N_y}-\dfrac{x}{N_x}\right)=0 \\[2mm] r_y y\left(1-\dfrac{\alpha x}{N_x}-\dfrac{y}{N_y}\right)=0 \end{cases}$$

得到如下 4 个平衡点：

$$(0,0),(N_x,0),(0,N_y),\left(\frac{N_x(1-\beta)}{1-\alpha\beta},\frac{N_y(1-\alpha)}{1-\alpha\beta}\right)$$

显然前3个平衡点分别对应了几组特解，而第4个平衡点（即图 4.7 中两条直线的交点）的性质与模型参数有关。当 $\alpha\beta=1$ 时，第 4 个平衡点将消失。另外当 $\alpha=1$ 或 $\beta=1$ 时，第 4 个平衡点将与其他平衡点重合。另外由于 $x(t)\geq0$，$y(t)\geq0$，所以当 $\alpha>1$ 或 $\beta>1$ 时，第 4 个平衡点也将消失。

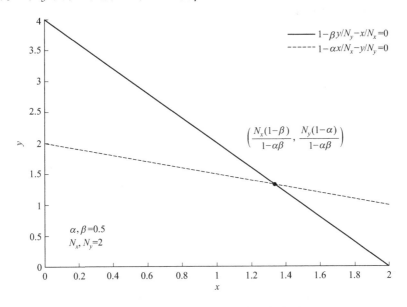

图 4.7 针叶林和阔叶林稳定平衡点图

使用第 2 章 2.4 节中的方法，在不同平衡点处分析其稳定性如表 4.15 所列。

表 4.15 竞争模型平衡点

平衡点	p	q	稳定性条件
$(0,0)$	$-r_x-r_y$	$r_x r_y$	不稳定
$(N_x,0)$	$r_x-r_y(1-\alpha)$	$-(1-\alpha)r_x r_y$	$\alpha>1,\beta<1$
$(0,N_y)$	$-r_x(1-\beta)+r_y$	$-(1-\beta)r_x r_y$	$\alpha<1,\beta>1$
$\left(\dfrac{N_x(1-\beta)}{1-\alpha\beta},\dfrac{N_y(1-\alpha)}{1-\alpha\beta}\right)$	$\dfrac{r_x(1-\beta)+r_y(1-\alpha)}{1-\alpha\beta}$	$\dfrac{r_x r_y(1-\alpha)(1-\beta)}{1-\alpha\beta}$	$\alpha<1,\beta<1$

解读：从稳定性分析的结果我们可以看出，交叉系数 α，β 起关键作用。如果针叶林的增长对阔叶林造成的阻滞系数大于 1，阔叶林对自己的阻滞系数小于 1，则针叶林将阔叶林逐出森林，反之也对。如果它们之间相互的阻滞系数都小于 1，则最后竞争的稳定结果是它们互存共生，针叶林和阔叶林各占领森林的一片天地。

这个模型可以推广到多树种。为了减排我们希望生物多样性，人类的活动应有助于所有树种的共生。所以对于增加森林树种的共生平衡的可能，我们应帮助减少"霸王树"，扶植弱小树种，使它们的互相阻滞系数小于1。

4.9 污染扩散模型

环境保护的另一个重要方面是防止污染和污染扩散。而刻画扩散现象的有力工具是热传导方程，也叫扩散方程，其数学准备见第2章2.4节微分方程以及第3章3.5节相关模型中的扩散模型。

4.9.1 扩散和消失

问题8：在人类活动中，有时发生环境污染事故，瞬间放出的污染物以事故点为中心向四周扩散，形成一个近似于圆形的污染区域。随着时间推移，这个区域逐渐增大，污染也逐渐变淡，最后完全消失。我们需要建立一个相应的数学模型来描述污染扩散和消失的过程，并分析消失的时间与哪些因素有关。

分析：事故引起的污染传播可以看成是无穷空间由瞬时点源导致的扩散过程。能够用二阶抛物型偏微分方程描述其浓度的变化规律。整个建模过程应当包括刻画污染浓度的变化规律、仪器辨别污染的描述和污染区域边界的变化过程等。

假设：

① 污染事故看作是在空中某一点向四周等强度地瞬时释放污染物，污染总量为 Q，污染在空间扩散，扩散系数为 k；

② 不考虑高度，不计风力和大地的影响；

③ 污染物的传播遵从扩散定律；

④ 沿着爆炸中心射线有一排测量仪器点，仪器只返回两个值，污染和不污染，即污染值超过某阈值 L 返回污染，否则返回不污染，近似认为测量结果 I 是时间 t 和爆炸半径 r 的两值函数。

⑤ 污染事故时刻记为 $t=0$，爆炸点为坐标原点。污染浓度记为 $C(r,t)$。

模型建立：由假设①、②、③和⑤，污染浓度 $C(r,t)$ 满足热传导方程的初值问题：

$$\begin{cases} C_t - k^2 \left(C_{rr} + \dfrac{1}{r} C_r \right) = 0 \\ C(r,0) = Q\delta(0) \end{cases}$$

其中 $\delta(\cdot)$ 为 Dirac 函数。

由假设④：

$$I(r,t)=\begin{cases}1,\text{如果 } C(r,t)\geqslant L\\0,\text{如果 } C(r,t)<L\end{cases}$$

解模：由偏微分方程的理论，我们可以求出 $C(r,t)$ 的 Poisson 解

$$C(r,t)=\frac{Q}{2k\sqrt{\pi t}}e^{-r^2/(4k^2t)}$$

所以，在 $(0,0)$ 附近，$C(r,t)$ 将非常大，测量仪器将返回"污染"，而 t 很大或 r 很大时，$C(r,t)$ 将很小，测量仪器将返回"无污染"。所以污染边界为

$$\frac{Q}{2k\sqrt{\pi t}}e^{-r^2/(4k^2t)}=L$$

即

$$r=\sqrt{-(4k^2t)\ln\left(\frac{2Lk\sqrt{\pi t}}{Q}\right)}$$

这个解具有显式表达式，而且我们可以通过微积分工具分析，污染达到 L 最远的距离一定满足：

$$\frac{\mathrm{d}r}{\mathrm{d}t}=0$$

即可解得到达最远的时间 t^*：

$$t^*=\frac{Q^2}{4L^2k^2\pi e}$$

此时，污染边界达到最远：

$$r^*=k\sqrt{2t^*}=\frac{Q}{L\sqrt{2\pi e}}$$

对这个解 $r(t)$ 作图（图 4.8）。我们可以看到，污染的区域在 (t,r) 的平面与 t 轴形成一个封闭的区域。这样就指导我们如何有效地防患脏弹带来的污染，在什么样的区域里进行重点工作。在此图中，取 $L=Q=1$，而 k 留给读者通过图形信息反求。

4.9.2 高斯烟羽扩散

考虑烟囱排放烟雾在大自然中的扩散状况。这种状况通用的模型是高斯烟羽扩散模型。

问题 9：考虑一高度为 H 的烟囱，向大气一次性排放总量为 Q 的污染

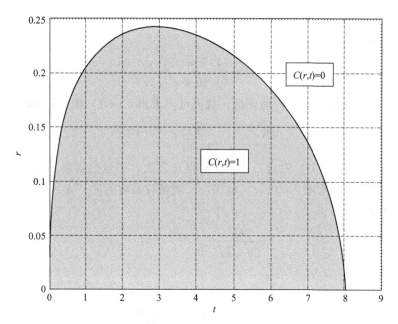

图 4.8　污染区域半径 r 关于 t 的函数

物。风向稳定不变，污染物碰到地面会反射。问排放后某时某点空气中污染物浓度是多少？

分析： 这个问题比上面的问题多了风向和地面反射，更符合实际情况。对于更复杂的地形和气象条件，问题将更为复杂。但解题思路是相似的。我们要特别处理的是风向和地面反射。

假设：

① 建立坐标系，地面为 X-Y 平面，风向稳定，记为常向量 $\boldsymbol{V}=(v,0,0)$，即风向沿 X 轴方向。烟囱在 Z 方向，高度为 H；

② 污染物浓度记为 $C(x,y,z,t)$；

③ 地面对污染物只有反射没有吸收；

④ 污染物扩散过程自身没有对流、辐射和化学反应；

⑤ 污染物的扩散系数为常数 k^2；

⑥ 污染物一次性在烟囱顶部放出，总量为 Q，设放出时间 $t=0$，所以浓度的初值函数为 $Q\delta(0,0,H)$。

建模： 浓度 C 的扩散过程满足热传导方程

$$\frac{\partial C}{\partial t}-(\nabla\cdot k^2\nabla C)+\boldsymbol{V}\cdot\nabla C=0$$

这里第一项是浓度关于时间的变化率，第二项是浓度的扩散，第三项是浓度

受风力的影响。这个方程在 z 的上半平面满足，并且在 $z=0$ 时，有边界条件

$$\frac{\partial C}{\partial z}\bigg|_{z=0}=0$$

以及初始条件

$$C(x,y,z,0)=Q\delta(0,0,H)$$

解模：第一步，考虑问题：

$$\frac{\partial C_i}{\partial t}-\nabla\cdot(k^2\nabla C_i)+\boldsymbol{V}\cdot\nabla C_i=0,i=1,2$$

$$C_1|_{t=0}=Q\delta(0,0,H),C_2|_{t=0}=Q\delta(0,0,-H)$$

则 $(C_1+C_2)|_{z\geqslant0}$ 满足 C 求解的所有条件，由解的唯一性可知：

$$(C_1+C_2)(x,y,z,t)|_{z\geqslant0}\equiv C(x,y,z,t)$$

第二步，求解 C_1。做变换 $C_1=C_3\mathrm{e}^{ax+\beta t}$，选择 α，β 使 C_3 满足：

$$\frac{\partial C_3}{\partial t}-\nabla\cdot(k^2\nabla C_3)=0$$

$$C_3|_{t=0}=Q\delta(0,0,H)\mathrm{e}^{-ax}$$

将 C_1 表达式代入上述问题可求得

$$\alpha=\frac{v}{2k^2},\beta=-\frac{v^2}{4k^2}$$

而 C_3 满足标准的热传导方程的柯西问题，由 Poisson 公式，有解析解

$$C_3=\frac{Q}{(4\pi k^2t)^{3/2}}\mathrm{e}^{-ax-[x^2+y^2+(z-H)^2]/(4k^2t)}$$

于是，

$$C_1=\frac{Q}{(4\pi k^2t)^{3/2}}\mathrm{e}^{ax+\beta t-[x^2+y^2+(z-H)^2]/(4k^2t)}$$

$$=\frac{Q}{(4\pi k^2t)^{3/2}}\mathrm{e}^{-[(x-vt)^2+y^2+(z-H)^2]/(4k^2t)}$$

第三步，类似步骤可以求出

$$C_2=\frac{Q}{(4\pi k^2t)^{3/2}}\mathrm{e}^{-[(x-vt)^2+y^2+(z+H)^2]/(4k^2t)}$$

第四步，合并 C_1，C_2，求得解

$$C(x,y,z,t)=\frac{Q}{(4\pi k^2t)^{3/2}}\mathrm{e}^{-[(x-vt)^2+y^2]/(4k^2t)}\left[\mathrm{e}^{-(z-H)^2/(4k^2t)}+\mathrm{e}^{-(z+H)^2/(4k^2t)}\right]$$

这个函数和高斯分布的密度函数是同类函数，所以这个模型被称为高斯烟羽扩散模型。

取参数 $Q=100$，$t=1$，$k=1$，$v=1$，$-4<x<4$，$y=0$，$0<z<8$，我们得到污染在 $y=0$ 截面关于 x 和 z 的分布图（图 4.9）。

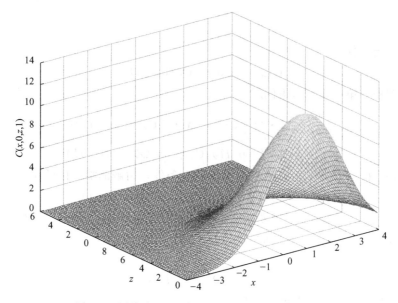

图 4.9　污染在 $y=0$ 截面上关于 x 和 z 的分布图

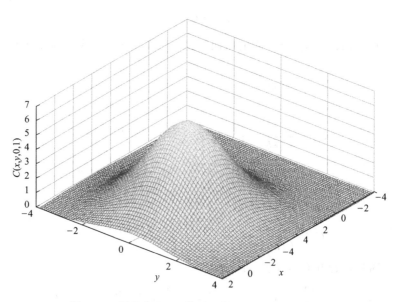

图 4.10　污染在 $z=0$ 截面上关于 x 和 y 的分布图

解读：污染物沿风向（x 正方向），随时间扩散，在 $(x,y,z,t)=(0,0,H,t)$ 处有奇性。在大地上，即在 X-Y 平面上

$$C(x,y,0,t) = \frac{2Q}{(4\pi k^2 t)^{3/2}} e^{-[(x-vt)^2+y^2]/(4k^2t)} e^{-H^2/(4k^2t)}$$

取参数 $Q=100$，$t=1$，$k=1$，$v=1$，$-4<x$，$y<4$，$z=0$，我们得到污染在地面关于 x 和 y 的分布图（图 4.10）。

4.10 碳排放随机过程模型[1]

4.10.1 基本假设

根据第 3 章 3.4.2 部分中的 STIRPAT 模型，一国的人口数量 P 和 GDP 总量 Y 对该国碳排放量 I 的影响满足微分形式 STIRPAT 方程：

$$\frac{\mathrm{d}I}{I} = a\frac{\mathrm{d}P}{P} + b\frac{\mathrm{d}Y}{Y} \tag{4.1}$$

式中，a，b 为常数。

该国的人口总量 P 满足第 3 章 3.1.3 部分中定义的带随机项的 Logistic 模型：

$$\frac{\mathrm{d}P}{P} = f_0(t)\mathrm{d}t + \delta_1 \mathrm{d}W_t^1 \tag{4.2}$$

式中，$f_0(t)$ 由式（3.3）定义；W_t^1 为标准布朗运动，$\mathrm{E}(\mathrm{d}W_t^1)=0$，$\mathrm{var}(\mathrm{d}W_t^1)=\mathrm{d}t$；$\delta_1$ 为常数。

该国的国内生产总值（GDP）总量 Y 满足式（3.4）中定义的几何布朗运动：

$$\frac{\mathrm{d}Y}{Y} = \mu\,\mathrm{d}t + \delta_2\mathrm{d}W_t^2 \tag{4.3}$$

式中，W_t^2 为标准布朗运动，$\mathrm{E}(\mathrm{d}W_t^2)=0$，$\mathrm{var}(\mathrm{d}W_t^2)=\mathrm{d}t$，$\mathrm{cor}(W_t^1,W_t^2)=0$；$\mu$ 和 δ_2 为常数。

4.10.2 碳排放量的随机过程

将式（4.2）、式（4.3）代入式（4.1），得到碳排放量 I 的运动满足的随机过程：

$$\frac{\mathrm{d}I}{I} = [f_0(t) + b\mu]\mathrm{d}t + a\delta_1\mathrm{d}W_t^1 + b\delta_2\mathrm{d}W_t^2 \tag{4.4}$$

$$= f(t)\mathrm{d}t + \hat{\delta}\,\mathrm{d}W_t$$

---

[1] 本节的主要内容来自参考文献[82]。

其中

$$f(t) = \frac{b\,\mu P_0 + (a\gamma + b\,\mu)(P_m - P_0)\mathrm{e}^{-\rho t}}{P_0 + (P_m - P_0)\mathrm{e}^{-\rho t}}$$

$$W_t = \frac{a\delta_1\,\mathrm{d}W_t^1 + b\delta_2\,\mathrm{d}W_t^2}{\sqrt{a^2\delta_1^2 + b^2\delta_2^2}}, \hat{\delta} = \sqrt{a^2\delta_1^2 + b^2\delta_2^2} \tag{4.5}$$

4.11　碳超限概率的未定权益定价[❶]

本节，我们用未定权益的方法评估碳排放量超出给定限额的概率（以下简称"超限概率"），分析超限概率的性质。

4.11.1　超限概率模型

已知一个国家当前碳排放量的前提下，预测该国到期日碳排放量的超限概率。我们假设，依照规定该国应在到期日 T 将碳排量降至指定阈值 $\bar{I}$（定值）以下。那么在到期日 T，超限概率为 $P(I,T) = P(I_T > \bar{I})$。在时刻 t 碳排放量为 I 时对应的超限概率为

$$P(I,t) = P(I_T > \bar{I} \mid I_t = I) = \mathrm{E}[H(I_T - \bar{I}) \mid I_t = I]$$

其中 $H(x)$ 为 Heaviside 函数，从而超限概率相当于一个特殊的现金或无值看涨期权（CONC）。

由 Feynman-Kac 公式（详见第 2 章 2.5.3 部分）知，$P(I,t)$ 适合下述非齐次倒向抛物型方程 Cauchy 问题：

$$\begin{cases} \dfrac{\partial P}{\partial t} + f(t)I\,\dfrac{\partial P}{\partial I} + \dfrac{\hat{\delta}^2 I^2}{2}\dfrac{\partial^2 P}{\partial I^2} = 0 \\ P(I,T) = H(I_T - \bar{I}) \end{cases}$$

这里 $f(t)$，$\hat{\delta}$ 由式(4.4) 定义。

由 Black-Scholes 公式（详见第 3 章 3.9 节）解得 $P(I,t)$ 的表达式：

$$P(I,t) = N(d_2(t))$$

其中 $N(x)$ 为标准正态分布累积函数：

$$N(x) = \frac{1}{2\pi}\int_{-\infty}^{x} \mathrm{e}^{-\frac{w^2}{2}}\,\mathrm{d}w \tag{4.6}$$

并且

---

❶　本节的主要内容来自参考文献[82]。

$$\ln I - \ln \overline{I} + a\left[\ln(P_0 e^{\rho t} + P_m - P_0) - \ln(P_0 e^{\rho T} + P_m - P_0)\right]$$

$$d_2(t) = \frac{+\left(a\rho + b\mu - \frac{1}{2}\hat{\delta}^2\right)(T-t)}{\hat{\delta}\sqrt{T-t}}$$

$$(4.7)$$

4.11.2 超限概率性质分析

在 $P(I,t)$ 表达式中对 $\hat{\delta}$ 求偏导：

$$\frac{\partial P(I,t)}{\partial \hat{\delta}} = -e^{-\frac{d_2^2(t)}{2}}\left\{\frac{1}{\hat{\delta}^2\sqrt{T-t}}\left[\ln I - \ln \overline{I} + a\ln\frac{P_0 e^{\rho t} + P_m - P_0}{P_0 e^{\rho T} + P_m - P_0}\right.\right.$$

$$\left.\left. + (a\rho + b\mu)(T-t)\right] + \frac{1}{2}\hat{\delta}(T-t)\right\}$$

$$\frac{\partial \hat{\delta}}{\partial \delta_1} = \frac{a^2\delta_1}{\sqrt{a^2\delta_1^2 + b^2\delta_2^2}} > 0, \frac{\partial \hat{\delta}}{\partial \delta_2} = \frac{b^2\delta_2}{\sqrt{a^2\delta_1^2 + b^2\delta_2^2}} > 0$$

容易看出 $\hat{\delta}$ 是 δ_1，δ_2 的增函数，但是由上述表达式无法确定 $\frac{\partial P(I,t)}{\partial \hat{\delta}}$ 的符号，也就无法确定 $P(I,t)$ 对 δ_1，δ_2 的增减性。在 $P(I,t)$ 的表达式中对 I 求偏导：

$$\frac{\partial P(I,t)}{\partial I} = \frac{1}{\hat{\delta}\sqrt{2\pi(T-t)}} \times \frac{1}{I} \times e^{-\frac{d_2^2(t)}{2}} > 0$$

即其他量保持不变时，$P(I,t)$ 为 I 的增函数。这一性质与实际情况相吻合，因为初始状态的 I 越大，到期日就越容易超过设定的阈值。

4.11.3 超限概率计算

取参数 $\rho = 6\%$，$P_m = 1.5 \times 10^9$，$P_0 = 5.5 \times 10^8$，$\delta_1 = 0.05$，$\mu = 12\%$，$\delta_2 = 0.1$，$a = -1.75$，$b = 0.4$，$T = 6$ 年，$\overline{I} = 2200 \times 10^6 t$，$I = 6000 \times 10^6 t$，$r = 2.5\%$。代入上述表达式计算得 $P(I,0) = 99.997\%$，即到期碳排放量超过限额的可能性极大。

如无特别说明，下节中参数与此相同。

4.11.4 参数分析与作图

(1) 超限概率 $P(I,0)$ 随波动率 δ_1，δ_2 的变化

当初始时刻碳排放量 I 不同时，$P(I,0)$ 对 $\hat{\delta}$ 的增减性不同，如图 4.11

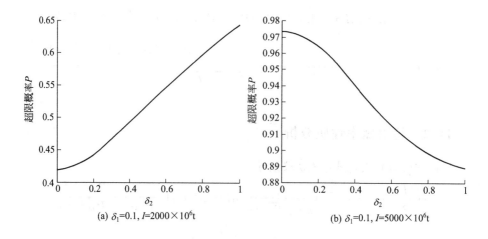

(a) δ_1=0.1, I=2000×10⁶t   (b) δ_1=0.1, I=5000×10⁶t

图 4.11　超限概率 $P(I,0)$ 与 $\hat{\delta}$ 的关系图

所示。

　　由下面超限概率 $P(I,0)$ 与初始时刻碳排放量 I 和 GDP 波动率 $\hat{\delta}$ 的关系图可以更明显地看出波动率 $\hat{\delta}$ 对 $P(I,0)$ 的影响情况（图 4.12）。

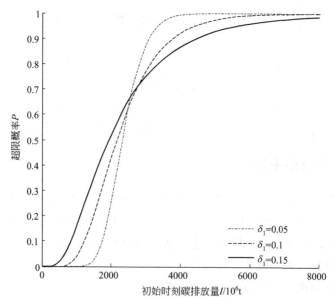

图 4.12　超限概率 $P(I,0)$ 与 $\hat{\delta}$ 和 I 的关系

　　从图 4.12 看出，增大的 $\hat{\delta}$ 值会使得碳排放量超过限额的概率分布更加分散，也就是说使得这一过程中的不确定性增大，而不一定增大超限概率。

　　超限概率 P 随 δ_1，δ_2 变化的趋势如图 4.13 所示。

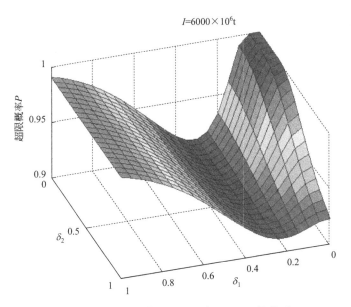

图 4.13　超限概率 $P(I,0)$ 与 δ_1，δ_2 的关系

(2) 超限概率 $P(I,0)$ 随初值 I 的变化

画出初始时刻碳排放量 I 取值 $0 \sim 5000 \times 10^6$ t 时对应的超限概率 $P(I, 0)$，如图 4.14 所示。

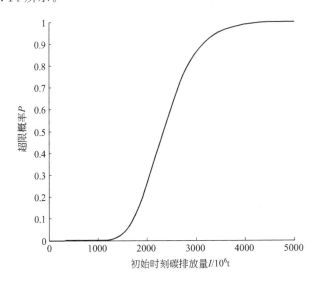

图 4.14　超限概率 $P(I,0)$ 与 I 的关系图

显然初始时刻碳排放量越大，到期超过限额的可能性越大。

$P(I,t)$ 随初始时刻碳排放量 I 和时间 t 变化的趋势如图 4.15 所示。

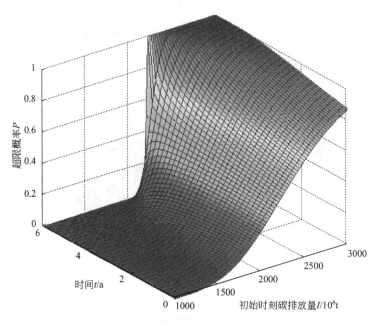

图 4.15　超限概率 $P(I,t)$ 与 I 和 t 的关系图

4.12　碳排放超限潜在成本的未定权益定价

4.12.1　潜在成本模型

我们将规定简化为下面的情况：在到期日 T，对于超额的碳排放量，该国必须到国际市场上以 c 美元/t（定值）的价格购买碳排放权（如 EUA，CER 等）。则在规定到期日 T，该国购买碳排放权的支出为 $C(I,T)=c(I_T-\overline{I})^+$ 美元。假定无风险利率是常数 r，则在 t 时刻，潜在支出的条件期望为：$C(I,t)=\mathrm{E}[c(I_T-\overline{I})^+\,\mathrm{e}^{-r(T-t)}\,|\,I_t=I]$。这相当于一个特殊的欧式期权。类似上文，可以得到 $C(I,t)$ 满足的偏微分方程如下：

$$\begin{cases}\dfrac{\partial C}{\partial t}+f(t)I\,\dfrac{\partial C}{\partial I}+\dfrac{\hat{\delta}^2 I^2}{2}\dfrac{\partial^2 C}{\partial I^2}-rC=0\\[2mm]C(I,T)=c(I_T-\overline{I})^+\end{cases}$$

并由 Black-Scholes 公式得到的 $C(I,t)$ 的显式表达式：

---

❶　本节的主要内容来自参考文献[82]。

$$C(I,t) = cIe^{(a\rho + b\mu - r)(T-t)} \left(\frac{P_0 e^{\alpha} + P_{\mathrm{m}} - P_0}{P_0 e^T + P_{\mathrm{m}} - P_0} \right)^a N(d_1(t)) - c\bar{I}e^{-r(T-t)} N(d_2(t))$$

$$(4.8)$$

其中，$N(x)$，$d_2(t)$ 由式(4.6) 和式(4.7) 定义，$d_1(t) = d_2(t) + \hat{\delta}\sqrt{T-t}$。

4.12.2 潜在成本性质分析

对式(4.8) 中得到的 $C(I,t)$ 表达式关于 $\hat{\delta}$ 求偏导：

$$\frac{\partial C(I,t)}{\partial \hat{\delta}} = cIe^{-r(T-t) - \frac{1}{2}d_2^2(t)} a\sqrt{T-t} > 0$$

即 $C(I,t)$ 是波动率 $\hat{\delta}$ 的增函数，又 $\hat{\delta}$ 是 δ_1，δ_2 的增函数，所以 $C(I,t)$ 是波动率的增函数。这与超限概率 $P(I,t)$ 的情况不同，因为波动率增大只是增加了碳排放量变化过程中的不确定性，与碳排放量最终是否超过限额没有直接关系，但是对于期望的成本来说，这种不确定性会使得潜在成本上升。

类似地，可以证明碳排放潜在成本 $C(I,t)$ 是初始时刻碳排放量 I 的增函数。

$\frac{\partial C(I,0)}{\partial I}$ 可以看作初始时刻每增加 1t 二氧化碳排量会产生的"边际成本"，它可以帮助一国决定是否对现有的碳减排项目追加投资。当项目减排的边际成本小于 $\frac{\partial C(I,0)}{\partial I}$ 时，对其追加投资才有意义；若该项目减排的边际成本大于 $\frac{\partial C(I,0)}{\partial I}$，则应考虑停止对其继续投资，转而寻找更高效的碳减排项目。

由潜在成本关于初始时刻碳排放量 I 单调递增可以看出碳排放的边际成本恒正。为考虑边际成本随初始时刻碳排放量 I 的变化，在式(4.8) 两端再对 I 求偏导：

$$\frac{\partial^2 C(I,t)}{\partial I^2} = \frac{c\bar{I}}{I^2 \hat{\delta}\sqrt{2\pi(T-t)}} e^{-\frac{1}{2}d_2^2(t)} > 0$$

这说明 $\frac{\partial C(I,t)}{\partial I}$ 是 I 的增函数，即当初始时刻碳排放量很大时增加单位碳排放量所引起的潜在成本增加值增大，此时只要当减排的边际成本小于 $\frac{\partial C(I,t)}{\partial I}$，就可以继续投资该项目以完成减排的任务。

4.12.3 潜在成本计算

取与 4.11.3 部分中同样的参数以及 $c = 20$ 美元/t，通过数值计算，可

得 $C(I,0)=5.7098\times10^{10}$ 美元，约合每吨 9.5163 美元。

4.12.4 参数分析与作图

（1）潜在成本 $C(I,0)$ 随波动率 δ 的变化

下面画出 $C(I,0)$ 随波动率 δ 变化的图像（图 4.16、图 4.17）。

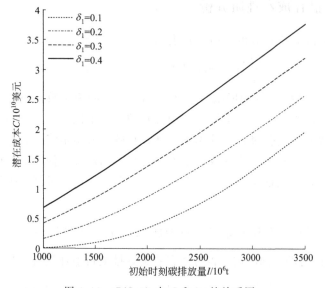

图 4.16 $C(I,0)$ 与 I 和 δ_1 的关系图

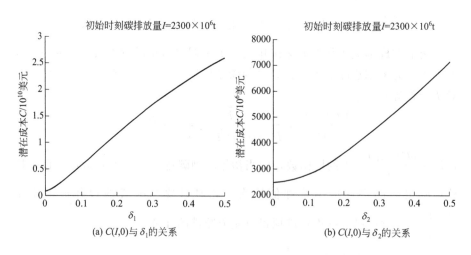

图 4.17 $C(I,0)$ 与 δ_1，δ_2 的关系图

容易看出，$C(I,0)$ 也是 δ_1，δ_2 的增函数。$C(I,0)$ 随 δ_1，δ_2 变化的

趋势如图 4.18 所示。

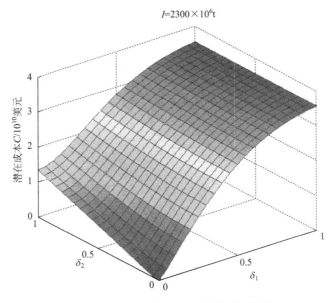

图 4.18 $C(I,0)$ 与 δ_1，δ_2 的关系三维图

（2）潜在成本 $C(I,0)$ 随初值 I 的变化

画出 I 取值（$1000 \sim 3500$）$\times 10^6$ t 时对应的潜在支出 $C(I,0)$ 的图像，如图 4.19 所示。

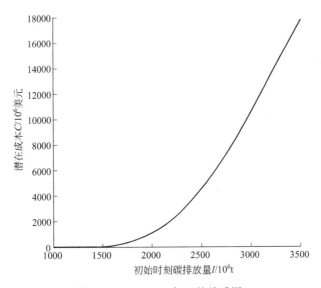

图 4.19 $C(I,0)$ 与 I 的关系图

容易看出，$C(I,0)$ 是 I 的增函数，这一点和 4.12.1 部分中理论推导的结果相吻合。当 $I > 2500 \times 10^6 \mathrm{t}$ 时，$C(I,0)$ 随 I 的增长近似呈线性增长。

$C(I,t)$ 随初始时刻碳排放量 I 和时间 t 变化的趋势如图 4.20 所示。

由图 4.20 可以看出，在任意时刻 t，潜在成本 $C(I,t)$ 随着初始时刻碳排放量 I 的增加而增加，最终在到期日 T 时刻满足终值条件。

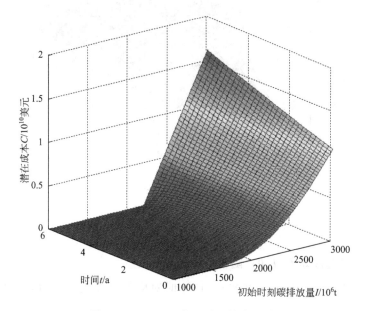

图 4.20　$C(I,t)$ 与 I 和 t 的关系图

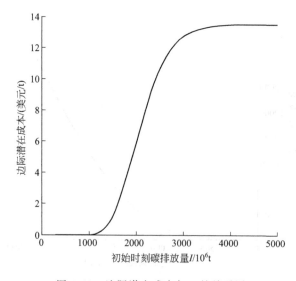

图 4.21　边际潜在成本与 I 的关系图

I 取值 $0 \sim 6000 \times 10^6 \, t$ 时对应的边际潜在成本 $\dfrac{\partial C(I,0)}{\partial I}$ （美元/t）如图 4.21 所示。

由图 4.21 容易看出，边际潜在成本 $\dfrac{\partial C(I,0)}{\partial I}$ 的值随 I 的增大而增大。在从小于阈值过渡到大于阈值的过程中，边际成本迅速增大；而在初值 I 远远大于阈值时，边际成本几乎为常数。

第5章

碳金融模型

随着碳交易市场的开放，碳金融也应运而生。碳金融指旨在减少温室气体排放的各种金融制度安排和金融交易活动，主要包括碳排放权及其衍生品的交易和投资、低碳项目开发的投融资以及其他相关的金融中介活动。即把碳排放量当作一个有价格的商品，进行现货、期货等的买卖。在碳金融和碳市场运行过程中，碳金融衍生品定价问题随之而来。在金融衍生产品定价过程中，对金融资产价格运行过程进行合理简化，应用 Black-Scholes 模型，理论相对成熟。类似地，在碳市场中，适当假定碳排放权价格的变化过程，也可以将金融衍生产品定价的基本理论框架应用于碳金融定价模型中。国内不同市场的碳交易量和碳交易额见图 5.1。

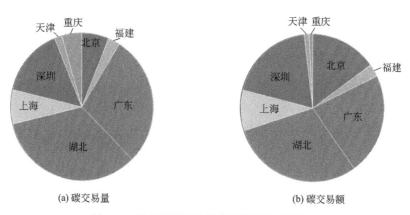

(a) 碳交易量   (b) 碳交易额

图 5.1　国内不同市场的碳交易量和碳交易额

从整个大宗商品市场的情况看，随着节能降耗、产业结构升级，传统过剩行业大宗商品也会随着基础需求的调整而相应出现萎缩。而随着全球气候治理行动的推进，碳配额以及排污权、水权等环境产权，以及天然气、电力等清洁能源的大宗交易的发展步伐势必加快。世界银行在其《2010 年碳市场现状和趋势》报告中估计，碳市场在 2030 年将有望超过石油，成为全球最大的大宗商品市场，2005—2011 年国际碳市场交易额见表 5.1。2014—2019 年国内碳市场交易情况见图 5.2。

表 5.1   2005—2011 年国际碳市场交易额   单位：亿美元

年份	EUA	其他配额	一级 CDM	二级 CDM	其他抵消机制	总计
2005	79.0	1.0	26.0	2.0	3.0	110.0
2006	244.0	3.0	58.0	4.0	3.0	312.0
2007	491.0	3.0	74.0	55.0	8.0	630.0
2008	1005.0	10.0	65.0	263.0	8.0	1351.0
2009	1165.0	43.0	27.0	175.0	7.0	1437.0
2010	1336.0	13.4	26.8	204.5	11.3	1591.9
2011	1478.5	10.3	29.8	223.3	18.3	1760.2

资料来源：World Bank。

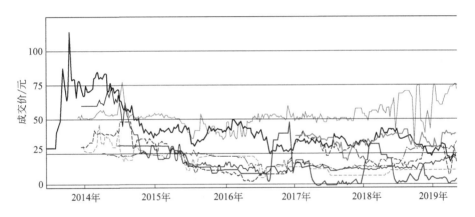

图 5.2   2014—2019 年国内碳市场交易情况

--- 湖北   —— 上海   —— 北京   —— 重庆   —— 广东   --- 天津   —— 深圳   --- 福建

此外，碳金融有些特别的性质，如标的虚拟性、市场国际性、政策依赖性、较大波动性等。在下面各节里，我们针对碳金融的特点，讨论几个经典案例。

碳资产的定价有许多方法，有兴趣的读者可参考文献[83]。本章中，我们主要聚焦碳衍生品的数学模型定价。

5.1 碳金融产品的介绍

5.1.1 碳金融原生产品

碳金融原生产品也叫碳现货，主要有碳排放配额和核证自愿减排量。其交易随着碳排放配额或核证自愿减排量的交付和转移及完成资金的结算而达成。形式主要包括配额型交易和项目型交易两类。项目型交易主要包括清洁发展机制和联合履约机制下产生的减排量。

5.1.2 碳金融衍生品

金融衍生品自诞生以来，不断发展壮大并在现代市场体系中扮演着套期保值和投机套利等重要角色，尤其在风险管理中具有难以替代的功能和作用。碳金融衍生品属于金融衍生品中以碳资产为标的的一类，也具备同样的功能和作用，包括反映碳价格预期、提高碳交易活跃度、增强碳市场流动性、提供碳风险管理的工具等。国务院《关于进一步促进资本市场健康发展的若干意见》提出：允许符合条件的机构投资者以对冲风险为目的使用期货衍生品工具，清理取消对企业运用风险管理工具的不必要限制，为金融机构参与碳金融衍生产品市场打开了大门。在碳交易中，除了直接的碳现货外，其他交易品种的合同或多或少有附加条件，所以大多数碳合同都可以看成是衍生品。

目前碳市场已有的碳排放权相关衍生品如下。

（1）碳远期

指买卖双方签订远期合同，规定在未来某一时间进行碳排放权交割的一种交易方式。

原始的 CDM 交易实际上属于一种远期交易。即买卖双方通过签订减排量购买协议 ERPA 约定在未来的某段时间内，以某一特定价格对项目产生的特定数量的减排量进行的交易。

（2）碳期货

以碳排放权现货为标的资产的期货合约。

碳期货与碳现货相对，都是对标的物二氧化碳排放量进行买卖。但碳期货是在将来进行交收或交割标的物。买卖碳期货的合同或协议称为碳期货合约。与传统期货类似，碳期货相对碳远期而言，合约在标的数量、交收日期方面更加标准化，交收日期可以是一周之后、一个月之后、三个月之后，甚至一年之后。买卖碳期货的场所叫做碳期货市场。

（3）碳期权

一种碳金融衍生品，指交易双方在将来某特定时期或确定的时间，可以以特定的价格出售或者购买一定量温室气体排放权指标的权利。碳期权的持有者可以实施该权利，也可以放弃该权利。碳排放权权也可分为看涨期权和看跌期权。

2016 年 6 月 16 日，深圳招银国金投资有限公司、北京环境交易所、北京某碳资产管理公司在第七届地坛论坛上，签署了国内首笔碳配额场外期权合约，交易量为 2 万吨❶。交易双方以书面合同形式开展期权交易，并委托北京环境交易所负责监管权利金与合约执行工作。

（4）碳掉期

也称碳互换，是交易双方依据预先约定的协议，在未来确定期限内，相互交换配额和核证自愿减排量的交易。主要是因为配额和减排量在履约功能上同质，而核证自愿减排量的使用量有限，同时两者之间的价格差较大，因此产生了互换的需求。

碳掉期市场主要包括碳掉期市场主体、碳掉期市场客体、碳掉期市场交易方式及碳掉期市场中介。其中，碳掉期市场主体即碳掉期市场上的交易者，主要包括各国政府、减排企业、项目开发商、金融机构及投资商等。碳掉期市场客体主要指碳掉期的交易标的，主要为碳排放权及其衍生品。包括分配数量单位（AAV）、欧盟碳排放权配额（EUR）、核证减排量（CER）等。碳掉期交易属于场外交易，所以碳掉期市场交易方式为柜台方式。碳掉期市场中介主要指掉期辅助机构（如监管机构）、会计事务所、律师事务所等。

碳掉期作为一种碳金融衍生产品，主要有如下作用。

① 碳信用作用：碳信用作用是碳掉期首要的和最重要的作用，碳掉期可以促进碳信用的产生，减少碳排放。其中，在温室气体排放权掉期交易制度中，投资方通过资助其他国家碳减排项目的发展，使该国的项目有足够的资金支持，能够顺利运行并最终产生碳信用。

② 风险管理作用：投资者可通过碳掉期将碳交易价格的不确定性风险转移给其他愿意承担价格波动风险的交易者。如在温室气体排放权掉期交易制度中，发展中国家将碳价波动的风险转移给了发达国家，规避了将来碳价下降而可能带来的风险。

③ 筹资作用：就像货币掉期与利率掉期降低了企业的融资成本一样，碳掉期为碳减排项目提供了新的筹资方式。例如在温室气体排放权掉期交易制度中，发展中国家由于金融市场发展相对不成熟，其环保项目融资成本相对较高。而发达国家通过投资，可以为发展中国家的碳减排项目提供资金，解决其筹资较为困难的问题。

---

❶ 来源：新闻，http://www.cbex.com.cn/wm/rddt/bjsdt/201606/t20160620-6284.html。

④ 辅助价格发现作用：虽然碳金融市场上提供价格发现机制的主要是碳期货的交易，但碳掉期在一定程度上也辅助了碳价格的发现。由于碳掉期的交易双方在确定掉期的交易价格时会有自身对未来价格的预测，因此随着碳掉期市场的不断发展，大量的碳掉期交易可以体现出市场参与者对价格的预期，能够对碳价进行补充和纠正，在一定程度上可以体现出未来碳价的走势。此外，由于目前全球碳市场的发展较不平衡，如欧美等发达国家的碳金融市场日趋成熟，我国的碳金融市场处于建设发展阶段，而部分发展中国家甚至还没有建立起碳市场。这样的不平衡在某种程度上导致了某些碳金融市场错误的定价。而碳掉期一般会涉及两个及以上的国家或市场，因此碳掉期的发展加强了世界不同国家及地区碳金融市场之间的联系，增强了某些碳金融市场的公平性及有效性，从而提高了碳市场正确定价的能力，辅助了碳价格的发现。

对于 CER 碳减排项目业主而言，最担心的是未来 CER 的贬值风险。由于 CER 属于灵活机制，其抗风险能力低于碳配额，因此在市场面临大幅波动时，CER 的价格将先于碳配额出现波动。欧盟碳市场曾出现过类似的灵活机制导致价格崩溃。2008 年时，欧盟碳市场中的自愿核证减排量 CER 的价格超过 20 欧元/t，与欧盟碳配额的价格相差无几。然而，由于其设计上的缺陷，欧盟碳价在 2012 年后大幅下跌，甚至趋近于零，碳配额价格则停留在 6 欧元/t。中国企业作为世界上最大的 CER 卖方，在此期间遭受了严重的损失。如果 CER 项目业主能够提前通过掉期合约进行保值，则可大幅降低其中的损失。

(5) 碳基金

由政府、金融机构、企业或个人投资设立的，通过在全球范围购买核证自愿减排量，投资于温室气体减排项目或投资于低碳发展相关活动，从而获取回报的投资工具。碳基金主要分为三种类型：狭义碳基金、碳项目机构和政府采购计划。其中狭义碳基金指在碳交易市场产生的初期，利用公共或私有资金在市场上购买《京都议定书》机制下的碳金融产品的投资契约。随着碳交易市场的发展，资金的投资范围也拓展到其他低碳相关领域。

2000 年，世界银行发行了首支投资减排项目的原型碳基金（Prototype Carbon Fund），共募集 1.8 亿美元。之后，类似基金以每年 10 只的数量在增长❶。

---

❶ 来源：中国碳交易网，http://www.tanjiaoyi.com/article-15831-1.html。

2014 年 10 月 11 日，由深圳嘉碳资本管理有限公司主办，深圳排放权交易所和深圳南山区股权投资基金（PE/VC）集聚园协办的嘉碳开元基金路演正式启动❶。参与该次路演的产品包括"嘉碳开元投资基金"和"嘉碳开元平衡基金"。其中，"嘉碳开元投资基金"的基金规模为 4000 万元，运行期限为 3 年，而"嘉碳开元平衡基金"的基金规模为 1000 万元，运行期限为 10 个月，主要投资新能源领域、核证自愿减排项目、中国碳市场一级市场和二级市场等。根据嘉碳资本的预计，嘉碳开元投资基金的预期保守收益率为 28%，若以掉期方式换取配额并出售，按照配额价格 50 元/t 计算，乐观的收益率可达 45%；嘉碳开元平衡基金的保守年化收益率为 25.6%，乐观估计则为 47.3%。

2014 年 12 月 26 日，华能集团与诺安基金在武汉共同发布全国首支经监管部门备案的"碳排放权专项资产管理计划"基金，规模为 3000 万元❷。该基金由诺安基金子公司诺安资产管理公司对外发行，华能碳资产经营有限公司作为该基金的投资顾问，将参与全国碳排放权交易市场的投资。

（6）碳债券

政府、企业为筹集低碳经济项目资金而向投资者发行的、承诺在到期日偿还债券面值和支付利息的信用凭证。其符合现行金融体系下的运作要求，可以满足交易双方的投融资需求、政府大力推动低碳经济的导向性需求、项目投资者弥补低于传统市场平均水平回报率的需求、债券购买者主动承担应对全球环境变化责任的需求。其核心特点是将低碳项目的减排收入与债券利率水平挂钩，通过碳资产与金融产品的嫁接，降低融资成本，实现融资工具的创新。

2014 年 5 月 12 日，中广核风电有限公司附加碳收益中期票据❸在银行间交易商市场成功发行。该笔碳债券的发行金额为 10 亿元，发行期限为 5 年。该产品的进一步分析见本章 5.2.3 部分。

（7）碳质押/抵押

无论是配额还是核证自愿减排量，都是一种可以在碳市场进行流通的无形碳资产，其最终转让的是温室气体排放的权利。碳资产非常适合成为质押贷款的标的物。当债务人无法偿还债权人贷款时，债权人对被质押的碳资产

---

❶ 来源：和讯网新闻，http://funds.hexun.com/2014-10-13/169269114.html。
中国碳交易网，http://www.tanpaifang.com/tanjijin/2014/1008/38954.html。
❷ 来源：中国碳交易网，http://www.tanjiaoyi.com/article-5069-1.html。
❸ 来源：中国碳交易网，http://www.tanpaifang.com/tanzhaiquan/201408/2537178.html。

拥有自由处置的权利。

2015 年 11 月 2 日，深圳市发展和改革委员会受理了深圳市富能新能源科技有限公司碳排放配额质押登记的申请。深圳排放权交易所曾为其机构会员广东南粤银行和深圳市富能新能源科技有限公司推介并撮合成功全国首单碳配额作为单一质押品的贷款业务。交易所受主管部门的授权为双方提供了质押见证服务，出具《配额所有权证明》和《深圳市碳排放权交易市场价格预分析报告》。南粤银行深圳分行对深圳市富能新能源科技有限公司批复了 5000 万元人民币的贷款额度。

2017 年 8 月 10 日，国内首笔民营企业碳排放配额抵押融资业务在广东完成，广东肇庆四会市骏马水泥用 125 万吨碳配额抵押融资获得广东四会农村商业银行 600 万元贷款。

（8）碳信托

管控单位将配额或核证自愿减排量等碳资产交给信托公司或者证券公司进行托管，约定一定的收益率，信托公司或证券公司将碳资产作为抵押物进行融资，融得的资金进行金融市场再投资，获得的收益一部分用来支付与企业约定的收益率，一部分用来偿还银行利息，信托公司或证券公司获得剩下的收益，从而可以充分发挥碳资产在金融市场的融通性。

2015 年 4 月初，中建投信托推出名为"中建投信托·涌泉 1 号"的国内首支碳排放信托，产品总规模为 5000 万元。据介绍，这只产品通过在中国碳排放权交易试点市场进行配额和国家核证资源减排量之间的价差交易盈利。这是首支信托公司与私募合作，投资于碳排放权交易市场交易的金融产品，也是中国碳排放权交易试点的首个碳信托产品。

（9）碳产品的违约互换

以碳产品为标的的信用违约互换（CDS）。

（10）碳保险

由于碳金融市场存在着不确定性以及碳排放项目前期巨大投入成本给碳排放项目开发公司带来一定风险，以保护碳金融交易与支付为目的的碳保险应运而生。申请碳排放权的项目本身往往并不能靠自身盈利达到行业的平均盈利水平，亟须碳排放权的收益去平衡项目成本。因此对承担这种项目的公司来说，申请碳排放权成功与否成为项目能否达到预期盈利的重要因素。而碳保险可以使公司在申请碳排放权失败时挽回一部分经济损失，起到一定的分散风险作用，这种产品对涉及碳排放权的开发项目将有巨大的吸引力，从而进一步鼓励碳投入，特别是对刚起步不久的中国节能减排项目的发展起到促进和保护作用。

（11）绿色信贷

绿色信贷是环保总局（现生态环境部）、中国人民银行、银保监会三部门为了遏制高耗能高污染产业盲目扩张而在 2007 年 7 月 30 日联合提出的一项全新的信贷政策。在信贷活动中，把符合环境检测标准、污染治理效果和生态保护作为信贷审批的重要前提，提高了企业贷款的准入标准，将环保调控手段通过金融杠杆来具体实现。绿色信贷的本质在于正确处理金融业与可持续发展的关系。

（12）绿色结构性存款

在获得常规存款收益的同时，在其到期日还将获得一定碳排放权配额。对于存款人来说，在实现经济收益的同时还将获得稳定预期的配额指标，解决了企业因履约需求而影响配额流动性的问题。通过购买绿色存款产品，还推进了碳交易市场的发展与成熟，更大程度发挥了市场手段促进节能减排的作用，践行了企业的社会责任。对于银行而言，既为企业提供了稳定的经济回报和专业化碳资产管理的增值服务，也为增加碳市场流动性提供了金融工具。

2014 年 11 月，深圳落地国内首笔绿色结构性存款，惠科电子（深圳）有限公司通过认购兴业银行深圳分行发行的绿色结构性存款，除了获得常规存款收益外，在到期日还将获得不低于 1000t 的深圳市碳排放权配额。

（13）绿色信用卡

向该卡用户购买绿色产品和服务提供折扣及较低的借款利率，信用卡利润的 50％用于世界范围内的碳减排项目。

全球低碳项目风险管理相关的碳金融产品如表 5.2 所列。

表 5.2　全球低碳项目风险管理相关的碳金融产品

产品分类	产品特性	发行金融机构	发行地区
天气衍生产品	为受气候变化、自然灾害影响的公司提供碳风险管理金融产品	荷兰银行、高盛	全球
可交易的灾害期权	如果特定的灾害损失指数达到一定的价格，投资者将有权利现金止损	AIG	全球
Leu Prima 自然灾害债券基金	允许对气候相关的灾害风险如洪水、干旱等在传统保险市场上难以承包的领域提供套期保值	瑞信	欧洲

产品分类	产品特性	发行金融机构	发行地区
绿色建筑覆盖保险	产品涵盖了与可持续建筑有关的新能源、节能节水、绿色革新等	加利福尼亚消防基金	美国
小企业绿色商业保险	升级改造风险以及气候变化风险	英国 AXA 保险公司	欧洲
环境损害保险		荷兰拉博银行	欧洲
碳减排交易担保	对碳信用额度的价格波动、交易风险等进行保险与担保	瑞士再保险	欧洲
碳排放信用担保		美国国际集团	欧洲

资料来源：联合国报告《Green Financial Products and Services》，2007 年 8 月。

5.2　碳金融衍生品的定价

在金融市场发达的今天，有了碳市场，就有了以碳市场为标的的碳金融衍生产品，也就有了衍生品定价的需求，所以金融数学在这里是大有可为的。国内外学者对此有不少研究，如文献［83～88］。在这节里，我们主要用通行的金融数学模型研究衍生品定价。在第 3 章里，我们已经介绍了衍生品定价的相关模型及其参考文献，这里我们将对一些具体问题进行定价。读者可以通过这些范例和实证进一步理解碳衍生品定价。EUA 价格变化如图 5.3 所示。

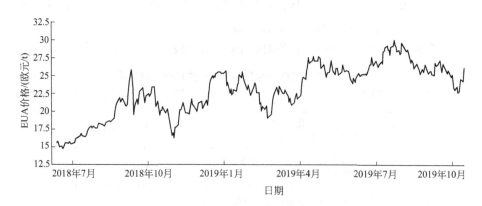

图 5.3　EUA Futures（欧洲初始排放许可期货）价格 2 年图

资料来源：www.theice.com

5.2.1 碳金融欧式期权

问题 1：当前碳排放权价为 4 欧元/t，一个月后，碳排放权价可能上涨 0.125% 到 4.5 欧元/t，或者下降 0.125% 到 3.5 欧元/t。一个企业想要购买 1t 1 个月后敲定价为 4.2 欧元/t 的碳排放权价的看涨期权，如果无风险年利率为 12%，那么这份期权的期权金是多少？

假定：在 t 时刻碳排放价为 S_t，期权的价值为 c_t，到期日为 T。

建模：在到期日 T，碳排放权价 S_T 可能为 $4 \times (1-0.125\%)$ 欧元/t = 3.5 欧元/t 或 $4 \times (1+0.125\%)$ 欧元/t = 4.5 欧元/t，那么这份期权的价值就分别为 0 或 0.3 欧元/t。构造投资组合买 1t 碳排放权，卖出 a 份碳排放权看涨期权，这份组合的价格为

$$\Phi_t = S_t - ac_t$$

在初始时刻，$\Phi_0 = 4 - ac_0$，在到期日 T 时刻，

$$\Phi_T = \begin{cases} 4.5 - 0.3a, & 如果上涨 \\ 3.5 - 0, & 如果下跌 \end{cases}$$

如果调整 a，使得这份投资组合为无风险，不管碳价涨跌其价值都相当于一份存款，即

$$\Phi_T = \Phi_0(1+1\%) = 1.01(4 - ac_0)$$

则有

$$4.5 - 0.3a = 1.01(4 - ac_0) = 3.5 \tag{5.1}$$

解模：从式(5.1) 中可解出：

$$a = 3.33, c_0 = 0.1604$$

结果：问题 1 的期权金为 0.16 欧元。

问题 2：如果问题 1 的到期日是 3 个月，每个月的涨跌强度都是 0.125%，敲定价为 4.2 欧元/t，那么期权金是多少？

建模：符号沿用上题，用二叉树模型（见第 3 章 3.6 节）。这时，敲定价 $K = 4.2$，上升和下降的幅度 $u = 1 + 0.125 = 1.125$，$d = 1 - 0.125 = 0.875$，$\rho = 1 + 12\%/12 = 1.01$，概率 p，q 分别为

$$p = \frac{\rho - d}{u - d} = \frac{1.01 - 0.875}{1.125 - 0.875} = 0.54,$$

$$q = \frac{u - \rho}{u - d} = \frac{1.125 - 1.01}{1.125 - 0.875} = 0.46$$

解模：碳排放权价格变化的二叉树如图 5.4 所示。

相应看涨期权的二叉树如图 5.5 所示。

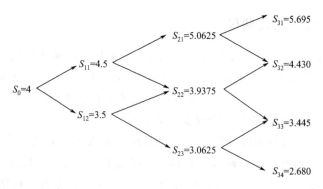

图 5.4 问题 2 的标的碳排放权价的演化二叉树

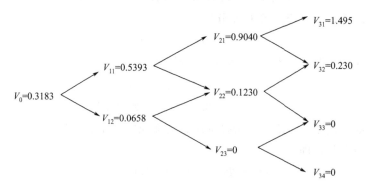

图 5.5 问题 2 的欧式看涨期权价值的二叉树

这里

$V_{31} = (S_{31} - K)^+ = (5.695 - 4.2)^+ = 1.495$

$V_{32} = (S_{32} - K)^+ = 0.230$

$V_{33} = (S_{33} - K)^+ = 0$

$V_{34} = (S_{34} - K)^+ = 0$

$V_{21} = \dfrac{1}{\rho}(pV_{31} + qV_{32}) = \dfrac{1}{1.01}(0.54 \times 1.495 + 0.46 \times 0.230) = 0.9040$

$V_{22} = \dfrac{1}{\rho}(pV_{32} + qV_{33}) = 0.1230$

$V_{23} = \dfrac{1}{\rho}(pV_{33} + qV_{34}) = 0$

$V_{11} = \dfrac{1}{\rho}(pV_{21} + qV_{22}) = 0.5393$

$V_{12} = \dfrac{1}{\rho}(pV_{22} + qV_{23}) = 0.0658$

$$V_0 = \frac{1}{\rho}(pV_{11} + qV_{12}) = 0.3183$$

结果：问题 2 的期权金应为 0.318 元。

问题 3：如果问题 1 的到期日是一年。波动率是 5%，年利率是 4%，那么期权金是多少？

建模：应用 Black-Scholes 模型（见第 3 章 3.9 节）。参数为 $K = 4.2$，$r = 5\%$，$\sigma = 12\%$，$S_0 = 4$，$T = 1$。

其定价模型的 Black-Scholes 公式为

$$V(S,t) = SN(d_1) - Ke^{-r(T-t)}N(d_2)$$

这里 $d_1 = \dfrac{\ln(S/K) + (r + \sigma^2/2)(T-t)}{\sigma\sqrt{T-t}}$，$d_2 = d_1 - \sigma\sqrt{T-t}$

代入参数得

$$V_0 = 0.1936$$

结果：问题 3 的期权金应为 0.194 欧元。

5.2.2 碳金融美式期权

在本小节，我们注重讨论一款嵌入期权的碳债券，利用 Black-Scholes 模型框架讨论其价值。这类嵌入期权的理财产品在金融市场上非常丰富，更多的讨论可见参考文献 [89]。

问题 4：如果问题 2 中在期权的生命期里任何时间都可以实施，那么期权金是多少？

建模：我们还是用二叉树来解这个问题。

解模：标的碳资产 S 的二叉树和参数同问题 2，其期权价值的二叉树如图 5.6 所示。

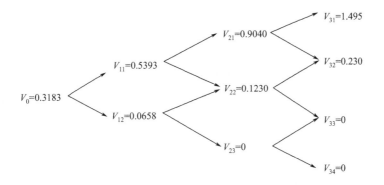

图 5.6　问题 4 的美式看涨期权价值的二叉树

这里

$$V_{31} = (S_{31} - K)^+ = (5.695 - 4.2)^+ = 1.495$$

$$V_{32} = (S_{32} - K)^+ = 0.230$$

$$V_{33} = (S_{33} - K)^+ = 0$$

$$V_{34} = (S_{34} - K)^+ = 0$$

$$V_{21} = \max\left\{\frac{1}{\rho}(pV_{31} + qV_{32}), (S_{21} - K)^+\right\} = \max\{0.9040, 0.8625\} = 0.9040$$

$$V_{22} = \max\left\{\frac{1}{\rho}(pV_{32} + qV_{33}), (S_{22} - K)^+\right\} = 0.1230$$

$$V_{23} = \max\left\{\frac{1}{\rho}(pV_{33} + qV_{34}), (S_{23} - K)^+\right\} = 0$$

$$V_{11} = \max\left\{\frac{1}{\rho}(pV_{21} + qV_{22}), (S_{11} - K)^+\right\} = 0.5393$$

$$V_{12} = \max\left\{\frac{1}{\rho}(pV_{22} + qV_{23}), (S_{12} - K)^+\right\} = 0.0658$$

$$V_0 = \max\left\{\frac{1}{\rho}(pV_{11} + qV_{12}), (S_0 - K)^+)\right\} = 0.3183$$

结果：问题 4 与问题 2 的结果相同，期权金都是 0.318 欧元。

5.2.3 嵌入期权的碳金融债券案例[1]

2014 年 5 月 12 日，中广核风电有限公司附加碳收益中期票据在银行间交易商市场成功发行。该笔碳债券的发行金额为 10 亿元，发行期限为 5 年。主承销商为浦发银行和国家开发银行，由中广核财务及深圳排放权交易所担任财务顾问。该债券利率采用"固定利率＋浮动利率"的形式，固定利率部分为 5.65％，主要由发行人评级水平、市场环境和投资者碳收益预期来判定。浮动利率与发行人下属 5 家风电项目实现的碳交易收益正向关联，浮动利率的区间设定为 5～20BP[2]。具体的定价机制如表 5.3 所列[90]。

购买该笔债权的投资者在期限末获取的收益与发行人下属 5 家风电项目实现的碳交易收益率挂钩。具体表现为：

① 当碳收益率等于或低于 0.05％（含募集说明中约定碳收益率确定为 0 的情况）时，当期浮动利率为 5BP；

② 当碳收益率等于或高于 0.20％时，当期浮动利率为 20BP；

---

[1] 本小节部分内容由徐佳晔撰写。

[2] BP＝Basic Point，意为基点，指最小的变动单位。利率的最小变动单位是 0.01％。

表 5.3　中广核风电附加碳收益中期票据基本信息表

产品期限	5 年
产品名称	中广核风电有限公司附加碳收益中期票据
发行金额	10 亿元
年收益	本金 $\times(5.65\%+\max\{\min[0.2\%,X(S_T)],0.05\%\})$

注：$X(S_T)$ 是发行人下属 5 家风电项目到期日实现的碳交易收益率；S_T 是产品到期日发行人下属 5 家风电项目的价值。有 $X(S_T)=\dfrac{S_T-S_0}{S_0}=\dfrac{S_T}{S_0}-1$，$S_0$ 是这 5 家风电项目的初始价值，这里的初始时间是指 $\max$ 〈产品发行日，5 家风电项目上市日〉。

③ 当碳收益介于 0.05%～0.20% 时，按照碳收益利率换算为 BP 的实际数值确定当期浮动利率。

根据评估机构的测算，CCER 市场均价区间在 8～20 元/t 时，上述项目每年的碳收益都将超过 50 万元的最低限，最高将超过 300 万元。

问题 5：计算 2014 年 5 月 12 日，中广核风电有限公司附加碳收益中期票据理论发行价。

分析：为简单起见，假定产品只在到期日结算，其收益也只依赖于标的到期日的价值，在整个产品期间，无论是银行方还是投资人均无权提前结束合约。那么该碳债券所嵌入的衍生品可以看作欧式期权。可以使用 Black-Scholes 模型为这张碳债券中隐含的期权定价。

假设：

① 碳排放权（标的）价格 S_t 符合几何布朗运动

$$dS_t=\mu S_t dt+\sigma S_t dW_t$$

② 碳市场期望收益率为 μ，市场无风险年利率 r 和波动率 σ 为正常数；

③ 市场无摩擦，即碳资产在交易过程中无交易费；

④ 市场是无套利的；

⑤ 该碳资产在整个产品期间不支付红利；

⑥ 标的收益为 $X(S)=(S-S_0)/S_0$，不妨假设 $S_0=1$，则 $X(S)=S-1$；

⑦ 债券面值为 1 元，每年的利息在付息日发放，息票不复计利息。银行只有在产品到期日 $t=T$ 时刻才付给客户收益，在产品期间，银行方或投资人均无权提前结束合约（即不考虑违约情形）。

建模：方便起见，记 V 为 1 单位的附加碳收益中期票据的价值，它是碳排放权价格 S 和时间 t 的函数。根据 Black-Scholes 理论，$V(S,t)$ 满足下列 Black-Scholes 方程的终值问题：

$$\begin{cases} \dfrac{\partial V}{\partial t}+\dfrac{1}{2}\sigma^2 S^2\dfrac{\partial^2 V}{\partial S^2}+rS_t\dfrac{\partial V}{\partial S}-rV=0 \\ V|_{t=T}=\varphi(S) \end{cases}$$

这里

$$\varphi(S)=1+5.65\%+\max\{\min\{0.2\%,S-1\},0.05\%\}$$
$$=(1+5.65\%+0.05\%)+(S-100.05\%)^{+}-(S-100.2\%)^{+}$$
$$=\varphi_1(S)+\varphi_2(S)+\varphi_3(S)$$

解模：由于 Black-Scholes 方程是线性方程，原问题可分解为 3 个问题，令

$$V(S,t)=V_1(S,t)+V_2(S,t)+V_3(S,t)$$

这里，$V_i(S,t)(i=1,2,3)$ 分别满足 Black-Scholes 方程，并且

$$V_i(S,T)=\varphi_i(S) \qquad i=1,2,3$$

显然，后两个问题是标准的看涨期权问题，解这些偏微分方程问题，可得

$$\begin{cases} V_1(S,t)=1.0565e^{-r(T-t)} \\ V_2(S,t)=[SN(d_1)-1.0005e^{-r(T-t)}N(d_2)] \\ V_3(S,t)=-[SN(d_3)-1.002e^{-r(T-t)}N(d_4)] \end{cases}$$

这里

$$d_1=\frac{\ln S-\ln 1.0005+(r+\sigma^2/2)(T-t)}{\sigma\sqrt{T-t}}$$

$$d_2=\frac{\ln S-\ln 1.0005+(r-\sigma^2/2)(T-t)}{\sigma\sqrt{T-t}}$$

$$d_3=\frac{\ln S-\ln 1.002+(r+\sigma^2/2)(T-t)}{\sigma\sqrt{T-t}}$$

$$d_4=\frac{\ln S-\ln 1.002+(r-\sigma^2/2)(T-t)}{\sigma\sqrt{T-t}}$$

从而可以求出上述方程的显式解。

5.2.3.1　参数校验

(1) 标的资产收益 $X(S)$

碳收益率将于每个浮动利率确定日核算。具体公式如下：

每期碳收益项＝（1－所得税率）×（当期 CCER 交付数量×CCER 交付价格－各类手续费）

CCER 的交付数量是指 5 个风电项目在一个交易年度内上网电量的基础

上，乘以相应的排放因子后获得项目当期减排量。

中广核风电有限公司 2014 年度第一期中期票据案例中，其基础碳资产包中的 5 个风电项目属于第四类 CCER 项目范畴，本期中期票据所指碳收益便是由深圳排放权交易所在交付日确认前三个月内在深圳排放权交易所最近成交并公示的 50000t CCER 的加权成交价格。在确认以及公示上述 CCER 交付价格市场价格信息之后，将每个协议约定的 CCER 交付价格乘以 CCER 交付数量，再扣去核证与备案过程中发生的各项费用和所得税。在中广核风电有限公司 2014 年度第一期中期票据案例中，由于国家发改委至今仍未开始受理第四类 CCER 项目的备案申报，所以截止到 2018 年 5 月 12 日，这 5 个项目未能注册成为 CCER 项目，也未能产生减排收益，所以估计到期时碳收益金额 $S=0$，则碳收益率也为零，按照募集说明书约定的浮动利率的计算方法，浮动利率取区间下限，即 5 个 BP（0.05%）。故最终的付息利率为固定利率 5.65%＋浮动利率 0.05%＝5.7%。

（2）中广核风电有限公司附加碳收益中期票据初始资产价格 S_0

如果标的的初始时刻落入中广核风电有限公司附加碳收益中期票据的生命期内，碳排放权作为初始资产价格 S_0，可根据以下配额公式估算：

配额＝历史平均碳排放量×年度下降系数＋工艺流程配额

这里把中广核风电有限公司附加碳收益中期票据作为研究对象，根据广东省"十二五"控制温室气体排放总体目标、合理控制能源消费总量目标，确定 2014 年度配额总量约 4.08 亿吨，其中，控排企业配额 3.7 亿吨。另外在行政区域内电力、钢铁、石化和水泥四个行业中的控排企业共 193 家。由以上数据得到估计的初始资产价格 S_0。

（3）碳资产波动率 σ^2

波动率分为两种，一种是回望型（backward looking）波动率；另外一种是前瞻型（forward looking）波动率。这里我们用市场回望型波动率来估计波动率。统计上的标准差常常用来表示波动率，它是对标的资产价格变动风险的衡量。

这里使用 2015 年 5 月 18 日～2018 年 2 月 12 日期间深圳排放权交易所所完成的总计 1365 笔交易估算碳资产波动率。图 5.7 反映了 2015 年 5 月 18 日～2018 年 2 月 12 日期间深圳排放权交易所的交易情况。

计算碳资产价格对数收益率：$R_t = \ln\left(\dfrac{S_t}{S_{t-1}}\right)$。取对数收益率的样本标

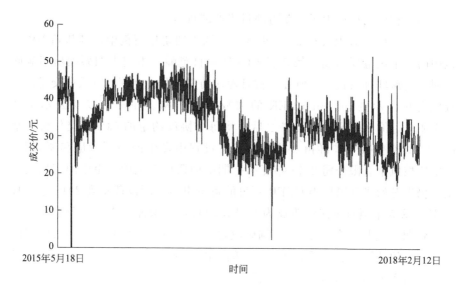

图 5.7　2015 年 5 月 18 日～2018 年 2 月 12 日深圳排放权
交易所碳排放份额成交价

准差作为标的资产的标准差，可得

$$\sigma_t = \sqrt{\frac{\sum_{t=1}^{n}(R_t - \overline{R})^2}{n-1}} = 0.0532799388$$

相应可求出标的资产的年标准差。

（4）无风险利率 r

$$无风险报酬率＝纯粹利率＋通货膨胀附加率$$

无风险报酬率就是加上通货膨胀贴水以后的货币时间价值，一般把投资于国库券的报酬率视为无风险报酬率。

取中国债券信息网 2014—2017 年中债国债收益率曲线标准期限信息中的所有五年期的国债收益率平均值，即

$$r = 3.801443\%$$

最后，$T = 5$（年）。

结果分析：利用上述的 Black-Scholes 期权定价公式和计算所得的参数代入我们求到的 $V(S, t)$ 的解析解，得到中广核风电有限公司附加碳收益中期票据定价：

$$V = 1.069$$

而实际发行价格为 $V = 1$。

如果利用债券定价公式计算债券：

$$P_v = \sum_{t=1}^{n} \frac{C_t}{(1+y)^t} + \frac{F}{(1+y)^n}$$

式中，P_v 为债券当前市场价格；F 为债券面值；C_t 为按票面利率每年支付的利息；y 为到期收益率；n 为代偿期，也叫剩余到期年限。

根据上述债券基本情况，算出债券发行价格的范围为 [1.0339，1.0392]。

5.2.3.2　解的性质分析

（1）中广核风电碳债券价格 V 与 r 的依赖关系

图 5.8 体现了中广核风电碳债券价格 V 和利率 r 之间的依赖关系。

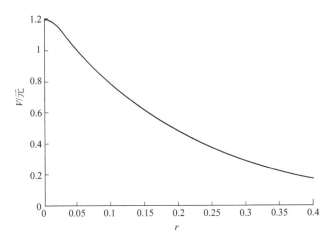

图 5.8　中广核风电碳债券价格与利率的关系

中广核风电碳债券价格 V 除了与上述气候、能源价格和政策等因素有关外，还与经济环境和利率变化有关。当利率 r 上升时，债券价格 V 总体上是下降的。事实上，当市场利率上升时，市场的整体收益率是上升的，原先固定利率的债券为了达到市场认可的收益率水平，必然会导致价格下降，这与之前的预期同样是一致的。

（2）中广核风电碳债券价格 V 与碳收益和时间的关系

该碳债券价格 V 与碳收益 S 和时间 t 的关系如图 5.9 所示。

由中广核风电碳债券价格、碳收益及时间的关系图，我们得到该债券价格不只与波动率和无风险利率有关，还与该项目的碳收益和到期时间有关。随着碳收益升高，碳债券价格逐渐升高；随着时间推移，碳债券价格逐渐趋

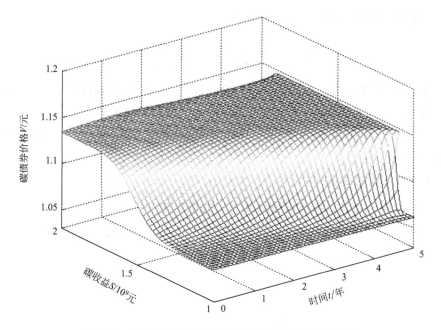

图 5.9　中广核风电碳债券价格、碳收益及时间的关系

近于到期日的价格。这也符合之前的预期。

5.2.4　以碳产品为标的的信用违约互换案例❶

假设以 5.2.3 部分中广核风电有限公司附加碳收益中期票据为标的，发行一张信用违约互换（CDS），下面就计算一下该 CDS 的价值。

CDS 的一般计算公式为

$$\omega^* = \frac{\int_0^T q(\tau)(1-R)V(\tau)\mathrm{e}^{-r\tau}\mathrm{d}\tau}{\int_0^T q(\tau)u(\tau)\mathrm{d}\tau + \left[1 - \int_0^T q(\tau)\mathrm{d}\tau\right]u(T)}$$

式中，$u(t)$ 为 t 时已支付的部分，$u(t) = \int_0^t V(s)\mathrm{e}^{-rs}\mathrm{d}s$；$q(t)$ 为违约时间 t 的密度函数；$V(t)$ 为标的在 t 时刻的现值；R 为回收率；r 为无风险利率；T 为到期日。

违约时间的概率密度可以由 $q(t) = \dfrac{\partial P(V_0, 0, t)}{\partial t}$ 求出，这里 $P(V, t, T)$ 满足下列偏微分方程终值问题[114]：

---

❶　本小节的主要内容由王子昂撰写。

$$\begin{cases} \dfrac{\partial P}{\partial t} + rV \dfrac{\partial P}{\partial V} + \dfrac{\sigma^2}{2} V^2 \dfrac{\partial^2 P}{\partial V^2} = 0 \\ P(D,t)=1, \quad P(V,T)=0 \end{cases}$$

式中，D 为违约边界；V_0 为 0 时刻公司的价值。利用偏微分方程的奇延拓技巧和 Poisson 公式，可以求得问题的解析解。

通过 5.2.3.1 部分的参数校验以及取违约边界为公司资产的 $D =$ 72.05%。表 5.4 是中广核公司资产和负债率。

表 5.4　中广核公司资产和负债率

项目	2010 年	2011 年	2012 年	2013 年	2014 年	2015 年	2016 年	2017 年
公司资产/亿元	257.26	302.20	413.39	441.02	598.32	686.28	758.32	781.44
公司资产负债率/%	56.67	54.02	56.23	65.93	72.05	72.81	74.88	73.82

最后得到以中广核风电有限公司附加碳收益中期票据为标的 CDS 的保费为 $\omega^* = 0.0202$。

5.2.5　碳排放权掉期案例[1]

碳掉期是指交易双方依据事先约定好的协议，在未来一定时期内，按照约定的价格和数量交换不同性质或内容的碳排放权，或者交换碳排放权与其他真实资产。前者例如核证减排量 CER 与欧盟碳排放权配额 EUA 之间的掉期。后者包括债务与碳信用掉期交易制度和温室气体排放权掉期交易制度。这里，债务与碳信用掉期交易制度是指债务国在债权国的要求下，将一定的资金投资于碳减排项目，项目产生的碳排放权由债权国所有，以此来抵消债务国所欠的债务，其本质是债权资产与碳信用的掉期。而温室气体排放权掉期交易制度是指某一政府机构或私人主体，通过资助其他国家的碳减排项目来获取相应的碳排放权，其本质是投资与碳信用的交换。清洁发展机制（CDM）下的温室气体排放权掉期交易是指发达国家即投资国提供资金和技术等给发展中国家即东道国，与东道国合作开展 CDM 项目，由此用投资换取项目所产生的全部或部分 CER。

作为案例，现考虑清洁发展机制（CDM）下的温室气体排放权掉期交易，其实质是某一发达国家政府机构或私人主体用资金来交换发展中国家 CDM 项目产生的核证减排量 CER。接下来考虑发达国家欧洲 A 国（投资国）与发展中国家中国（东道国）签订一份温室气体排放权掉期合约。合约

---

❶ 本小节的主要内容由陈伊凡撰写。

期初为 2019 年 1 月 2 日，到期日为 2024 年 1 月 2 日，期限 $T=5$ 年，交易核证减排量 CER 总量为 5 万吨。分别在 2020 年、2021 年、2022 年、2023 年和 2024 年的 1 月 2 日进行交割。在下文中将欧洲 A 国用投资方代替，将中国用项目开发商代替。

在考虑便利性收益的情况下，将温室气体排放权掉期交易中支付资金的一方即投资方看作支付固定价格 G_t 的一方，将交付 CER 的一方即项目开发商看作支付浮动价格 S_t 的一方。G_t 与 S_t 的单位均为欧元/万吨 CER。由于 CER 未来的市场价格是不确定的，所以接下来在价格是随机变化的情况下建立模型。

考虑 2019 年 1 月 2 日～2024 年 1 月 2 日的温室气体排放权掉期合约。期限 $T=5$ 年，交易 CER 总量为 5 万吨。分别在 $t_i(i=1，2，3，4，5)$ 时交割，在交割日，投资方支付 G_t 欧元来交换 1 单位 CER（1 万吨）。接下来利用单因素的商品掉期定价模型及相关符号进行建模及求解。假设满足如下条件。

① 市场是完全竞争的，市场无摩擦。

② 市场无套利。

③ 以连续复利计算的无风险利率为常数 r。

④ 便利收益率为常数 δ。

⑤ 该碳交易在合约期间不支付红利。

⑥ 标的碳信用（即 CER）的价格符合标准几何布朗运动。

⑦ 在温室气体排放权掉期交易中，投资方实际应向项目开发商支付的年度费用总额为：固定价格×1 单位 CER−该年度应摊的项目开发费用−该年度应摊的预付款。在本模型中，不考虑项目开发费用及预付款。

⑧ 不考虑项目的识别、注册、审批、开始监测直至签发 CER 所需的时间，认为从协议签订日开始，项目即可产生 CER。

⑨ 不考虑政策风险、道德风险、交付风险、市场风险及违约风险。

⑩ 不考虑保证金。

则利用可将 CER 看作无形商品的性质，可利用单因素的商品掉期定价模型给出投资方在 t 时刻支付的固定价格为

$$G_t = S_t \mathrm{e}^{(\delta-r)t} \frac{\sum_{i=1}^{n} \mathrm{e}^{-\delta t_i}}{\sum_{i=1}^{n} \mathrm{e}^{-r t_i}} \tag{5.2}$$

为利用式(5.2)计算结果，接下来进行参数的计算。

选取 2014—2018 年 12 月期的 Euribor 利率，取其平均值，计连续复

利。由此取连续复利的无风险利率为常数 $r=0.05798$。

碳排放便利性收益表示碳现货持有者由于承担了价格风险而获得了额外的隐含收益，而期货持有者则无法获得这一收益。碳排放便利性收益以碳排放产品的稀缺性为基础，稀缺性程度越大，便利性收益越大，而便利收益率是指当市场存在交易限制时，远期定价模型或期货模型对持有成本做出的调整，反映了市场对商品未来的可获得性的预期，即商品可获得性越大，便利收益率越低。便利收益率计算公式为

$$\delta = r - \frac{1}{T-t}\ln\left(\frac{F_t}{S_t}\right)$$

选取欧洲气候交易所（ECX）2013 年 12 月 17 日～2018 年 12 月 17 日的 CER（核证减排量）现货及期货结算价，利用上式计算便利收益率，取平均值，得到 $\delta=0.15203$。当无风险利率（计连续复利）分别为 1%、2%、5%、10%，即分别在较低水平、一般水平和较高水平时，类似地可计算出 $\delta=0.161452062$、0.171452062、0.201452062、0.251452062。

最后利用远期合约确定交割日的参考市场价格。因为掉期合约可以看作一系列远期合约的组合，所以也可将碳掉期合约看作一系列碳远期合约的组合。而在清洁发展机制（CDM）下的温室气体排放权掉期交易中，即可看作是投资方与项目开发商之间签订了一系列期限不同的以资金购买 CER 的碳远期合约。因在温室气体排放权掉期交易定价模型中需计算在未来日期时 CER 的市场价格，所以根据碳远期合约的定价模型，可把 CER 的远期价格作为其在远期合约到期时的参考市场价格。远期价格计算公式为

$$F = Se^{rT}$$

因此，考虑于 2019 年 1 月 2 日开始，分别于 2020 年、2021 年、2022 年、2023 年和 2024 年 1 月 2 日到期的碳远期合约。根据欧洲期货交易所的数据，已知 2019 年 1 月 2 日的 CER 结算价为 0.24 欧元/t，此时 $t=0$，则利用上式可分别计算出在 $t=0$，1，2，3，4 时刻的远期价格，即分别为 $i=1$，2，3，4，5 时的 CER 市场价格 S_i，单位为欧元/t，分别为（保留四位小数）：$S_1=0.2401$、$S_2=0.2403$、$S_3=0.2404$、$S_4=0.2406$、$S_5=0.2407$。

将上述参数代入公式(5.2)，在 $\delta=0.15203$ 时，当 $t=1$，2，3，4，5 时，结果为 $G_1=0.181510461$、$G_2=0.211314001$、$G_3=0.246011204$、$G_4=0.286405596$、$G_5=0.33343264$。

又由于以上价格单位为欧元/t，而在交割日投资方为数量为 1 万吨的 1 单位 CER 进行支付，因此，在保留五位小数并转换单位后，投资方在交割

日为 1 万吨 CER 支付的固定价格如表 5.5 所列。

表 5.5　同一交割日不同无风险利率水平下投资方支付的固定价格

时间	无风险利率 r	投资方支付的固定价格/（欧元/万吨）
2020/1/2	0.0579832%	1815.1
	1%	1837.5
	2%	1861.5
	5%	1935.4
	10%	2064.7
2021/1/2	0.0579832%	2113.1
	1%	2159.4
	2%	2209.6
	5%	2367.3
	10%	2654.9
2022/1/2	0.0579832%	2460.1
	1%	2537.8
	2%	2622.9
	5%	2895.6
	10%	3414.0
2023/1/2	0.0579832%	2864.1
	1%	2982.4
	2%	3113.5
	5%	3541.9
	10%	4390.0
2024/1/2	0.0579832%	3334.3
	1%	3505.0
	2%	3695.8
	5%	4332.3
	10%	5645.0

即如果利率为 $r=0.05798$，欧洲 A 国与中国签订一份 2019 年 1 月 2 日开始，2024 年 1 月 2 日到期的温室气体排放权掉期合约。欧洲 A 国投资商需分别在 2020 年、2021 年、2022 年、2023 年及 2024 年的 1 月 2 日向我国项目开发商支付 1815.1 欧元、2113.1 欧元、2460.1 欧元、2864.1 欧元及 3334.3 欧元，来交换 1 万吨的 CER，用以完成该国在《京都议定书》中的

碳排放承诺。

进而计算出在不同利率水平下，投资方在交割日为 1 万吨 CER 支付的固定价格，如图 5.10 所示。

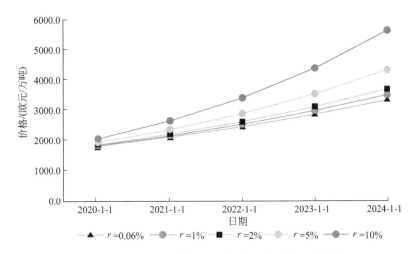

图 5.10　不同利率水平下投资方支付的固定价格

从便利收益率随着无风险利率的上升而逐渐变大可看出，市场对未来商品可获得性的预期逐渐降低。进而从图 5.10 中可以看出，不同无风险利率下投资方支付的固定价格之差在最近的交割日 2020 年 1 月 2 日最小，在最远的交割日 2024 年 1 月 2 日最大。而在每个交割日，不同无风险利率水平对应的固定价格的差额最大值分别为 249.6 欧元、541.8 欧元、953.9 欧元、1525.9 欧元和 2310.7 欧元。即当无风险利率从 0.06％的水平逐渐上升至 10％时，在每个交割日投资方需支付的固定价格越来越高，且上升幅度越来越大。

5.2.6　碳保险的案例❶

本小节以泌阳郭集 CDM 风电项目为例，为该项目设计出合理的碳保险产品。泌阳郭集 CDM 风电项目位于河南驻马店市泌阳县县城西北约 40 公里处，郭集乡及羊册镇境内，由华能碳资产经营有限公司开发，采用经国家发展和改革委员会备案的方法学：CM－001－V02，可再生能源并网发电方法学（第二版）。该项目计划安装 16 台单机容量为 2000kW 的风力发电机组，总装机容量为 32MW，属于大规模项目；设计年均上网电量 63010

------

❶　本小节的主要内容由丁瀚林撰写。

MW·h，符合《温室气体自愿减排项目审定与核证指南》和所应用方法学的要求。该项目计划申请的碳减排量为 $353346tCO_2$，项目周期约为 1 年，即以该数量的碳排放权在 1 年后的价格为保险标的，为此需求解出在项目开始时项目实施方应支付的保费。

根据项目申请报告显示，该项目年均运行小时数为 1969h（电厂负荷因子为 22.5%），预计年平均净上网电量为 63010MW·h，总减排量为 $353346tCO_2$。根据华能碳资产经营有限公司财务数据，公司总资产为 29000 万元，郭集风电项目预计完工时间为 12 个月，投资 27000 万元。根据上海市碳排放交易所 2018 年 3 月 29 日～2019 年 4 月 10 日的碳排放权日收盘价，以及如下计算收益率和波动率的公式：

$$X_i = \frac{P_{i+1} - P_i}{P_i}, \quad \mu = \frac{1}{N}\sum_{i=1}^{N} X_i, \quad \sigma = \sqrt{\frac{\sum_{i=1}^{N}(X_i - \mu)^2}{N-1}}$$

得到碳排放权平均日收益率 μ_1 为 0.11%，日波动率 σ_1 为 4.17%。

假设碳排放权价格服从几何布朗运动，以 2019 年 4 月 1 日的上海碳排放交易所的碳排放权价格 38.62 元/t 为起始点，通过蒙特卡洛模拟方法模拟 100000 次后的结果如图 5.11 所示。所得预期价格的平均值为 50.76 元/t。

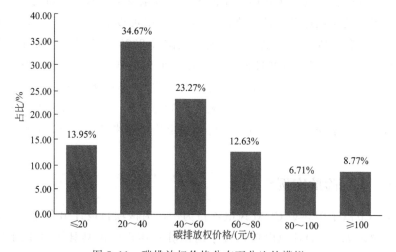

图 5.11　碳排放权价格分布百分比的模拟

公司资产方面，根据中国华能集团有限公司 2015—2019 年披露的财报数据显示，华能碳资产经营公司的总资产年同比增长率 μ_2 为 2.69%，年波动率 σ_2 为 2.49%。其初始总资本为 29000 万元。项目投资额为 27000 万元，按照 2018 年公布的中国人民银行贷款基准利率一年期贷款利率为 4.35%。利用如上数据通过蒙特卡洛模拟进行 100000 次实验（图 5.12），求得违约概率约为 2.17% 和平均违约发生时间为 276 天。

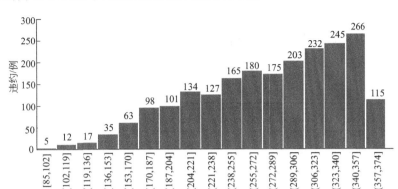

图 5.12 违约发生时间分布模拟

按照行业默认回收率为 40%，无风险利率为 2.7%，发生违约时保险公司支付公司 50% 的损失，则签订合同时的期望损失为

$$L = 40\% \times 353346 \times 50.76 \times 2.17\% \times 50\% e^{-2.7\%} \approx 75766 \ （元）$$

保险公司的平均费用成本和利润行业标准与公司规模和所在地区有很大联系，取其为平均损失期望的 20%，因此保险公司在此标准下收取的保费为 90919 元。

5.3 马科维茨最优碳投资组合❶

马科维茨最优组合理论（见第 3 章 3.7 节）在金融市场有很多应用，在金融数学理论里也有许多研究。很自然的，这个理论也可以应用到碳市场投资的最优组合。国内外对此也有研究，如文献 [91]。本节就我国几家碳市场的实际数据进行优化投资的研究，数据来源于中国碳排放交易网。

5.3.1 样本选择

目前我国在北京、上海、广州、天津、深圳、湖北、重庆有 7 家主要的碳排放交易所。本书选取北京、上海、广州、湖北 4 个碳交易试点作为研究对象，选取 4 个交易所 2017 年 1 月 3 日～2018 年 3 月 16 日共 291 个有效工作日的碳配额收盘价，各个交易所在 2017 年 1 月 3 日～2018 年 3 月 16 日的日收盘价如图 5.13～图 5.16 所示。

---

❶ 本小节的主要内容由黄文琳撰写。

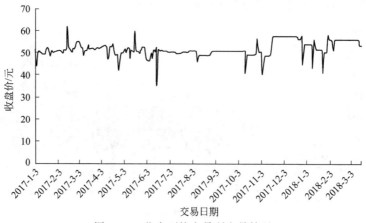

图 5.13　北京环境交易所交易情况

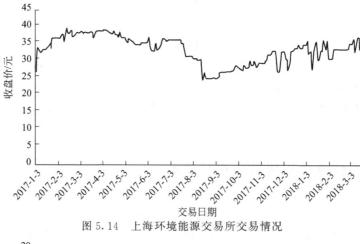

图 5.14　上海环境能源交易所交易情况

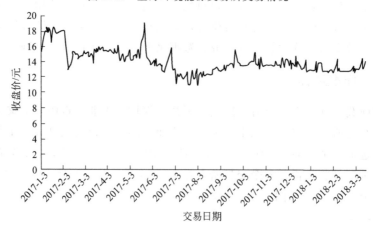

图 5.15　广州碳排放权交易所交易情况

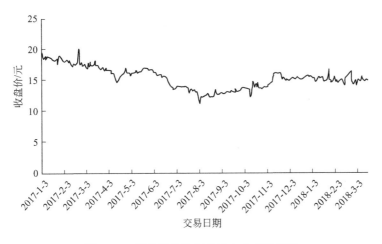

图 5.16　湖北碳排放权交易中心交易情况

5.3.2　数据处理

对上述 4 个碳排放交易所的日收盘价数据进行处理，不考虑分红派息、节假日以及因重要原因停盘等因素影响，将收盘价看成连续数据，那么可以通过如下计算公式得到各个交易所的日收益率：

$$r_{ij} = \frac{P_{ij} - P_{ij-1}}{P_{ij-1}}$$

式中，r_{ij} 为第 i 个交易所在 j 时期的收益率；P_{ij} 为第 i 个交易所在 j 时期的收盘价；P_{ij-1} 为第 i 个交易所在 $j-1$ 时期的收盘价，$i=1,2,3,4$，$j=1,2,\cdots,290$。

利用上式计算 4 个交易所在 2017 年 1 月 3 日~2018 年 3 月 16 日的日收益率，进而得到 4 个碳排放交易所收益率的均值、方差、标准差，如表 5.6 所列。

表 5.6　4 个碳排放交易所收益率的均值、方差、标准差

项目	北京环境交易所	上海环境能源交易所	广州碳排放权交易所	湖北碳排放权交易中心
均值	0.0019	0.0015	0.0006	−0.0005
方差	0.0036	0.0012	0.0018	0.0007
标准差	0.0603	0.0351	0.0428	0.0273

根据 4 个碳排放交易所在 2017 年 1 月 3 日~2018 年 3 月 16 日的日收益率，得到 4 个碳排放交易所收益率的协方差矩阵如表 5.7 所列。

表 5.7　4 个碳交易所收益率的协方差矩阵

交易所	北京环境 交易所	上海环境能源 交易所	广州碳排 放权交易所	湖北碳排 放权交易中心
北京环境交易所	0.0036	0.0001	0.0001	0.0001
上海环境能源交易所	0.0001	0.0012	0.0001	−0.0000
广州碳排放权交易所	0.0001	0.0001	0.0018	−0.0000
湖北碳排放权交易中心	0.0001	−0.0000	−0.0000	0.0007

5.3.3　最优投资比例计算

（1）在给定收益率情况下的最优投资比例计算

将表 5.6、表 5.7 中 4 个碳排放交易所收益率的均值和协方差矩阵代入给定收益率马科维茨投资组合模型：

$$\min \sigma_p^2 = \sum_{i=1}^{4} \sum_{j=1}^{4} w_i w_j \mathrm{cov}(R_i, R_j)$$

$$\mathrm{s.t.} \begin{cases} \sum_{i=1}^{4} w_i \mu_i = \mu_p \\ \sum_{i=1}^{4} w_i = 1 \\ w_i \geqslant 0, i = 1, 2, 3, 4 \end{cases}$$

利用 Lingo 软件，通过给定投资组合的收益率 μ_p，求出在 4 个碳排放交易所的投资比例和投资风险，如表 5.8 所列。

表 5.8　4 个交易所的投资组合

μ_p	北京环境 交易所	上海环境 能源交易所	广州碳排 放权交易所	湖北碳排放权 交易中心	σ_p^2	$\dfrac{\mu_p}{\sigma_p}$
0.0006	0.1011	0.3314	0.1769	0.3906	0.0003	0.0346
0.0008	0.1314	0.3935	0.1796	0.2955	0.0004	0.0400
0.0010	0.1617	0.4556	0.1824	0.2003	0.0005	0.0447
0.0012	0.1921	0.5177	0.1851	0.1051	0.0006	0.0490
0.0014	0.2224	0.5798	0.1879	0.0099	0.0007	0.0529
0.0016	0.3017	0.6754	0.0229	0.0000	0.0009	0.0533
0.0018	0.7500	0.2500	0.0000	0.0000	0.0021	0.0393

根据表 5.8 画出资产组合的有效边界曲线，如图 5.17 所示。

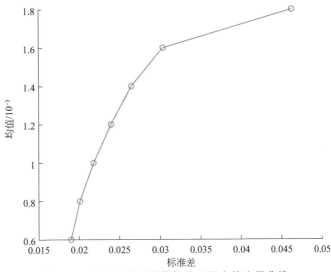

图 5.17 给定收益的最优标准差的有效边界曲线

（2）在给定风险值情况下的最优投资比例计算

将表 5.6、表 5.7 中 4 个碳排放交易所收益率的均值和协方差矩阵代入给定标准差的模型中得

$$\max \mu_p = \sum_{i=1}^{4} w_i \mu_i$$

$$\text{s. t.} \begin{cases} \sum_{i=1}^{4} \sum_{j=1}^{4} w_i w_j \operatorname{cov}(R_i, R_j) = \sigma_p^2 \\ \sum_{i=1}^{4} w_i = 1 \\ w_i \geqslant 0, i = 1, 2, 3, 4 \end{cases}$$

利用 Lingo 软件，通过给定投资组合的风险值 σ_p^2，求出在 4 个碳排放交易所的投资比例和收益，如表 5.9 所列。

表 5.9 4 个交易所的投资组合

σ_p^2	北京环境交易所	上海环境能源交易所	广州碳排放权交易所	湖北碳排放权交易中心	μ_p	$\dfrac{\mu_p}{\sigma_p}$
0.0004	0.1292	0.3889	0.1794	0.3025	0.7851×10^{-3}	0.0393
0.0005	0.1703	0.4731	0.1831	0.1735	0.1056×10^{-2}	0.0472
0.0006	0.1988	0.5316	0.1857	0.0839	0.1245×10^{-2}	0.0508
0.0007	0.2221	0.5792	0.1878	0.0109	0.1398×10^{-2}	0.0528
0.0008	0.2636	0.6309	0.1055	0.0000	0.1511×10^{-2}	0.0534
0.0009	0.2958	0.6685	0.0357	0.0000	0.1586×10^{-2}	0.0529
0.0010	0.3568	0.6432	0.0000	0.0000	0.1643×10^{-2}	0.0520

根据表5.9画出资产组合的有效边界曲线，如图5.18所示。

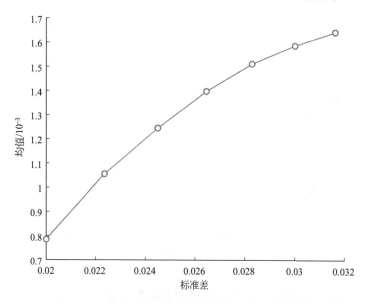

图 5.18　给定标准差的最优收益的有效边界曲线

5.3.4　结果与分析

由表5.6列出的4个碳排放交易所收益率的均值、方差、标准差可以看出，北京环境交易所在2017年1月3日～2018年3月16日期间的日收益率的均值最大，为0.0019，而湖北碳排放权交易中心在这段时间内的日收益率的均值最小，为－0.0005。并且北京环境交易所在这段时期内的日收益率波动最大，湖北碳排放权交易中心的日收益率波动最小。

由表5.8和表5.9中的数据可以看出北京环境交易所所占的比重随着收益率的提高而不断增加，湖北碳排放权交易中心所占的比重随着收益率的提高而不断减少。因此，如果投资者想提高投资收益率，那么就需要提高在北京环境交易所的投资比重、降低在湖北碳排放权交易中心的投资比重。

在给定投资组合收益率的情况下，当投资组合的收益率为 $\mu_p = 0.0014$ 时，相应的投资组合风险值 $\sigma_p^2 = 0.7014 \times 10^{-3}$，此时单位风险收益率 $\upsilon_p = 0.0529$ 达到最大值，因此可以认为在该期望收益率水平下的投资比例为这7种情况中的相对最优投资组合。即最优投资组合为：北京环境交易所占比为22.24%，上海环境能源交易所占比为57.98%，广州碳排放权交易所占比为18.79%，湖北碳排放权交易中心占比0.99%。

在给定投资组合风险值的情况下，当投资组合的风险值 $\sigma_p^2 = 0.0008$

时，相应的投资组合收益率 $\mu_p = 0.1511 \times 10^{-2}$，此时单位风险收益率 $\upsilon_p = 0.0534$ 达到最大值，因此可以认为在该风险水平下的投资比例为这 7 种情况中的相对最优投资组合。即最优投资组合为：北京环境交易所占比为 26.36%，上海环境能源交易所占比为 63.09%，广州碳排放权交易所占比为 10.55%，湖北碳排放权交易中心占比 0%。

第6章

碳优化模型❶

碳减排过程中涉及很多需要计量的问题，所以数学在这一方面大有可为。在第 4 章 4.5 节我们已经看到和利用微积分工具进行碳减排生产优化。在实际中，问题要复杂得多，优化要应用更复杂的数学工具，如泛函和 HJB 方程。HJB 方程的数学准备在第 2 章 2.7 节。在这一章，我们将讨论几个碳减排和碳控制的优化问题，相关论文可参考文献 [94～97]。相较前几章，这一章的数学要求较高，读者需要有一定的数学知识基础。

6.1 控制无上界限制的国家碳排放率的优化模型

6.1.1 问题简述

假设一个国家通过签订国际公约的方式约定在给定期限内降低国内的碳排放量到一定限额以内，否则到期需要为超过限额的碳排放量支付罚款。那么在此期间，这个国家需要采取一定措施降低国内的碳排放量。考虑到碳减排的成本，这个国家需要选取适当的碳减排策略，使得减排过程中的总费用和到期由于超额碳排放产生的罚款总和最小。

6.1.2 模型建立

考虑一个国家按照规定需要缩减国内 CO_2 排放量情况下的最优控制问题。由第 3 章 3.4 节，碳排放量 I_t 的变化满足的随机微分方程如下：

$$\frac{dI_t}{I_t} = [a_1\mu + a_2 f(t)]dt + a_1\sigma dW_t$$

假设 C_t 是降低的碳排放量增长率，则考虑碳减排的因素以后，上面的方程变为

---

❶ 本章内容和成果主要来自杨晓丽和郭华英的博士论文 [110]，[111]。

$$\frac{\mathrm{d}I_t}{I_t} = [a_1\mu + a_2 f(t) - C_t]\mathrm{d}t + a_1\sigma\mathrm{d}W_t$$

C_t 是一个与碳排放量 I_t 和时间 t 都相关的随机过程。模型中简单假定 $C_t \geqslant 0$ 对所有 $t \geqslant 0$ 成立。在随机控制理论中还需要对这一控制过程加入其他限制条件，将所有满足上述条件的 C_t 全体组成的集合记为 C。

碳排放的总成本来源于两个方面：

① 控制过程中由于降低碳排放量的增长率产生的成本；

② 在约定的到期日 T，由超过限额的碳排放量产生的罚款。

第一种费用是连续产生的。假设在 t 时刻费率为 $p_{1t} = a_3 C_t^2$，表示从 t 时刻到 $t + \mathrm{d}t$ 时刻产生的费用为 $a_3 C_t^2 \mathrm{d}t$。从这一假设中可以得出 $C_t = \sqrt{p_{1t}/a_3}$，即 C_t 是关于 p_{1t} 单调递增的凹函数。这个性质有两层含义：第一，国家投入碳减排工作的资金越多，能够减排的量越大；第二，投资越多，单位投资在碳减排过程中能够产生的效果越小，这与边际效应递减原理的基本思想一致。

减排率和减排费用的关系示意如图 6.1 所示。

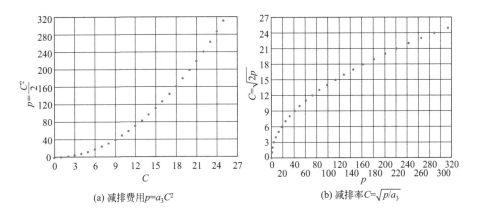

(a) 减排费用 $p = a_3 C^2$ (b) 减排率 $C = \sqrt{p/a_3}$

图 6.1 减排率和减排费用的关系示意

假设无风险利率为 0，则从 $t(<T)$ 时刻到到期日 T 用于碳减排的费用为 $\int_t^T a_3 C_s^2 \mathrm{d}s$。

假设在到期日 T，如果该国的碳排放量超过了在 $t=0$ 时刻约定的限值 $\overline{I}$，则需要为每吨超额碳排放量支付 a_0 的罚款。所以在 T 时刻由于碳排放产生的费用为 $p_{2T} = a_0(I_T - \overline{I})^+$。于是，在 $t(<T)$ 时刻，这个国家由于碳排放和碳减排产生的总费用的条件期望为

$$J_0(I,t;C) \overset{\triangle}{=} \mathrm{E}\left[\int_t^T a_3 C_s^2 \, \mathrm{d}s + a_0(I_T - \overline{I})^+ \mid I_t = I\right]$$

国家的目标是选择最优的碳减排策略使得上述总费用最小,也就是说选择最优的 C_t^* 使得 $J_0(I,t;C)$ 最小。定义

$$\Phi_0(I,t) \overset{\triangle}{=} \inf_{\{C \in C\}} J(I,t;C)$$

为对应的最小成本,由文献〔92〕,若 $\Phi_0(I,t)$ 为连续函数,则 $\Phi_0(I,t)$ 满足如下 HJB 方程:

$$\begin{cases} \inf_{\{C \in C\}} \left\{ [a_1\mu + a_2 f(t) - C]I\Phi_{0I} + \dfrac{1}{2}a_1^2\sigma^2 I^2 \Phi_{0II} + a_3 C^2 \right\} + \Phi_{0t} = 0, \\ (I,t) \in [0,\infty) \times [0,T] \\ \Phi_0(I,T) = a_0(I - \overline{I})^+, I \in [0,\infty) \end{cases} \tag{6.1}$$

6.1.3 模型求解

假设 $\Phi_{0t} \geqslant 0$,可以从上述方程中解出最优策略 C^* 为

$$C^* = \frac{1}{2a_3}\Phi_{0I} \tag{6.2}$$

代入方程 (6.1),得如下半线性方程:

$$\begin{cases} \Phi_{0t} + [a_1\mu + a_2 f(t)]I\Phi_{0I} + \dfrac{1}{2}a_1^2\sigma^2 I^2 \Phi_{0II} - \dfrac{I^2}{4a_3^2}\Phi_{0I}^2 = 0, \\ (I,t) \in [0,\infty) \times [0,T] \\ \Phi_0(I,T) = a_0(I - \overline{I})^+, I \in [0,\infty) \end{cases} \tag{6.3}$$

通过 Cole-Hopf 变换(详见文献〔93〕),上述方程可以变化为线性方程。根据文献〔62〕求出最小碳减排成本 $\Phi_0(I,t)$ 的表达式如下:

$$\Phi_0(I,t) = \ln\left\{ N[D(\ln\overline{I})] + \frac{1}{a_1\sigma\sqrt{2\pi(T-t)}} \right.$$
$$\left. \cdot \int_{\ln\overline{I}}^{\infty} \exp\left[-\frac{1}{2}D(\xi)^2 - \frac{a_0}{2a_3 a_1^2\sigma^2}(\mathrm{e}^\xi - \overline{I}) \right] \mathrm{d}\xi \right\}$$

其中

$$D(x) = \frac{x - \ln\overline{I} - A(t) + a_1^2\sigma^2(T-t)/2}{a_1\sigma\sqrt{T-t}}, \quad N(x) = \frac{1}{\sqrt{2\pi}}\int_{-\infty}^x \mathrm{e}^{-u^2/2}\,\mathrm{d}u,$$

$$A(t) = (a_1\mu + a_2\rho)(T-t) - a_2\ln\frac{P_0\mathrm{e}^{\rho T} + P_\mathrm{m} - P_0}{P_0\mathrm{e}^{\rho t} + P_\mathrm{m} - P_0}$$

求解过程见附录 2。

进一步根据式（6.2）求出最优碳排放控制策略 C^* 的表达式为

$$C^* = \frac{1}{2a_3}\Phi_{0I} = -a_1^2\sigma^2\frac{I}{R}R_I$$

其中

$$R(I,t) = N[D(\ln\overline{I})] + \frac{1}{a_1\sigma\sqrt{2\pi(T-t)}}$$

$$\cdot \int_{\ln\overline{I}}^{\infty} \exp\left[-\frac{D(\xi)^2}{2} - \frac{a_0}{2a_3a_1^2\sigma^2}(e^\xi - \overline{I})\right]d\xi$$

$$R_I = -\frac{1}{a_1\sigma\sqrt{2\pi I(T-t)}}\exp\left[-\frac{1}{2}D(\ln\overline{I})^2\right] + \frac{1}{\sqrt{2\pi}a_1^2\sigma^2 I(T-t)} \qquad (6.4)$$

$$\cdot \int_{\ln\overline{I}}^{+\infty} \exp\left[-\frac{1}{2}D(\xi)^2 - \frac{a_0}{2a_3a_1^2\sigma^2}(e^\xi - \overline{I})\right]d\xi$$

6.1.4 数值模拟和解的性质分析

本章前两节中，如果没有特别说明，默认参数取值如下：$P_m = 1.5\times 10^9$，$P_0 = 0.75\times 10^9$，$\rho = 0.05/a$，$\mu = 0.1/a$，$a_1 = 0.7$，$a_2 = 0.5$，$a_3 = 2$ 元/t，$a_4 = 1.5$ 元/t，$T = 6a$，$\overline{I} = 2.2\times 10^9 t$。

（1）最优策略性质分析

根据求得解计算，碳减排的最优策略 C^* 和参数的关系如图 6.2 所示。

图 6.2 表明最优策略是初始 CO_2 排放量 I 的增函数。同时，可以从图 6.2(a) 和（b）中看出，μ 或者 σ 的取值越大，控制策略的取值也越大。μ 和 σ 分别是 GDP 变化过程中的（趋势）增长率和波动率，由于 GDP 与碳排放量的变化趋势呈正相关，平均增长率的增大会导致碳排放量（趋势性）增长率的增大，因此需要更加严格的控制策略来将碳排放量控制在一定范围之内。另外，GDP 增长率的波动性增大会导致碳排放量变化过程中的不确定性增大，最终也会导致决策者选择更加严格的碳排放量控制策略。

图 6.2(c) 和（d）表示的是最优策略和 a_1/a_2 以及 a_3/a_4 之间的关系。a_1 和 a_2 分别表示经济水平和人口在影响碳排放量变化过程中的权重，而 a_3 和 a_4 分别表示碳减排控制过程中的单位成本和超额碳排放量产生的单位成本，两组参数的不同比值也会影响到最优控制策略的选择。从图 6.2(c) 和（d）中可以看出，当 a_1/a_2 取值增大时，最优策略 C^* 的取值增大；而当 a_3/a_4 取值增大时，C^* 的取值减小。因此 GDP 的权重对最优策略的影响比人口权重对最优策略的影响更大。这一现象的产生可能是因为 GDP 影响权重的增大会同时增加碳排放的增长率和不确定性，使得最优策略取值增

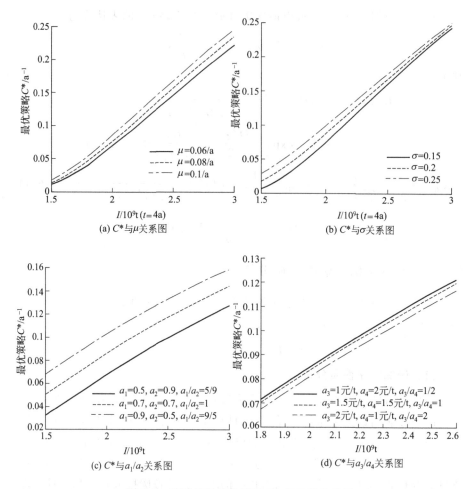

图 6.2　碳减排的最优策略 C^* 和参数的关系

大，而人口权重增大只会使得碳排放增长率增大，在增大最优策略取值方面的影响能力相对较小。当碳减排的单位成本增大时，国家需要相应采取比较保守的策略，因为与相对较高的碳排放控制成本相比，最终时刻 T 由于超额碳排放产生的费用相对较低。另外，a_3/a_4 对最优策略的影响弱于 a_1/a_2 的影响。

最优策略随时间 t 和初始 CO_2 排放量 I 的变化示意如图 6.3 所示。

（2）最低总成本性质分析

最低总成本 Φ_0 与参数的关系见图 6.4。

从图 6.4 中可以看出，最低总成本随初始 CO_2 排放量 I 的增加而增加。图 6.4(a) 和 (b) 表示的是 Φ_0 与 μ 和 σ 的关系。当 μ 或 σ 较大时，尽管使

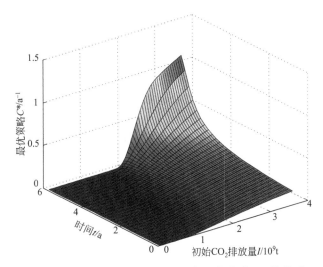

图 6.3 初始 CO_2 排放量 I、时间 t 与最优策略 C^* 的关系

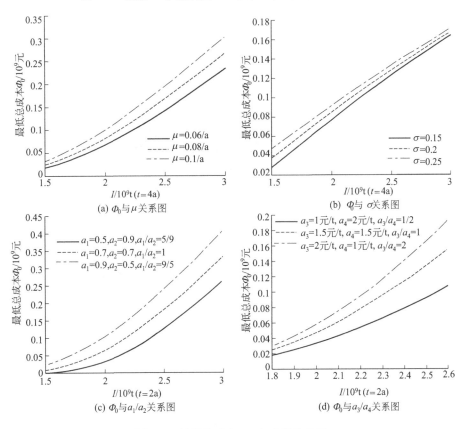

图 6.4 最低总成本 Φ_0 与参数的关系

用了更加严格的碳排放控制策略，但是总费用仍然增大。这可能是由于更高的减排策略取值会产生更多的控制成本。

图 6.4(c) 和 （d）表示的是 Φ_0 与 a_1/a_2 和 a_3/a_4 两个比值之间的关系。当 a_1/a_2 值较大时，总成本取值也会增大，这与最优策略选取过程中出现的现象一致。这也意味着 GDP 增长对碳排放量影响的权重在影响总成本方面起到的作用更大。因此对于政策制定者来说，寻求环境友好型的经济发展模式，降低这个权重，可以有效地降低总的碳减排成本。同时，a_3/a_4 值的增大也会导致总成本上升，这与图 6.2(d) 中的现象相反。这意味着在碳减排单位成本较大的情况下，即使采用相对宽松的碳减排策略，也会使得最终成本增加。所以用技术手段不断降低碳减排的单位成本也是有必要的。

初始 CO_2 排放量 I、时间 t 与最低总成本 $\Phi_0(I, t)$ 的关系图如图 6.5 所示。

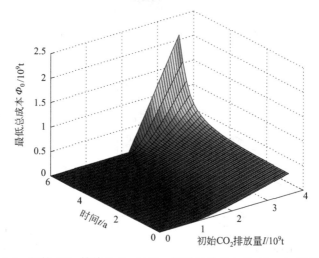

图 6.5　初始 CO_2 排放量 I、时间 t 与最低总成本 $\Phi_0(I, t)$ 的关系

6.2　控制有上界限制的国家碳排放控制率的优化模型

本节继续研究通过控制碳排放增长率进行碳减排的最优控制模型。我们对上一节中的模型进行了拓展。

6.2.1　问题简述

在本章 6.1 节的基础上，本节进一步考虑了对控制策略有上界限制的情形。在减排的实施过程中，由于技术或成本限制，短时间内可以实现的碳减排能力一般是有限的，长期来看这一减排能力会逐渐趋近可能达到的上限，所以这一假设比起 6.1 节中简单的 $C_t \geqslant 0$、减排策略取值无上界的假设更为合理。另外，6.1 节中简单假设碳减排费用率与减排率的平方成正比，本节也会适当放宽这一假设以贴合实际情况，便于参数拟合。

但在这种情况下，相应的 HJB 方程难以直接求得其解析解。本节中我们使用偏微分方程方法证明了这一模型对应的半线性偏微分方程初值问题解的存在性、唯一性和正则性。我们进一步通过分析实际数据获得了模型中的参数，使用边际减排成本曲线计算碳减排策略产生的成本，通过半隐式差分方法模拟方程的解，并结合数值模拟结果分析了最优减排策略和最低减排成本的性质。

6.2.2　模型建立及求解

依照 6.1 节的假设，在概率空间中，含有控制的碳排放过程满足如下随机微分方程：

$$\frac{\mathrm{d}I_t}{I_t} = [a_1\mu + a_2 f(t) - C_t]\mathrm{d}t + a_1\sigma\mathrm{d}W_t$$

式中，μ, σ, a_1, a_2 为正常数；W_t 为标准布朗运动；C_t 为降低的碳排放量增长率。

对 C_t 加上界 $\overline{C}$，$\overline{C}$ 为正常数，即允许的控制策略 C_t 对任意 $t \geqslant 0$ 满足 $0 \leqslant C_t \leqslant \overline{C}$。定义允许控制策略集合为 C。

本节中考虑更一般的碳减排费用函数。假设碳减排费率为 $g_1(C)$，即从时刻到 $t + \mathrm{d}t$，减排费用为 $g_1(C_t)\mathrm{d}t$。假设无风险利率为常数 $r > 0$，则从 $t(<T)$ 时刻到到期日 T，碳减排总费用的现值为 $\int_t^T \mathrm{e}^{-r(s-t)} g_1(C_s)\mathrm{d}s$，而到期日由于超额碳排放引起的罚款的现值为 $\mathrm{e}^{-r(T-t)} a_0 (I_T - \overline{I})^+$。于是控制过程中的总费用为

$$J(I, t; C) = \mathrm{E}\left[\int_t^T \mathrm{e}^{-r(s-t)} g_1(C_s)\mathrm{d}s + a_0 \mathrm{e}^{-r(T-t)} (I_T - \overline{I})^+ \mid I_t = I\right]$$

相应的最低费用定义为

$$\Phi(I, t) = \inf_{C \in C} J(I, t; C)$$

若 Φ 连续，则 Φ 是如下 HJB 方程的粘性解：

$$\begin{cases} \Phi_t + \inf_{C \in C} \left\{ [a_1\mu + a_2 f(t) - C]I\Phi_I + \frac{1}{2}a_1^2\sigma^2 I^2 \Phi_{II} + g_1(C) - r\Phi \right\} = 0 \\ (I, t) \in (0, +\infty) \times (0, T] \\ \Phi(I, T) = a_0(I - \overline{I})^+, I \in (0, +\infty) \end{cases}$$

(6.5)

对上述方程进行对数变换：令 $x = \ln I$，$\tau = T - t$（仍记为 t），则问题化为

$$\begin{cases} \Phi_t - \left[a_1\mu + a_2 f(T-t) - \dfrac{1}{2}a_1^2\sigma^2 \right]\Phi_x - \dfrac{1}{2}a_1^2\sigma^2\Phi_{xx} + r\Phi \\ \qquad - \inf_{C \in C}\{g_1(C) - C\Phi_x\} = 0, \quad (x,t) \in Q_{\infty,T} \overset{\triangle}{=} \mathbf{R} \times (0,T] \\ \Phi(x,0) = a_0(e^x - \bar{I})^+, \quad x \in \mathbf{R} \end{cases}$$

定义

$$\psi_0(x) = x^+, \quad f_0(x) = a_0(e^x - \bar{I})^+, \quad h(t) = a_1\mu + a_2 f(T-t) - \frac{1}{2}a_1^2\sigma^2$$

以及

$$\mathscr{L}_1\Phi \overset{\triangle}{=} L\Phi - G_1(\Phi_x)$$

其中

$$L\Phi \overset{\triangle}{=} \Phi_t - h(t)\Phi_x - \frac{1}{2}a_1^2\sigma^2\Phi_{xx} + r\Phi, \quad G_1(p) \overset{\triangle}{=} \inf_{C \in C}\{g_1(C) - Cp\}$$

则上述方程可以记为

$$\begin{cases} L_1\Phi = 0, \quad (x,t) \in Q_{\infty,T} \\ \Phi(x,0) = \psi_0[f_0(x)], \quad x \in \mathbf{R} \end{cases} \tag{6.6}$$

定理 6.1（存在性）：若 $g_1(x)$ 是关于 x 的非负连续增函数，则问题 (6.6) 存在解

$$\Phi \in C^{2+\alpha,1+\alpha/2}(Q_{\infty,T}) \bigcap C(\overline{Q_{\infty,T}})$$

定理 6.2（唯一性）：问题 (6.6) 的解在集合

$$M = \{\phi \in C^{2+\alpha,1+\alpha/2}(Q_{\infty,T}) \mid \exists a,b \in \mathbf{R}^+, \text{s.t.} \ |\phi| \leqslant a\,e^{b|x|}, \forall x \in \mathbf{R}\}$$

上是唯一的。

这两个定理的证明见附录 2。

6.2.3 数据处理及参数选取

通过对实际数据和文献中数据的分析，确定模型中所需的参数取值，用于对最优策略和最低总成本进行数值计算。

(1) CO_2 排放量、人口、GDP 相关参数计算

根据中国 1963—2010 年的 CO_2 排放量、人口及 GDP 增长率数据❶，得到模型中有关参数取值如下：$a_1 = 0.2636$，$a_2 = 2.1919$，$\rho = 0.0368/a$，

---

❶　数据来源：DataMarket，http://datamarket.com/。

$P_m = 1.6811 \times 10^9$，$P_0 = 0.6574 \times 10^9$，$\mu = 0.0987/a$，$\sigma = 0.0100$。

无风险利率取一年期定期存款利率：$r = 0.0325$。

（2）碳减排边际费用曲线

碳减排边际费用曲线（Marginal Abatement Cost Curve，MACC）确定模型中碳减排费用的表达式。我们使用第 4 章 4.2 节拟合的曲线：

$$g_1(C) = \frac{0.0115}{3}C^3 + \frac{0.0162}{2}C^2 = 0.0038C^3 + 0.0081C^2$$

其中，$g_1(C)$ 的单位为十亿美元。

（3）减排义务和罚款

《京都议定书》规定所有附件 B 国家在 2008—2012 年将本国的碳排放量在 1990 年的基础上减少 5%，但是对包括中国在内的非附件 B 国家的减排义务没有明确规定。虽然中国公布了自愿减排的目标，但这一目标的衡量标准是单位 GDP 的二氧化碳排放量而不是二氧化碳排放总量。所以我们需要用其他国家的碳减排义务对中国的碳减排义务进行近似。本书使用欧盟排放交易体系（EU ETS）第三阶段的碳减排义务规定和相应罚款额来近似中国的情况。

迄今为止，EU ETS 已经实施和正在实施的共有三个减排阶段：2005—2007 年为第一阶段；2008—2012 年为第二阶段；2013—2020 年为第三阶段。EU ETS 规定附件 I 国家需要在第三阶段结束时（2020 年年底）将本国碳排放量在 1990 年基础上减少 20%。如果将这一规定作为中国的碳减排义务的话，那么到期日 $T = 6a$，排放量上界为 $\bar{I} = 0.8 \times 2.4894 \text{GtCO}_2 = 1.9915 \text{GtCO}_2$。对超过碳排放量上界的碳排放量的罚款为每吨 100 欧元[10]，约合 136.5 美元。从而得到如下参数：$T = 6a$，$\bar{I} = 1.9915 \text{GtCO}_2$，$a_0 = 0.1365 \times 10^3$ 美元/t。

6.2.4 数值计算和解的性质分析

HJB 方程是非线性方程，计算时需要对非线性项进行处理。在这个模型里，经过对数变换，实际上要计算的是下面的问题（6.7）。采用半隐式计算格式，计算伪程序如下：

① 划分时间和空间，时间间隔 Δt、空间间隔 Δy；在时间节点 i，空间节点 j 上定义所求函数 Φ_j^i，通过时间一层一层求解它；

② 在 0 时刻应用已知的初值函数确定 Φ_j^0；

③ 计算下一步时间 t^1，对每个空间节点 j，非线性项 C_j^1 通过前一时间

得到的函数值计算 $\min\limits_{C}\left\{g_1(C)-C\dfrac{\Phi_j^0-\Phi_{j-1}^0}{\Delta y}\right\}$ 取得；

④ 求解隐式方程组 $\boldsymbol{\Phi}^1=(\boldsymbol{A}^1)^{-1}(\boldsymbol{\Phi}^0+\boldsymbol{b}^0+\boldsymbol{d}^0)$，其解就是在 t^1 时间上所有空间节点上的值 Φ_j^1，这里 $\boldsymbol{A}$，$\boldsymbol{b}$，$\boldsymbol{d}$ 是系数矩阵和向量，由方程决定；

⑤ 再计算下一步时间 t^2，非线性项 C_j^2 的计算使用前时间的 Φ_j^1，Φ_{j-1}^1，然后求解隐式方程组；

⑥ 重复③和④，每次计算下一个时间节点时，非线性项求解时用前一时间段求出的函数值。然后求解该时间节点的隐式方程组。这样逐步计算，直到 T，从而得到所有节点上的 Φ_j^i。

具体的计算格式如下。

（1）半隐式计算格式

令 $y=x-\ln\overline{I}$，将问题（6.6）变为

$$\begin{cases}\Phi_t=h(t)\Phi_y+\dfrac{1}{2}a_1^2\sigma^2\Phi_{yy}-r\Phi+\inf\limits_{C\in C}\{g_1(C)-C\Phi_y\},(y,t)\in\mathbf{R}\times[0,T]\\\Phi(y,0)=a_0\overline{I}(\mathrm{e}^y-1)^+,\ y\in\mathbf{R}\end{cases}$$

在区域 $Q_{mT}\overset{\triangle}{=}\Omega_m\times[0,T]$，$\Omega_m\overset{\triangle}{=}[-m\ln\overline{I},m\ln\overline{I}]$ 上考虑上述方程对应的线性方程：

$$\begin{cases}\Phi_t=[h(t)-C]\Phi_y+\dfrac{1}{2}a_1^2\sigma^2\Phi_{yy}-r\Phi+g_1(C),\ (y,t)\in Q_{mT}\\\Phi(-m\ln\overline{I},t)=0,\ \Phi(m\ln\overline{I},t)=a_0\overline{I}(\overline{I}^m-1)\mathrm{e}^{-rt},t\in[0,T]\\\Phi(y,0)=a_0\overline{I}(\mathrm{e}^y-1)^+,\ y\in\Omega_m\end{cases}\tag{6.7}$$

将区间 Ω_m 等分为 $N+1$ 个小区间，区间长度为 Δy，将区间 $[0,T]$ 等分为 M 个小区间，区间长度为 Δt。将节点坐标 $(i\Delta y,j\Delta t)$ 记为 (y_i,t_j)，(y_i,t_j) 处的函数值记为 Φ_i^j，$i=0,1,\cdots,N+1,j=0,1,\cdots,M$。分别将向量 $(\Phi_1^j,\Phi_2^j,\cdots,\Phi_N^j)^T$，$(\Phi_i^0,\Phi_i^1,\cdots,\Phi_i^M)^T$ 记为 $\boldsymbol{\Phi}^j$ 和 $\boldsymbol{\Phi}_i$。

我们使用 t_{j-1} 时刻得到的最优控制策略计算 t_j 时刻的函数值 $\boldsymbol{\Phi}^j$。对方程（6.7）进行隐式中心差分，得如下差分方程：

$$\frac{1}{\Delta t}(\Phi_i^j-\Phi_i^{j-1})=[h(j\Delta t)-C_i^{j-1}]\frac{1}{2\Delta y}(\Phi_{i+1}^j-\Phi_{i-1}^j)+\frac{1}{2}a_1^2\sigma^2$$

$$\cdot\frac{1}{\Delta y^2}(\Phi_{i+1}^j-2\Phi_i^j+\Phi_{i-1}^j)-r\Phi_i^j+g_1(C_i^{j-1})$$

合并同类项得

$$-\alpha_{i,j}^{C1}\Phi_{i-1}^j+\beta_{i,j}^{C1}\Phi_i^j-\gamma_{i,j}^{C1}\Phi_{i+1}^j=\Phi_i^{j-1}+\Delta t g_1(C_i^{j-1})$$

其中

$$\alpha_{i,j}^{C1}=\frac{\Delta t}{2\Delta y}\left\{\frac{1}{\Delta y}a_1^2\sigma^2-[h(j\Delta t)-C_i^{j-1}]\right\}$$

$$\beta_{i,j}^{C1}=1+\frac{\Delta t}{\Delta y^2}a_1^2\sigma^2+r\Delta t$$

$$\gamma_{i,j}^{C1}=\frac{\Delta t}{2\Delta y}\left\{\frac{1}{\Delta y}a_1^2\sigma^2+[h(j\Delta t)-C_i^{j-1}]\right\}$$

$\alpha_{i,j}^{C1},\beta_{i,j}^{C1},\gamma_{i,j}^{C1}$ 应满足如下条件：

$$\alpha_{i,j}^{C1}\geqslant0,\quad \beta_{i,j}^{C1}\geqslant0,\quad \gamma_{i,j}^{C1}\geqslant0$$

如果在（y_i，t_j）处中心差分方法得到的参数不满足上述条件，则需要对方程（6.7）使用向前/向后差分，此时得到如下方程：

$$-\alpha_{i,j}^{F1}\Phi_{i-1}^j+\beta_{i,j}^{F1}\Phi_i^j-\gamma_{i,j}^{F1}\Phi_i^j=\Phi_i^{j-1}+\Delta t g_1(C_i^{j-1})$$

其中

$$\alpha_{i,j}^{F1}=\frac{\Delta t}{\Delta y}\left\{\frac{1}{\Delta y}a_1^2\sigma^2+[h(j\Delta t)-C_i^{j-1}]^-\right\}$$

$$\beta_{i,j}^{F1}=1+\frac{\Delta t}{\Delta y}|h(j\Delta t)-C_i^{j-1}|+\frac{\Delta t}{\Delta y^2}a_1^2\sigma^2+r\Delta t$$

$$\gamma_{i,j}^{F1}=\frac{\Delta t}{\Delta y}\left\{\frac{1}{\Delta y}a_1^2\sigma^2+[h(j\Delta t)-C_i^{j-1}]^+\right\}$$

定义

$$\alpha_{i,j}^1=\alpha_{i,j}^{C1}\mathbf{1}_{\min\{\alpha_{i,j}^{C1},\gamma_{i,j}^{C1}\}\geqslant0}+\alpha_{i,j}^{F1}\mathbf{1}_{\min\{\alpha_{i,j}^{C1},\gamma_{i,j}^{C1}\}<0}$$

$$\beta_{i,j}^1=\beta_{i,j}^{C1}\mathbf{1}_{\min\{\alpha_{i,j}^{C1},\gamma_{i,j}^{C1}\}\geqslant0}+\beta_{i,j}^{F1}\mathbf{1}_{\min\{\alpha_{i,j}^{C1},\gamma_{i,j}^{C1}\}<0}$$

$$\gamma_{i,j}^1=\gamma_{i,j}^{C1}\mathbf{1}_{\min\{\alpha_{i,j}^{C1},\gamma_{i,j}^{C1}\}\geqslant0}+\gamma_{i,j}^{F1}\mathbf{1}_{\min\{\alpha_{i,j}^{C1},\gamma_{i,j}^{C1}\}<0}$$

那么向量 $\boldsymbol{\Phi}^j$ 满足

$$\boldsymbol{A}^j\boldsymbol{\Phi}^j=\boldsymbol{\Phi}^{j-1}+\boldsymbol{b}^j+\boldsymbol{d}^j$$

其中

$$\boldsymbol{A}^j=\begin{pmatrix}\beta_{1,j}^1 & -\gamma_{1,j}^1 & 0 & \cdots & 0 & 0\\ -\alpha_{2,j}^1 & \beta_{2,j}^1 & -\gamma_{2,j}^1 & \cdots & 0 & 0\\ \vdots & \vdots & \vdots & \ddots & \vdots & \vdots\\ 0 & 0 & 0 & \cdots & \beta_{I-1,j}^1 & -\gamma_{I-1,j}^1\\ 0 & 0 & 0 & \cdots & -\alpha_{I,j}^1 & \beta_{I,j}^1\end{pmatrix}$$

$$\boldsymbol{b}_j=(\alpha_{1,j}^1\Phi_0^{j-1},0,\cdots,0,\gamma_{I,j}^1\Phi_{I+1}^{j-1})^T$$

$$\boldsymbol{d}_j=[\Delta t g_1(C_1^{j-1}),\Delta t g_1(C_2^{j-1}),\cdots,\Delta t g_1(C_I^{j-1})]^T$$

则 A^j 一定为严格对角占优矩阵，从而可以求解出 $\boldsymbol{\Phi}^j$ 的值。C^j 则可以由如下定义式求出：

$$C_i^j = \operatorname*{argmin}_{C \in C}\{g_1(C) - C\Phi_y\}$$

进而求解 $\boldsymbol{\Phi}^{j+1}$。因为方程（6.6）的解 $\Phi \in C^{2+\alpha,1+\alpha/2}$ $(Q_{\infty,T})$，当 Δt 足够小时，C^{j-1} 与 C^j 取值相近，所以可以用 C^{j-1} 对 C^j 进行近似。已知 C^{j-1} 的情况下求解 $\boldsymbol{\Phi}^j$ 的过程相当于常见的使用隐式差分方法求解偏微分方程的过程，所以将这一过程称为半隐式计算格式。关于这一计算方法的细节可参阅文献 [108，109]。

从图 6.6 中可以看出上述差分格式有一阶收敛阶。

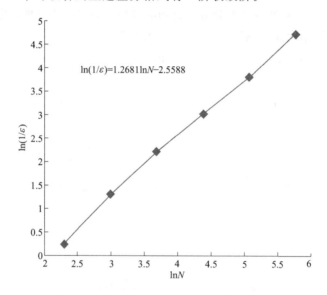

图 6.6　误差分析：$\ln(1/\varepsilon)$ 与 $\ln N$ 的关系

（2）最优控制策略

本节通过算例分析控制碳排放量增长率的模型中最优控制策略的性质。最优策略 C^*、初始 CO_2 排放量 I 和时间 t 之间的关系如图 6.7 所示。

从图 6.7 中可以看出，最优策略为初始 CO_2 排放量的增函数。当 I 足够大时，最优策略的取值达到给定的上界。

最优策略 C^* 与参数的关系如图 6.8 所示。从图中可以看出，C^* 随 μ、σ 和 ρ 的增大而增大，随 r 的增大而减小。

从式（6.1）中的参数可以看出，GDP 增长率 μ 和人口固有增长率 ρ 与

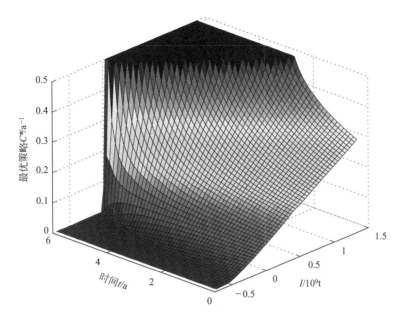

图 6.7　最优策略 C^*、初始 CO_2 排放量 I 与时间 t 的关系

初始 CO_2 排放量 I 的增长率正相关（$a_1 > 0$，$a_2 > 0$）。所以 μ 或 ρ 取值较大时，碳排放量增长率较大。此时碳排放量超过限定值的概率增大，为了有效减少因此产生的罚款，国家需要采取更加严格的碳减排策略。当 σ 取值较大时，初始 CO_2 排放量变化过程中的不确定性增大。为保证到期日碳排放量不至于过高，国家也需要采取更严格的减排策略。r 的取值反映了政策制定者对碳减排实施时间的权衡。当 r 取值较高时，碳减排费用在未来的累积值较大，或者说未来产生的碳减排费用在当前的贴现值较小。这种情况下，为了降低整个碳减排过程中的总费用，决策制定者会倾向于在目前采用比较保守的减排策略，或者说会推迟实施较严格的减排策略，所以当前时刻的减排策略取值减小，也就出现了图 6.8(c) 中的现象。

　　6.1 节的模型中没有规定控制策略的上界。本节引入控制策略的上界，则求解区域 $\mathbf{R} \times [0, T]$ 会根据最优策略取值是否达到上界分为如下两类区域：

$$\Sigma_1 \triangleq \{(x, t) \mid C^*(x, t) < \overline{C}, (x, t) \in \mathbf{R} \times [0, T]\}$$

$$\Sigma_2 \triangleq \{(x, t) \mid C^*(x, t) = \overline{C}, (x, t) \in \mathbf{R} \times [0, T]\}$$

　　这两类区域的边界只有在解确定之后才能确定，也就是自由边界。所以，对模型中的控制策略加上界，实质上将原问题变成了自由边界问题。从图 6.9 中可以看出，模型中的自由边界只有一条，将求解区域分为两个区

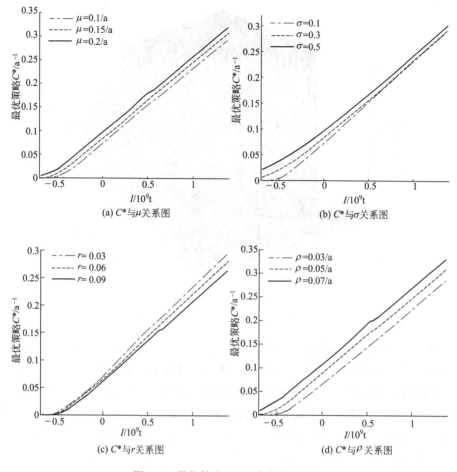

图 6.8　最优策略 C^* 与参数的关系

域，且 Σ_2 在 Σ_1 的右侧。因为这条边界是决定控制策略是否取上界的分界线，所以我们将其称为策略边界。从上面的分析和图 6.9 的性质，容易得到策略边界 $B_1(t)$ 的定义：

$$B_1(t) = \inf\{x \mid C^*(x,t) = \overline{C}\}, \ \forall t \geqslant 0$$

控制策略上界的变化会直接导致策略上界的变化。最优策略 C^* 和策略边界 $B_1(t)$ 与控制策略上界 $\overline{C}$ 的关系如图 6.9 所示。

从图 6.9(a) 中可以看出，不同控制策略上界 $\overline{C}$ 得出的最优策略是相容的。随 $\overline{C}$ 增大，最优策略整体呈增大趋势；当 $\overline{C} \to +\infty$ 时，相应最优策略收敛到无上界限制情况下的最优策略。从图 6.9(b) 中可以看出，策略边界 $B_1(t)$ 随时间 t 减小，随 $\overline{C}$ 增大。随着策略上界 $\overline{C}$ 不断增大，$B_1(t)$ 不断

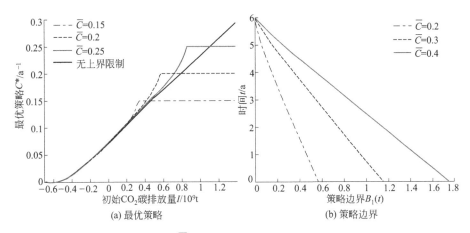

图 6.9 控制策略上界 $\overline{C}$ 对最优策略 C^* 和策略边界 $B_1(t)$ 的影响

向右侧移动，并在 $\overline{C}$ 趋于正无穷时同样趋于正无穷。

（3）最小成本

下面通过数值计算结果分析碳减排最小成本与不同参数的关系，及控制策略上界的选取对最小成本的影响。

图 6.10 表示的是最小成本 Φ 随初始 CO_2 排放量 I 和时间 t 变化的关系。从图中可以看出，Φ 是初始 CO_2 排放量 I 的单调递增凸函数。

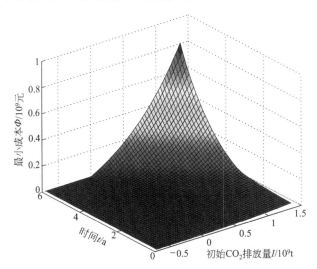

图 6.10 初始 CO_2 排放量 I、时间 t 与最小成本 Φ 的关系

最小成本 Φ 与参数的关系见图 6.11。从图 6.11 中可以看出，Φ 随 μ、σ、ρ 的增加而增加，随 r 的增加而减小。

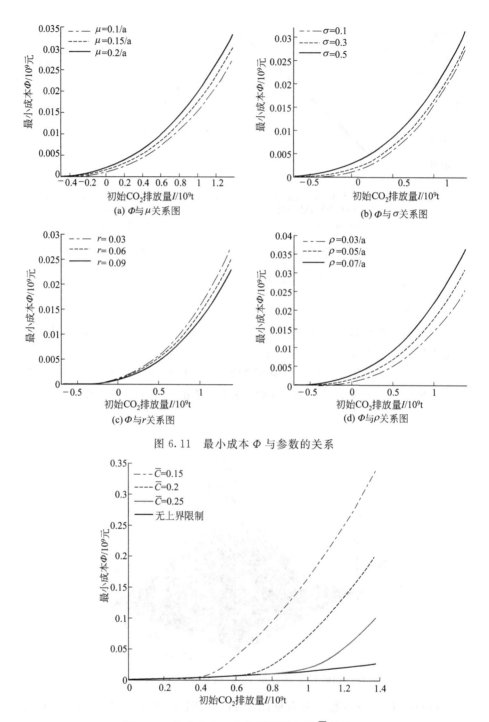

图 6.11　最小成本 Φ 与参数的关系

图 6.12　最小成本 Φ 与控制策略上界 $\overline{C}$ 的关系

Φ 随 μ 和 ρ 增加的原因是 μ 或 ρ 增加都会导致碳排放量增长率增大，同时也会导致控制策略的取值增大。于是控制碳排放量的费用和到期可能的罚款都会增大，导致减排过程中的总费用增大。Φ 与 r 的关系正相反：利率增大时，未来减排费用的现值减小，同时控制策略的取值减小，也会导致总费用减小。当 σ 增大时，相应最优控制策略值增大，导致减排总费用增大。

从图 6.12 可以看出，碳减排的最小成本 Φ 随控制策略上界 $\overline{C}$ 的增大而减小。因为 $\overline{C}$ 较大时，制订控制策略的选择空间更大，可以选择更有利于降低总成本的策略，所以相应的碳减排总费用减小。随着 $\overline{C}$ 增大到正无穷大，Φ（递减地）收敛到没有控制策略上界限制情况下的最小控制费用。

6.3 考虑碳交易的国家碳减排的最优策略模型

《京都议定书》签署以来，署名国在协议范围内展开了各自的碳减排活动，其中最引人注意的是碳减排交易市场的建立，通过市场手段来降低减排费用。

在本章前 2 节中，在限额排放条件下，讨论了最优减排策略的问题。本节将市场机制引入模型中，在碳排放限额情形下，国家参与碳减排市场交易，进行排放权购买或者额度出售。

6.3.1 问题简述

如果允许碳交易，前 2 节国家最优碳减排策略问题会有什么变化？

6.3.2 模型建立

参照前 2 节假设，在假设的概率空间上，国家的碳减排量 I 可表示为

$$\mathrm{d}I_t = I_t[a_1\mu_1 + a_2 f(t) - q_t]\mathrm{d}t + I_t a_1\sigma_1\mathrm{d}W_t^1 \tag{6.8}$$

式中，$q_t > 0$ 代表控制策略，表示降低的碳排放量增长率。记允许控制集 Q 为所有满足 $\mathrm{E}[\int_t^T g(q_s)\mathrm{d}s] < \infty$ 的控制策略 q 的集合。

和前 2 节模型相同，国家实施减排措施去实现减排目标，即在 T 时刻的累积排放量要低于排放限额。除了实施减排行动，同时国家可选择参与国际市场碳排放权交易，到市场上进行碳排放权配额的购买或者将手中多余的碳排放权额度出售。我们假设市场上碳排放权配额的价格 C_t 满足几何布朗运动：

$$\mathrm{d}C_t = C_t\mu_2\mathrm{d}t + C_t\sigma_2\mathrm{d}W_t^2 \tag{6.9}$$

$$\mathrm{d}W_t^1\mathrm{d}W_t^2 = \rho\,\mathrm{d}t \tag{6.10}$$

式中，μ_2 为常数漂移项；σ_2 为常数波动率；W_t^2 为 $\mathscr{F}_t$-适应的布朗运动；ρ 为相关系数。

于是，值函数可定义为

$$V(I,c,t) \overset{\triangle}{=} \inf_{q \in Q} J(I,c,t;q)$$

$$= \inf_{q \in Q} E\Big[\int_t^T g(q_s)e^{-\beta(s-t)}ds + (I_T - \overline{I})C_T e^{-\beta(T-t)}ds \,\Big|\, I_t = I, C_t = c\Big]$$

$$(6.11)$$

式中，$V(I,c,t)$ 为国家在减排活动中的总费用。这个费用包含两部分：第一部分和前 2 节模型相同，是国家运用减排手段降低二氧化碳排放的费用；第二部分是购买碳排放权配额所需的花费，也包括售出剩余排放许可额度所获得的收益。前面指出，碳减排费率 $g(\cdot)$ 如前取为 $g(q) = m_1 q^2$，其中常数 $m_1 > 0$，表示碳减排的效率。β 为贴现因子。

对于第二部分，在到期日 T，如果国家碳排放总量超过限额 $\overline{I}$，即 $I_T - \overline{I} > 0$，则国家需要以 C_T 的价格对超出的部分进行购买。如果在到期日 $I_T - \overline{I} < 0$，即碳排放总量低于排放限额，则可将剩余的排放额度以价格 C_T 进行售出而获得收益。国家通过对实施减排与购买排放配额进行综合考虑，选择最优减排策略使得总费用最低。

由值函数（6.11）可以得到 $V(I,c,t)$ 是初始 CO_2 排放额 I 的增函数。事实上，固定策略 q 以及配额价格 C_t，记 $I_s^{t,I}$，$s \geq t$，为初值为 $I_t = I$ 的排放过程。假设 $0 < I^1 \leq I^2$ 并且定义

$$Z_s = I_s^{t,I^2} - I_s^{t,I^1}$$

则对所有 $s \geq t$，都有 $Z_s \geq 0$。特别的，$I_T^{t,I^2} \geq I_T^{t,I^1}$。此外，因为值函数（6.11）期望部分对于 I_T 递增，所以我们可以得到

$$J(I^2,c,t;q) \geq J(I^1,c,t;q) \geq V(I^1,c,t), \quad \forall q \in Q$$

这表明 $V(I^2,c,t) \geq V(I^1,c,t)$。由值函数定义，应用动态规划原理，我们得到相应的 HJB 方程为

$$\begin{cases} \dfrac{\partial V}{\partial t} + I[a_1\mu_1 + a_2 f(t)]\dfrac{\partial V}{\partial I} + c\mu_2\dfrac{\partial V}{\partial c} + \dfrac{1}{2}I^2 a_1^2 \sigma_1^2 \dfrac{\partial^2 V}{\partial I^2} \\[3mm] \quad + \dfrac{1}{2}c^2\sigma_2^2\dfrac{\partial^2 V}{\partial c^2} + Ic\rho a_1\sigma_1\sigma_2\dfrac{\partial^2 V}{\partial I \partial c} - \beta V - \dfrac{1}{4m_1}I^2\Big(\dfrac{\partial V}{\partial I}\Big)^2 = 0, \quad I,c,t \geq 0 \\[3mm] V(I,c,T) = (I - \overline{I})c, \hspace{5.5cm} I,c > 0 \end{cases}$$

$$(6.12)$$

6.3.3　模型求解

下面求解上述非线性偏微分方程问题（6.12）。对于一般情况，这个问题是没有封闭解的，6.3.4 部分会用有限差分方法给出其数值结果。然而，一个特殊情况下，当取 $\mu_2 = \beta = 0$，可以使用降维的方法得到其半封闭解。根据后面的数值结果，可以看到，当 μ_2 和 β 足够小时，最低总成本 V 的结果接近于 $\mu_2 = \beta = 0$ 时的情况。我们给出 $\mu_2 = \beta = 0$ 情况下的显式解，将给模型性质的研究带来更多的便利。

求解过程如下。首先，定义

$$U = V + \overline{I}c, \quad \xi = Ic$$

于是有

$$
\begin{cases}
\dfrac{\partial U}{\partial t} + [a_1\mu_1 + a_2 f(t) + \rho a_1 \sigma_1 \sigma_2]\xi \dfrac{\partial U}{\partial \xi} - \dfrac{1}{4m_1}\xi^2\left(\dfrac{\partial U}{\partial \xi}\right)^2 \\
\quad + \dfrac{1}{2}(a_1^2\sigma_1^2 + \sigma_2^2 + 2\rho a_1 \sigma_1 \sigma_2)\xi^2 \dfrac{\partial^2 U}{\partial \xi^2} = 0, & \xi > 0, t \geqslant 0 \\
U(\xi, T) = \xi, & \xi > 0
\end{cases}
$$

引入 Cole-Hopf 变换[98]，令

$$U = -2m_1(a_1^2\sigma_1^2 + \sigma_2^2 + 2\rho a_1 \sigma_1 \sigma_2)\ln W$$

则函数 $W(\xi, t)$ 满足以下线性偏微分方程终值问题：

$$
\begin{cases}
\dfrac{\partial W}{\partial t} + [a_1\mu_1 + a_2 f(t) + \rho a_1^2 \sigma_1 \sigma_2]\xi \dfrac{\partial W}{\partial \xi} \\
\quad + \dfrac{1}{2}(a_1^2\sigma_1^2 + \sigma_2^2 + 2\rho a_1 \sigma_1 \sigma_2)\xi^2 \dfrac{\partial^2 W}{\partial \xi^2} = 0, & \xi > 0, t \geqslant 0 \\
W(\xi, T) = \exp\left[-\dfrac{\xi}{2m_1(a_1^2\sigma_1^2 + \sigma_2^2 + 2\rho a_1 \sigma_1 \sigma_2)}\right], & \xi > 0
\end{cases}
\tag{6.13}
$$

做变换：

$$\tau = T - t, \quad x = \ln\xi + \int_\tau^T [a_1\mu_1 + a_2 f(s) + \rho a_1 \sigma_1 \sigma_2]\mathrm{d}s$$

则方程（6.13）变为

$$
\begin{cases}
\dfrac{\partial W}{\partial \tau} + \dfrac{1}{2}m_2 \dfrac{\partial W}{\partial x} - \dfrac{1}{2}m_2 \dfrac{\partial^2 W}{\partial x^2} = 0, & x \in \mathbf{R}, \tau \in (0, T] \\
W(x, 0) = \exp\left[-\dfrac{\mathrm{e}^x}{2m_1 m_2}\right], & x \in \mathbf{R}
\end{cases}
\tag{6.14}
$$

其中

$$m_2 = a_1^2\sigma_1^2 + \sigma_2^2 + 2\rho a_1 \sigma_1 \sigma_2$$

由方程（6.14）可得

$$
\begin{cases}
\dfrac{\partial \dfrac{\partial W}{\partial x}}{\partial \tau} + \dfrac{1}{2}m_2 \dfrac{\partial \dfrac{\partial W}{\partial x}}{\partial x} - \dfrac{1}{2}m_2 \dfrac{\partial^2 \dfrac{\partial W}{\partial x}}{\partial x^2} = 0, & x \in \mathbf{R}, \tau \in (0,T] \\[4mm]
\dfrac{\partial W}{\partial x}\bigg|_{(x,0)} = -\dfrac{\mathrm{e}^x}{2m_1 m_2}\exp\left[-\dfrac{\mathrm{e}^x}{2m_1 m_2}\right], & x \in \mathbf{R}
\end{cases}
$$

由偏微分方程极大值原理可得

$$
\frac{\partial W}{\partial x} \leqslant 0 \tag{6.15}
$$

根据本章 6.1 节模型解法，可得

$$
W(\xi,t) = \int_{-\infty}^{+\infty} \frac{1}{\sqrt{2\pi m_2(T-t)}}
$$

$$
\cdot \exp\left\{-\frac{\left[\dfrac{1}{2}m_2(T-t) - \ln\xi - m_3(t) + \eta\right]^2}{2m_2(T-t)} - \frac{\mathrm{e}^\eta}{2m_1 m_2}\right\}\mathrm{d}\eta \tag{6.16}
$$

其中

$$
m_3(t) = \int_t^T [a_1\mu_1 + a_2 f(s) + \rho a_1\sigma_1\sigma_2]\mathrm{d}s
$$

$$
= (a_1\mu_1 + \rho a_1\sigma_1\sigma_2 + a_2\hat{\rho})(T-t) - a_2\ln\left(\frac{P_0 \mathrm{e}^{\hat{\rho}T} + P_m - P_0}{P_0 \mathrm{e}^{\hat{\rho}t} + P_m - P_0}\right)
$$

最优减排策略 q^* 为

$$
q^* = -\frac{m_2\xi}{W}\frac{\partial W}{\partial \xi}
$$

由式（6.16），我们得到

$$
q^* = -\frac{1}{\sqrt{2\pi m_2(T-t)}\,W}\int_{-\infty}^{+\infty} \exp\left[-\frac{A^2}{2m_2(T-t)} - \frac{\mathrm{e}^\eta}{2m_1 m_2}\right]\frac{A}{T-t}\mathrm{d}\eta
$$

其中

$$
A = \frac{1}{2}m_2(T-t) - \ln\xi - m_3(t) + \eta
$$

于是，国家选择最优的减排策略，所需的最低总成本可表示为

$$
V(I,c,t) = -2m_1 m_2 \ln W(Ic,t) - \overline{I}c \tag{6.17}
$$

从式（6.17）和式（6.15）容易得到

$$
\frac{\partial V}{\partial I} = \frac{-2m_1 m_2 c}{W_x}\frac{\partial W}{\partial x} \geqslant 0
$$

注释： 由上述解的表达式，容易得到如下结论。

① 在假设贴现因子和 μ_2 为零的情况下，最优策略的选择和排放限额 $\overline{I}$ 的大小无关。

即为国家制订的排放限额并不会影响国家的减排力度。因为碳市场的存在，当实施减排策略，使得在 T 时刻实际碳排放量低于排放限额时，国家可以将剩余的限额进行出售，从而获得收益，因此，无论排放限额是多少，对于减排策略而言，多减排则可以出售碳排放权，少减排则需要在市场上进行碳排放权购买，因而减排过程和市场上碳排放权的价格更紧密相关而非排放限额。

② 由式（6.17），我们能得到

$$\frac{\partial V}{\partial \overline{I}} = -c \leqslant 0$$

和减排策略不同，结果表明，减排最低总成本是排放限额的递减函数，即限额制订得越低，相应的减排费用就越高。这是因为，只有当实施减排，使得排放总量低于这个限额，才能将剩余的排放权进行出售获益，因此限额越低，实施同样的减排策略，则更有可能将超出限额缴纳罚款，而非出售排放权获益，因此所花的总费用将增加。

6.3.4　模型的数值解分析

使用有限差分方法可以给出模型（6.12）一般形式的数值解，这里使用的参数如表 6.1 所列。

表 6.1　模型中的参数选取

P_m	1.6811×10^9	P_0	6.574×10^8
$\hat{\rho}$	0.0368	ρ	0.2
μ_1	0.0987	μ_2	0.02
a_1	0.2636	a_2	2.1919
m_1	0.1	$\overline{q}$	0.1
σ_1	0.01	σ_2	0.5
β	0.02	T/a	6
$\overline{I}/10^9 \mathrm{t}$	1.9915	$I_0/10^9 \mathrm{t}$	2.3
P	0.05		

（1）最优策略分析

图 6.13 表示的是最优策略 q 和初始碳排放配额价格 C_0 的关系。首先，

最优策略对于初始碳排放配额价格单调递增，即如果市场上当前的配额价格较高，国家应该加大减排力度。这是因为，一方面，如果在 T 时刻，国家的排放总额超过排放限额，则需要以更高的价格进行配额的购买；另一方面，如果排放额没有超过限额，则也可以较高的价格出售剩余的排放配额，因此最优策略是初始配额价格的增函数。另外，从图 6.13 中也可看出，最优策略是初始 CO_2 排放量 I_0 的增函数。这是因为，相同排放限额的情况下，初始 CO_2 排放量越高，则意味着减排任务越大，因此需要投入的减排力度也越大。

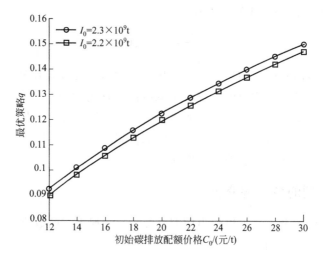

图 6.13　最优策略 q 和初始碳排放配额价格 C_0 的关系

　　图 6.14 表明最优策略 q 是参数 m_1 的减函数。实际上，m_1 代表了减排的效率，同样的减排策略，m_1 越大则单位减排所需花费越大。因此如果国家的减排效率不高，则应该考虑在市场上购买更多的排放配额。即对比两种实现减排目标的手段，自身减排和排放权购买，如果经对比，减排更为经济，则应减少排放权的购买；如果当下减排效率不高，则可以选择购买市场上的排放权来增加自己的排放限额。

　　图 6.15 和图 6.16 分别表示最优减排策略和参数 σ_1、σ_2 的关系。从图中可以看出，最优减排策略对于 σ_1 单调递增，而对于 σ_2 单调递减。

（2）最低总成本分析

　　图 6.17 表示的是最低总成本与国家初始 CO_2 排放量 I_0 的关系。图 6.17表明，最低总成本是 I_0 的增函数。事实上，在相同情况下，初始 CO_2 排放量越高，则减排任务越大，完成减排目标所需的花费，包括自身减排的成本，

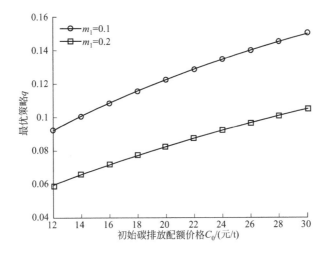

图 6.14 最优策略 q 和 m_1 的关系

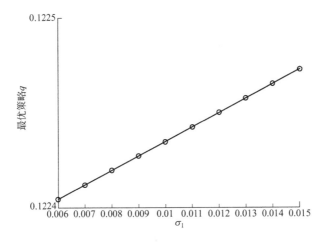

图 6.15 最优策略 q 和 σ_1 的关系

排放权的购买量也将增加，从而使得相应的减排总花费也越高。

图 6.18 表示的是最低总成本与初始碳排放配额价格的关系。图中 m_1 分别取值 0.1、0.3、0.5，且其他参数不变。图中结果表明减排总成本随着 m_1 变大而增加。事实上，m_1 增加意味着减排的单位成本增加，因此，所需的花费也将增加。例如，降低同样比例的碳排放增长率，由于发达国家的发展水平较高，减排的再提升空间较小，因此所需花费也较高。而发展中国家则相反，由于生产工艺落后，因而提升空间较大。在《京都议定书》中提倡国与国之间的减排合作。例如清洁发展机制中规定发达国家与发展

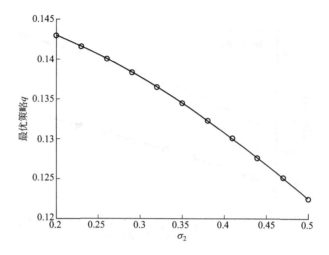

图 6.16　最优减排策略 q 和 σ_2 的关系

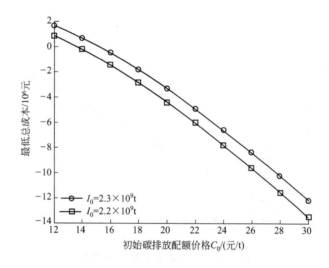

图 6.17　最低总成本和国家初始 CO_2 排放量 I_0 的关系

中国家可以进行项目级的减排量抵消额的转让与获得，也可以在发展中国家实施温室气体减排项目。这些合作是降低减排总成本经济节约的有效措施。

从图 6.18 中还可以发现，当 $m_1 = 0.5$ 时，曲线对于初始碳排放配额价格单调递增，而 $m_1 = 0.1$ 时，曲线单调递减。事实上，一方面，如果 m_1 较低，则国家更倾向于加大减排力度而非以高价格购买排放配额；另一方面，减排力度的增加，使得在到期日 T，国家碳排放总量低于限额的概率增加，即达成减排目标的概率增加，此时，剩余的排放配额可以进行出售而

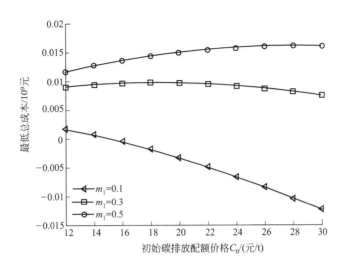

图 6.18　最低总成本与 m_1 的关系

使国家获益。而市场上配额价格越高，获益也将越大。因此 m_1 较低时，最低总成本有降低趋势。相反，如果 m_1 较大，即减排的单位成本较大时，则更倾向于购买排放配额，因此配额价格越高，则总成本也将越大。总成本呈现增加趋势。

由图 6.19 和图 6.20 分别可以看出，最低总成本 Φ 相对于 GDP 的波动率 σ_1 单调递增，而对于配额价格的波动率 σ_2 单调递减。

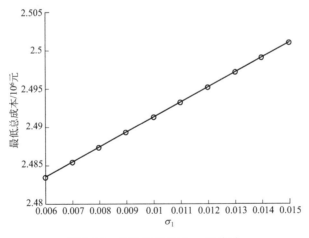

图 6.19　最低总成本与 σ_1 的关系

(3) 模型对比

用上文有限差分计算的结果和显式解（6.17）的结果进行对比，图

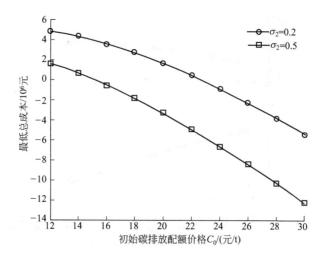

图 6.20　最低总成本 Φ 与 σ_2 的关系

6.21 中，"▫"标记的是有限差分计算式（6.11）的结果，"○"标记的是显式解（6.17）的结果。

　　图 6.21 展现了在两组参数下最优策略与初始碳排放配额价格的关系。情况一中取 $\mu_2 = 0.02$，$\beta = 0.02$；情况二中取 $\mu_2 = 0$，$\beta = 0$。而图 6.22 展现了在这两组参数下最低总成本与初始碳排放配额价格之间的关系。从图中我们可以看到，两组结果曲线拥有同样的增长趋势，且结果相近。即在 μ_2 和折扣因子 β 比较小的情况下，特殊情况下的结果是一般情况的合理近似。

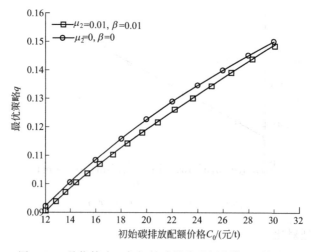

图 6.21　最优策略 q 与初始碳排放配额价格 C_0 的关系

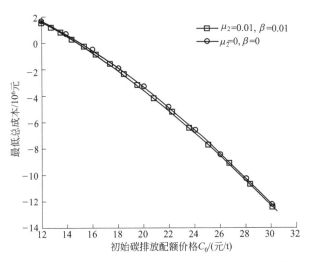

图 6.22　最低总成本 Φ 与初始碳排放配额价格 C_0 的关系

6.4　带惩罚机制的具碳交易的国家碳减排放的最优策略模型

6.4.1　问题简述

在 6.3 节的问题中，考虑控制变量限定为有界变量，如果还有惩罚机制，模型将如何扩展以更加符合实际情况？

6.4.2　模型建立

在到期日 T，如果国家碳排放总量超过限额 $\overline{I}$，即 $I_T - \overline{I} > 0$，则国家需要接受价格为 P 的罚款，但是因为市场机制的存在，国家会选择市场价格 C_T 和惩罚价格 P 中较小的实施。于是在到期日时的现金流可表示为

$$\hat{V}(I_T, C_T) \overset{\triangle}{=} (I_T - \overline{I})^+ \min\{C_T, P\} - (I_T - \overline{I})^- C_T$$

假设控制变量有界，即假设 $0 \leqslant q \leqslant \overline{q}$，其中 $\overline{q}$ 是正常数。设 $V(I, c, t)$ 是国家在减排活动中的总费用，其值函数为

$$V(I, c, t) = \inf_{0 \leqslant q \leqslant \overline{q}} J(I, c, t; q) \overset{\triangle}{=} \inf_{0 \leqslant q \leqslant \overline{q}} \mathrm{E}\left[\int_t^T \mathrm{e}^{-\beta(s-t)} g(q_s) \mathrm{d}s \right.$$
$$\left. + \mathrm{e}^{-\beta(T-t)} \hat{V}(I_T, C_T) \mid I_t = I, C_t = c \right] \qquad (6.18)$$

由动态规划原理（本书 2.7.2 部分），我们得到相应的 HJB 方程（本书 2.7.3 部分）为

$$\frac{\partial V}{\partial t} + I[a_1\mu_1 + a_2 f(t)]\frac{\partial V}{\partial I} + \mu_2 c \frac{\partial V}{\partial c} + \frac{1}{2}I^2 a_1^2 \sigma_1^2 \frac{\partial^2 V}{\partial I^2} + Ic\rho a_1 \sigma_1 \sigma_2 \frac{\partial^2 V}{\partial I \partial c}$$

$$+ \frac{1}{2}c^2 \sigma_2^2 \frac{\partial^2 V}{\partial c^2} - \beta V + \inf_{0 \leqslant q \leqslant \overline{q}}\left[g(q) - qI\frac{\partial V}{\partial I}\right] = 0, \quad I>0, c>0, T>t\geqslant0$$

$$(6.19)$$

终值条件为

$$V(I,c,T) = (I-\overline{I})^+ \min\{c,P\} - (I-\overline{I})^- c, \quad I>0, c>0 \quad (6.20)$$

一般地，上述 HJB 方程难以得到解析解，并且值函数的连续可微性也难以证明。本书附录 2 中，在粘性解框架下，证明了值函数是上述 HJB 方程终值问题的唯一粘性解的证明。

于是，考虑到策略的有界性，最优的减排策略 q^* 可表示为

$$q^* = \begin{cases} 0, & I\frac{\partial V}{\partial I}<0 \\ \frac{1}{2m_1}\frac{\partial V}{\partial I}, & 0 \leqslant I\frac{\partial V}{\partial I} \leqslant 2m_1\overline{q} \\ \overline{q}, & I\frac{\partial V}{\partial I}>2m_1\overline{q} \end{cases}$$

6.4.3 模型求解

定理 6.3 值函数 (6.18) 是终值问题 (6.19) 和 (6.20) 在 Q_T 上的唯一粘性解。

证明见附录 2。

6.4.4 模型的数值解分析

应用有限差分方法，可以得到上述 HJB 方程的一些数值结果，其中所使用的参数如表 6.1 所列。

(1) 最优减排策略分析

图 6.23 表示的是最优策略 q 和初始 CO_2 排放量 I_0、初始时刻市场上出售的排放权配额价格的关系。其中参数 I_0 取自区间 [1.6，2.3]。如果 $I_0 \geqslant \overline{I}$，表示该国的初始 CO_2 排放量超过排放限额。从图中我们可以看到，和 6.3.3 部分中的结果类似，首先，最优策略曲线随着排放权配额的价格增加而增加；其次，在其他参数不变的情况下，初始 CO_2 排放量越高，相应的减排力度也应该提高。

图 6.24 表示的是最优策略 q 和 m_1 的关系。从图中可以看出，若 m_1 减

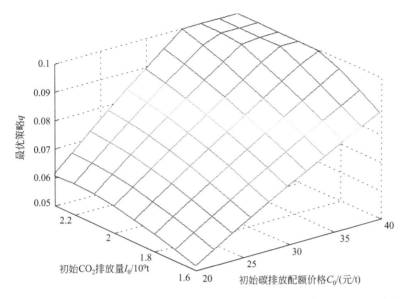

图 6.23 最优策略 q 和初始 CO_2 排放量 I_0、初始碳排放配额价格 C_0 的关系

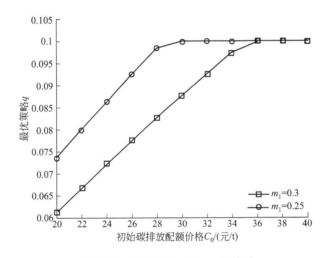

图 6.24 最优策略 q 和 m_1 的关系

小，则减排策略应增加。在市场配额价格不变的情况下，因为减排效率的增加，国家应该调整资金用于减排措施，减少用于购买相对较贵的减排配额。

图 6.25 表示的是碳减排的最优策略 q 与 $\bar{q}$ 的关系。$\bar{q}$ 代表的是国家减排的最大能力，国家拥有更高的减排能力意味着在制定减排策略的时候，可以针对减排配额价格的浮动有更多的调整空间。因此，为了应对将来配额价格可能的上涨，减排能力小的国家应该制定更大力度的减排策略。

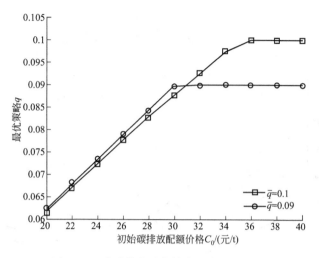

图 6.25　碳减排的最优策略 q 与 $\bar{q}$ 的关系

图 6.26 表示的是碳减排的最优策略 q 与 P 的关系。P 表示的是排放量超过排放限额所面临的单位罚款成本。P 越高意味着同样的超额排放量将支付更多的罚款。但事实上，在模型中，P 还代表了在购买碳排放配额时的最高价格，即如果在 T 时刻，罚款单位成本高于当时的配额市场价格，则国家更乐于选择接受罚款；而如果罚款单位成本低于配额市场价格，则国家将选择为自己购买更多的减排配额。其他条件相同的情况下，单位罚款成本的增加意味着在 T 时刻所支付的费用将提高，因此，如果罚款单位成本提高了，则国家应该在前期提高自己的减排策略。

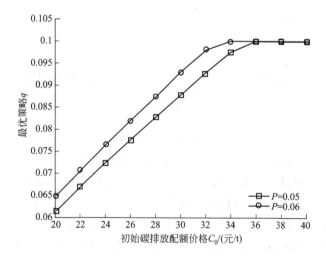

图 6.26　碳减排的最优策略 q 与 P 的关系

（2）最低总成本分析

图 6.27 表示的是最低总成本和初始 CO_2 排放量 I_0、初始碳排放配额价格 C_0 的关系。在其他参数不变的情况下，初始 CO_2 排放量高意味着更多的减排任务，此外初始碳排放配额的价格高，意味着在 T 时刻购买配额时的期望价格越高，因此减排总成本也较高。

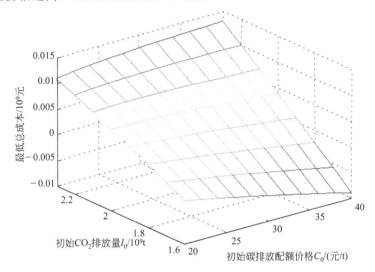

图 6.27　最低总成本和初始 CO_2 排放量 I_0、初始碳排放配额价格 C_0 的关系

图 6.28 表示的是最低总成本和 m_1 的关系。m_1 越大意味着减排效率越低，因此在其他参数不变的情况下，所需总花费越高。

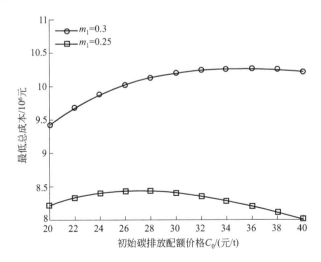

图 6.28　最低总成本和 m_1 的关系

图 6.29 表示的是最低总成本和 $\bar{q}$ 的关系。图 6.29 表明减排可调整的空间越大，则总成本越低。一般来说，发展中国家的科技水平较低，因此在减排技术上发展的空间更大，因而提升相同单位的减排能力所需的花费也较低。发达国家科技发展水平较高，因此，再提升的空间也较小。《京都议定书》提倡国际间的交流合作，例如通过清洁发展机制，发达国家与发展中国家之间共同完成减排任务，这都有利于降低减排总成本。

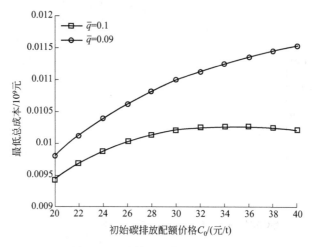

图 6.29　最低总成本和 $\bar{q}$ 的关系

图 6.30 表示的是最低总成本和单位罚款成本 P 之间的关系。由图可知，在相同条件下，单位罚款成本越高，所花费的总成本也越大。

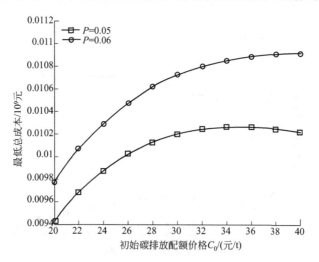

图 6.30　最低总成本和单位罚款成本 P 之间的关系

6.5 单时段企业排放权最佳购买量模型

6.5.1 问题简述

目前，EU ETS 已经进行到第三个阶段，和前两个阶段有明显不同的地方是，在第三个阶段，企业初始获得的排放权份额将不再是免费的，而是国家以拍卖或部分拍卖的形式将排放权分配给各个需要的企业。在我国目前的碳交易体系中，排放权分配给企业主要是以免费发放的形式，而无偿分配方式在公平性、对减排的激励等方面具有先天劣势，因而增加有偿拍卖的比例也十分有必要。对于企业而言，如何规划自己的排放权购买量对于完成减排任务、使生产利润最大化是十分重要的。所以如何在排放权拍卖机制下，寻求企业排放权最佳购买量？下面先考虑单时段的情形。

6.5.2 模型建立

单时段的减排期为 $[0, T]$，假设在该时间段内，一企业进行生产活动排放 CO_2，且需要履行减排任务。0 时刻政府部门进行一次排放权的拍卖，企业预估自己在该减排期内的需求，进行排放权购买。同时，政府也会免费发放一部分份额给企业。我们假设在初始时刻 $t=0$ 时，企业通过政府免费发放形式获得排放权 $N_1 t$，通过拍卖的形式以价格 S_0 元获得 $N_2 t$ 的二氧化碳排放权。到 T 时刻，政府将对企业而进行排放量的核查，对于超出限额的部分，政府将实施价格为 P 元/t 的罚款。

在 EU ETS 中，前一个阶段的排放权份额不能用于增加下个阶段的减排额度。假设 T 时刻剩余的排放权份额作废，不能用于下个阶段的减排。即在 T 时刻，剩余排放权的价值将变为 0。

令 X_t 表示在 $t \in [0, T]$ 时刻，对企业整个减排时间段内的累积 CO_2 排放量的预期。于是在 T 时刻，X_T 等于 $[0, T]$ 时间段内该企业累积的 CO_2 排放量。假设该过程满足：

$$dX_t = -u_t dt + G(t) dW_t \qquad (6.21)$$

式中，u_t 为企业的减排控制变量，表示企业执行的瞬时减排率；所有可允许的控制的集合记为 U；W_t 为标准的布朗运动；$G(t)$ 为波动率。

类似假设可参考文献 [99，100]。在我们的模型中，不考虑减排对企业产品生产和利润的影响，即企业通过减排只是减少单位生产所排放的 CO_2。

在核查时刻 T，如果该企业的 CO_2 排放总量超出规定的限额，即允许排放量，则企业需要交付超出部分的罚款。允许排放量包括两部分；一部分是在初期政府免费发放的允许额度 N_1；另一部分是企业通过拍卖购得的排放许可 N_2。如果没有超出限额，则剩余的部分作废，不能用于下个阶段的减排。于是在初始时刻的总期望花费为

$$J_1(t,x;u.,N_2) = \mathrm{E}\left[\int_0^T \mathrm{e}^{-rs}C(s,u_s)\mathrm{d}s\right.$$

$$\left. + \mathrm{e}^{-rT}P(X_T-N_1-N_2)^+ + S_0N_2\right] \quad (6.22)$$

这里，利率 r 假设为常数，$C(\cdot)$ 是单位时间的减排消费函数，如前取为

$$C(t,u) = \frac{1}{2}mu^2 \quad (6.23)$$

式中，系数 $m>0$ 假设为常数。上述等式右侧期望内部有三部分现金流：第一部分是在 $[0,T]$ 内企业因为实施减排技术而产生的减排总花费；第二部分是在 T 时刻，经过政府核查，若在该时段内，企业的排放总量 X_T 超过拥有的排放权份额 N_1+N_2，则需缴纳的罚款额；第三部分是企业在 $t=0$ 时刻，因为参与排放权竞拍而支付的购买费用。假定企业的目标是通过实施 CO_2 减排和通过拍卖购得一定数量的排放权，使得企业在整个减排过程期间的花费最低，即使得泛函 J_1 达到最小。

优化将分两步进行，首先寻求最优的减排策略使得减排部分的花费最低，其次选择合适的初期排放权购买量，使得总体花费最低。从式（6.22）可以看出和减排相关的部分为

$$J_2(t,x;u.,N_2) = \mathrm{E}\left[\int_0^T \mathrm{e}^{-rs}C(s,u_s)\mathrm{d}s + \mathrm{e}^{-rT}P(X_T-N_1-N_2)^+\right]$$

$$(6.24)$$

假设值函数 $V(t,x,N_2)$ 是企业减排过程中通过控制减排策略所支出的最低减排总费用，即

$$V(t,x,N_2) = \inf_{u.\in U} J_2(t,x;u.,N_2) = \inf_{u.\in U} \mathrm{E}\left[\int_t^T \mathrm{e}^{-r(s-t)}C(s,u_s)\mathrm{d}s\right.$$

$$\left. + \mathrm{e}^{-r(T-t)}P(X_T-N_1-N_2)^+ | X_t=x\right] \quad (6.25)$$

由动态规划原理，可得到相应的 HJB 方程为

$$\inf_u\left[\frac{\partial V}{\partial t} - u\frac{\partial V}{\partial x} + \frac{1}{2}G(t)^2\frac{\partial^2 V}{\partial x^2} + \frac{1}{2}mu^2 - rV\right] = 0 \quad (6.26)$$

以及满足的终值条件为

$$V(T,x,N) = P(x-N_1-N_2)^+ \quad (6.27)$$

6.5.3 模型求解

若假设 $\dfrac{\partial V}{\partial x} \geqslant 0$，则最优减排策略为

$$u^* = \frac{1}{m}\frac{\partial V}{\partial x} \qquad\qquad (6.28)$$

于是 HJB 方程（6.26）可变为

$$\frac{\partial V}{\partial t} + \frac{1}{2}G(t)\frac{\partial^2 V}{\partial x^2} - \frac{1}{2m}\left(\frac{\partial V}{\partial x}\right)^2 - rV = 0 \qquad\qquad (6.29)$$

这是非线性二阶偏微分方程，一般情况下难以得到解析解，为了便于分析性质，本书在特殊情况下，即假设 $G(t) = \sigma$ 为常数，$r = 0$，得到显式解。

做变换 $\tau = T - t$，并令

$$V(t, x, N_2) = -m\sigma^2 \ln W(\tau, x, N_2)$$

则 $W(\tau, x, N_2)$ 满足方程

$$\begin{cases} \dfrac{\partial V}{\partial \tau} - \dfrac{1}{2}\sigma^2 \dfrac{\partial^2 W}{\partial x^2} = 0, & x \in \mathbf{R}, \tau \in [0, T] \\[3mm] W(0, x) = \exp\left[-\dfrac{P}{m\sigma^2}(x - N_1 - N_2)^+\right], & x \in \mathbf{R} \end{cases} \qquad (6.30)$$

参考本章前三节的内容，我们可以得到方程的解为

$$V(t, x, N_2) = -m\sigma^2 \ln W(T - t, x, N_2)$$

$$= -m\sigma^2 \ln\left\{\int \frac{1}{\sigma\sqrt{2\pi(T-t)}}\exp\left[-\frac{(x-\xi)^2}{2\sigma^2(T-t)} - \frac{P}{m\sigma^2}(\xi - N_1 - N_2)^+\right]d\xi\right\}$$

$$= -m\sigma^2 \ln\left\{\Phi\left(\frac{N_1 + N_2 - x}{\sigma\sqrt{T-t}}\right) + \exp\left[\frac{P(N_1 + N_2 - x)}{m\sigma^2} + \frac{P^2(T-t)}{2m^2\sigma^2}\right]\right.$$

$$\left. \cdot \Phi\left[-\frac{N_1 + N_2 - x + \dfrac{P(T-t)}{m}}{\sigma\sqrt{T-t}}\right]\right\} \qquad\qquad (6.31)$$

其中 $\Phi(\cdot)$ 是标准正态分布的累积分布函数。由式（6.31）可得

$$\frac{\partial V}{\partial x} = -\frac{m\sigma^2}{W}\frac{\partial W}{\partial x} \geqslant 0 \qquad\qquad (6.32)$$

上面的论述中，在最优减排策略的实施下，我们可以使减排的花费最低，式（6.31）显示的结果中含有参数 N_2，即企业在初始时刻通过拍卖途径所获得的排放许可，获得这部分许可的花费为 $S_0 N_2$。企业最终目的是减排花费和购买排放权花费的总额最低，于是令 $V(0, x, N_2)$ 对 N_2 求偏导

数，得到

$$\frac{\partial V(0,x,N_2)}{\partial N_2}=-\frac{m\sigma^2}{W(T,x,N_2)}\frac{\partial W(T,x,N_2)}{\partial N_2}$$

$$=-\frac{P}{W(T,x,N_2)}\exp\left[\frac{P(N_1+N_2-x)}{m\sigma^2}+\frac{P^2T}{2m^2\sigma^2}\right]$$

$$\cdot\Phi\left(-\frac{N_1+N_2-x+\dfrac{PT}{m}}{\sigma\sqrt{T}}\right) \tag{6.33}$$

可以看出 $\dfrac{\partial V}{\partial N_2}<0$，即企业在最初购得的排放许可越多，则减排的花费最低，这是显然的，但是企业购买这些许可的花费将越高，因此初始时刻在给定拍卖价格 S_0 的情况下，为了使得减排期间总的期望花费最低，需要满足：

$$\frac{\partial V(0,x,N_2)}{\partial N_2}+S_0=0 \tag{6.34}$$

下面记 N_2^* 是满足式（6.34）的购买量 N_2 的取值，即给定拍卖价格 S_0 的情况下，使得总花费最低的购买量。因为 $V(0,x,N_2)$ 对于变量 N_2 是单调函数，所以 N_2^* 和 S_0 是一一映射，即任一拍卖价格 S_0，企业对应着唯一的最优购买策略 N_2^*。一方面，当拍卖价格 S_0 确定以后，上述式（6.34）是 N_2 的隐式方程，可以通过牛顿迭代法进行求解，计算得出企业应该购买的合理排放许可数量；另一方面，因为企业通常会对本身的 CO_2 排放量有预估，如果事先确定了购买的数量，则也可通过式（6.33）计算得到拍卖者对拍卖的排放许可的合理的价格预期。即通过代入 N_2 得到的 S_0，如果在市场中的排放权价格低于 S_0，则企业通过排放权购买比预估的总费用要低；如果高于 S_0，则企业通过排放权购买花费比预估的总费用要高。

此外，政府在进行排放权拍卖时，通常会设置拍卖保留价格（auction reserve price）❶，即在一次拍卖活动中，会在拍卖前保密设置最低的清算价格，如果最后竞拍的价格低于该保留价格，则这次竞拍将取消。这种设置是为了保护排放权市场，使得竞拍者用合理价格购买排放权。政府可以通过本阶段在拍卖前的预期减排量，计算得到 S_0，即在该价格设置下，企业通过减排和购买活动所需的花费最低，从而设置合理的拍卖保留价格。如果保留价格设置过高，则容易使其高于竞拍价格从而拍卖取消；如果设置过低，则不利于促进参与者主动减排。

---

❶ http://ec.europa.eu/clima/sites/clima/files/docs/0060/auctioning-en.pdf

6.5.4 性质分析

（1）预期价格 S_0 的性质分析

现在分析企业排放权的预期价格 S_0 和各参数之间的关系。首先通过模拟计算作图得到 S_0 和最优购买量 N_2^* 之间的关系，参数选取如表 6.2 所列。

表 6.2 性质分析参数选取

$x/\text{tCO}_2\text{e}$	σ	m	$P/$（元/t）	$N_1/\text{tCO}_2\text{e}$
5000	150	0.2	100	0

由图 6.31 可以看到，随着拍卖价格 S_0 的递增，企业对排放权的最优购买量将递减，因为设定的罚款标准是 100 元/t，如果拍卖价格超过该标准，则企业将选择接受罚款，因此该标准是拍卖价格的上限。如果排放许可的拍卖价格趋向于零，则企业应该购买更多的排放权。事实上，如果直接购买的价格低于企业进行减排项目进行减排的成本，则企业会选择购买。即如果排放权的价格较高，则更多资金将流向企业的费用较低的减排项目，包括绿色能源的使用、排放的治理等。此外，如果政府期望企业所需的减排量较高，则应降低制订的拍卖保留价格。

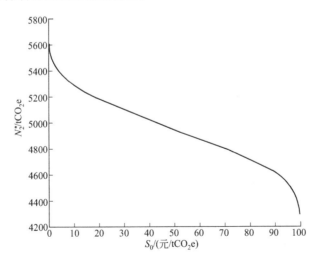

图 6.31 拍卖价格 S_0 和初始排放权最佳购买数量 N_2^* 的关系

关于拍卖价格，我们有如下性质。

性质 1：在满足前面的假设条件下，预期价格 S_0 有界。

证明： 显然由式(6.34)，可以看出 $S_0 > 0$。又由前面推导，可以得出

$$W(T, x, N_2) - \Phi\left(\frac{N_1 + N_2 - x}{\sigma\sqrt{T}}\right)$$

$$= \exp\left[\frac{P(N_1 + N_2 - x)}{m\sigma^2} + \frac{P^2 T}{2m^2 \sigma^2}\right] \Phi\left(-\frac{N_1 + N_2 - x + \frac{PT}{m}}{\sigma\sqrt{T}}\right)$$

所以有

$$S_0 = -\left.\frac{\partial V(0, x, N_2)}{\partial N_2}\right|_{N_2 = N_2^*} = P - \frac{P}{W(T, x, N_2^*)}\Phi\left(\frac{N_1 + N_2^* - x}{\sigma\sqrt{T}}\right) < P$$

即市场上合理的 CO_2 排放权的价格存在上界，类似结论可参见文献 [23]。

性质2： 当增长系数 $m \to 0$ 时，预期价格 $S_0 \to 0$。

证明： 使用洛必达法则，容易得到结果

$$\lim_{m \to 0}\left\{\exp\left[\frac{P(N_1 + N_2 - x)}{m\sigma^2} + \frac{P^2 T}{2m^2 \sigma^2}\right]\Phi\left(-\frac{N_1 + N_2 - x + \frac{PT}{m}}{\sigma\sqrt{T}}\right)\right\}$$

$$= \frac{m\sigma\sqrt{T}}{\sqrt{2\pi}[m(N_1 + N_2 - x) + PT]}\exp\left[-\frac{(N_1 + N_2 - x)^2}{2\sigma^2 T}\right] = 0$$

因此结论成立。

定理结果说明了当实施减排项目的所需花费趋向于零时，企业的预期初始拍卖价格也趋向于零。即减排技术较为低廉时，企业更乐于选择实施减排，此时竞拍，企业的报价也较低，因此最后的竞拍价格也倾向于较低的价格。这一结果也说明企业在竞拍购买排放许可的时候，应充分预估自身减排技术的成本，从而提出符合自身情况的报价。

性质3： 当初始排放权 $N_1 \to +\infty$ 时，预期价格 $S_0 \to 0$。

证明： 因为

$$\lim_{N_1 \to +\infty}\left\{\exp\left[\frac{P(N_1 + N_2 - x)}{m\sigma^2} + \frac{P^2 T}{2m^2 \sigma^2}\right]\Phi\left(-\frac{N_1 + N_2 - x + \frac{PT}{m}}{\sigma\sqrt{T}}\right)\right\}$$

$$= \lim_{N_1 \to \infty}\frac{m\sigma}{P\sqrt{2\pi T}}\exp\left[-\frac{(N_1 + N_2 - x)^2}{2\sigma^2 T}\right] = 0$$

故结论成立。

这个结论表明如果在初始时刻企业获得的免费排放权过高，企业在拍卖时的预期报价也趋向于零。这是显然的，如果免费获得的排放权数量远远超过企业可能的排放量，则企业不用担心在核查时刻自己的排放总量超过限额

而遭受罚款，因此企业在初始时刻也不需要另外参与拍卖获得更多排放权，因此自己的拍卖预期报价将较低。

在 EU ETS 第一个阶段的末期，因为对排放总额的估计不足，免费发放的排放许可超过了总体排放量，供应超出需求，使得排放权价格在 2007 年暴跌。而在第二个阶段，由于经济低迷，使得企业对排放权的需求降低，因而也导致了市场上排放权供应的过剩，EU ETS 的排放权一直处于较低的价格[66]。

（2）最优购买量 N_2^* 的性质分析

下面通过牛顿迭代法，讨论各参数和最优购买量 N_2^* 之间的关系。

图 6.32 为惩罚单位价格 P 和排放许可的购买量 N_2^* 的关系，可以看出，当 P 提高以后，在其他参变量不变的情况下，惩罚单位价格较高则增加了企业排放超出限额后的惩罚成本，因此企业应该在初始时刻购买更多的排放许可。

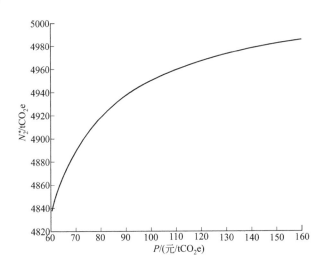

图 6.32 P 和 N_2^* 的关系

图 6.33 为减排效率参数 m 和最优购买量 N_2^* 的关系，当 m 增加时，企业应该增加排放许可的购买量，这是因为此时花费同样的资金，企业能够降低的排放率变少了，即减少单位的排放率需要的花费增加了，因此选择购买更多的排放许可则更为经济。

图 6.34 为企业的初始排放量 x 和最优购买量 N_2^* 的关系，从图中可以看出，当 x 增加时，企业需要购买更多的排放许可。这是显然的，初始排放量较大意味着企业的减排任务更高，因此需要投入更多的资金进行

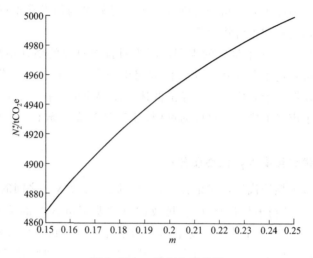

图 6.33 m 和 N_2^* 的关系

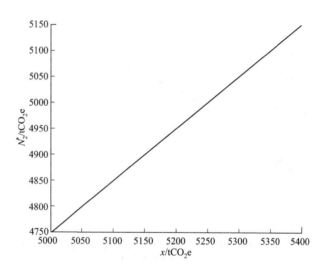

图 6.34 x 和 N_2^* 间的关系

减排。此外，在参数 $b=0$ 的情况下，可以从式（6.33）和式（6.34）看出 x 和 N_2^* 是线性增加的关系，因为此时在其他参数不变的情况下，x 的增加需要增加 N_2^* 进行同样大小的抵消才能保证式子成立。

图 6.35 为企业的最优购买量 N_2^*、σ 和拍卖价格 S_0 之间的关系。从图中可以看出，当拍卖价格 S_0 较小，则 σ 增加对应企业应购买更多的排放权，而在拍卖价格较高时，情况相反，σ 增加对应企业应减少排放权的购买量。

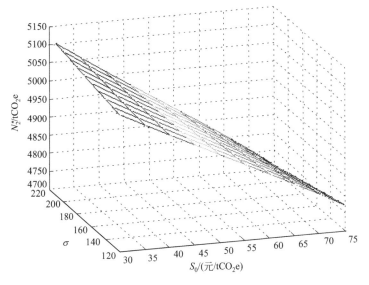

图 6.35 N_2^*、σ 和 S_0 的关系

（3）最小费用分析

在 $t=0$ 时刻，企业的最低减排总费用可表示为

$$V_{\text{cost}} = S_0 N_2^* + V(0, x, N_2^*)$$

$$= -\frac{\partial V(0, x, N_2)}{\partial N_2}\bigg|_{N_2 = N_2^*} N_2^* + V(0, x, N_2^*)$$

$$= \frac{N_2^* P}{W(T, x, N_2^*)} \exp\left[\frac{P(N_1 + N_2^* - x)}{m\sigma^2} + \frac{P^2 T}{2m^2\sigma^2}\right]$$

$$\cdot \Phi\left(-\frac{N_1 + N_2^* - x + \dfrac{PT}{m}}{\sigma\sqrt{T}}\right) - m\sigma^2 \ln W(T, x, N_2^*) \qquad (6.35)$$

首先，因为 $\dfrac{\partial V_{\text{cost}}}{\partial N_1} = \dfrac{\partial V}{\partial N_1} = \dfrac{\partial V}{\partial N_2} < 0$，因此，总费用 V_{cost} 是 N_1 的减函数，即在其他参数不变的情况下，初始收到政府免费发放的排放权越多，则企业的总花费越低。且通过计算可以得到

$$\lim_{N_1 \to +\infty} V_{\text{cost}} = 0$$

即当政府发放的免费排放许可足够大，则企业的减排总花费趋向于零。

图 6.36 为最低总费用 V_{cost} 和企业的初始排放量 x 的递增关系，即若在 $t=0$ 时刻，企业的期望总排放量较大，则企业的期望最低总费用也较大，事实上，此时企业所面对的减排任务较大，因而在其他参数不变的情况下，

花费也较多。

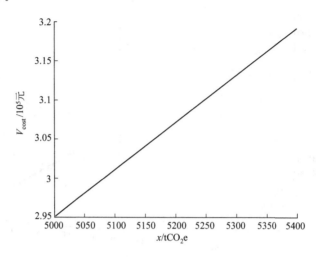

图 6.36　V_{cost} 和 x 的关系

图 6.37 为最低总费用 V_{cost} 和企业的减排效率参数 m 的关系，当 m 越大时，企业的总费用也将越大，这是因为此时企业通过实施减排项目的花费将比较大，所以导致整体总费用增加。

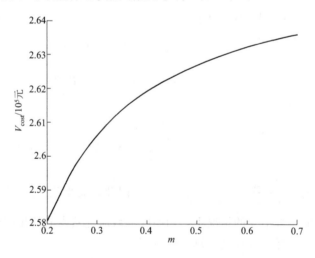

图 6.37　V_{cost} 和 m 的关系

图 6.38 为最低总费用 V_{cost} 和超出限额后单位排放的惩罚标准 P 的关系。当设立的标准 P 较大时，企业所需的减排花费也较大。

图 6.39 为最低总费用 V_{cost} 和波动率 σ 的递增关系，当企业排放的累积预期波动率较高时，企业的预期总花费也将增高。

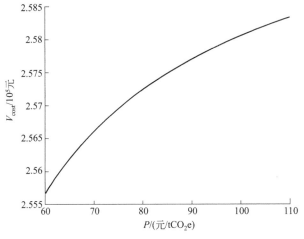

图 6.38 V_{cost} 和 P 的关系

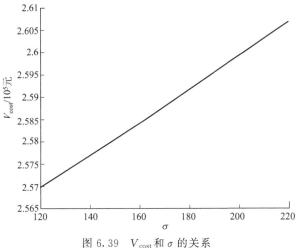

图 6.39 V_{cost} 和 σ 的关系

（4）最优策略分析

因为本章的模型假设中排放权的购买是集中在 $t=0$ 时刻进行的，因此企业的最优减排策略是在 $[0,T]$ 中对实施减排项目的优化。

由式（6.31），可以得出

$$\frac{\partial V(t,x,N_2^*)}{\partial x}=-\frac{m\sigma^2}{W(T-t,x,N_2^*)}\frac{\partial W(T-t,x,N_2^*)}{\partial x}$$

$$=-\frac{m\sigma^2}{W(T-t,x,N_2^*)}\left\{-\frac{P}{m\sigma^2}\exp\left[\frac{P(N_1+N_2^*-x)}{m\sigma^2}\right.\right.$$

$$+ \frac{P^2(T-t)}{2m^2\sigma^2} \Bigg] \Phi \left[- \frac{N_1 + N_2 - x + \dfrac{P(T-t)}{m}}{\sigma\sqrt{T-t}} \right] \Bigg\} \geqslant 0 \quad (6.36)$$

又由式(6.28)，在 $[0, T]$ 中最优减排策略为

$$u^* = \frac{1}{m} \frac{\partial V(t, x, N_2^*)}{\partial x} \qquad (6.37)$$

图 6.40 为 $[0, T]$ 时间段内，最优策略和 x 的关系，参数 $S_0 = 50$，$X(0) = 5000$，首先通过式(6.34)计算得到在 0 时刻，企业的最佳排放权购买量 N_2，然后计算在 $0 \leqslant t \leqslant T$ 时刻企业的最优减排策略。

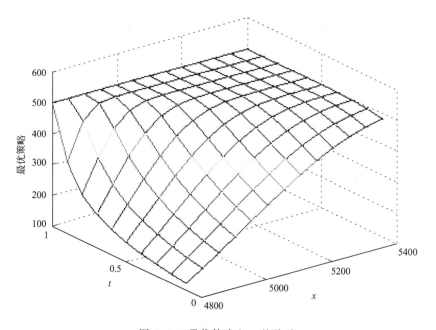

图 6.40　最优策略和 x 的关系

从图 6.40 中可以看出，首先，当固定 $t > 0$ 时刻的累积排放量预期，则距离到期日 T 越近，企业应选择加大减排力度。其次，在固定时间点，x 越大，表明企业的减排任务越大，因此需要相应使用更高的减排策略。此外，可以看到，当 x 较大时，减排策略存在上限，这是因为企业在 T 时刻面对的单位超额罚款是固定的，因此如果减排单位花费超过单位罚款的水平，则企业最优策略是选择接受罚款。在本章中边际减排花费是 mq，和 P 作比较，如果 $mq > P$，则选择接受罚款；如果 $mq \leqslant P$，则选择实施减排项目。

6.6 两时段企业排放权最佳购买量模型

6.6.1 问题简述

在 EU ETS，2005—2007 年履约期内的排放权被规定不能用于下个阶段，这个阶段内剩余的排放权在 2008 年 4 月 30 日全部作废。从第二个阶段开始（2008 年），企业剩余的排放权可以进行存储用于下个阶段。例如，第二个阶段剩余的排放权将在 2013 年 6 月底自动变更为第三个阶段的排放许可，且没有其他费用。排放权借出（Borrowing）是指企业从未来的履约期中借出排放许可用于增加本阶段的排放许可。目前在欧洲碳排放交易体系内，跨阶段的排放权借出是不允许的。所以如果排放权不能储存，那多阶段可以看成多个单时段问题。如果上期碳排权没有用完，可以转到下期，优化控制应该如何进行？

6.6.2 模型建立

假设存在两个排放权的履约时段，$[0, T]$ 和 $[T, T_2]$。在第一阶段结束时，履约剩余的排放权允许存储用于履行下个阶段的减排，但是不允许排放权借出。假设 S_T 是第二阶段开始时排放权的拍卖价格，则因为第一个阶段的排放权剩余，企业可以减少自己在第二阶段的排放许可购买量，因此第一阶段剩余排放权的单位价格等于第二阶段初始时刻的排放权拍卖价格 S_T。

假设价格过程 S_t 满足几何布朗运动：

$$dS_t = S_t(\mu_2 dt + \sigma_2 dW_t^2)$$

式中，W_t^2 是标准布朗运动，假设 $dW_t dW_t^2 = 0 dt$。于是总减排花费在 $t = 0$ 时刻的现值为

$$E\left[\int_0^T e^{-rs} C(\theta, u_\theta) ds + e^{-rT} P(X_T - N_1 - N_2)^+ \right.$$
$$\left. - e^{-rT} S_T(X_T - N_1 - N_2)^- + S_0 N_2\right]$$

其中，$S_T(X_T - N_1 - N_2)^-$ 表示在 T 时刻，如果企业的累积排放量没有超过之前购买以及政府免费发放的排放限额总额，则剩余的部分可以用于下个阶段的排放。由于在第二阶段初始时刻 T，企业仍要通过竞拍方式获得排放权，因此上个阶段的剩余排放许可在 T 时刻的价格等于第二阶段的拍卖

价格 S_T。

记

$$V_2(t,x;s,N_2) \overset{\triangle}{=} \inf_{u. \in U} \mathrm{E}\Big[\int_t^T \mathrm{e}^{-r(\theta-t)}C(\theta,u_\theta)\mathrm{d}\theta + \mathrm{e}^{-r(T-t)}P(X_T-N_1-N_2)^+$$

$$-\mathrm{e}^{-r(T-t)}S_T(X_T-N_1-N_2)^-\,|\,X_t=x,S_t=s\Big]$$

则由动态规划原理，值函数 $V_2(t,\ x,\ s,\ N_2)$ 满足方程

$$\inf_u\Big[\frac{\partial V_2}{\partial t} - u\frac{\partial V_2}{\partial x} + s\mu_2\frac{\partial V_2}{\partial s} + \frac{1}{2}G^2\frac{\partial^2 V_2}{\partial x^2} + \frac{1}{2}\sigma_2^2 s^2\frac{\partial^2 V_2}{\partial s^2} + \frac{1}{2}mu^2 - rV_2\Big] = 0$$

$$(6.38)$$

以及终值条件

$$V_2(T,x;s,N_2) = P(x-N_1-N_2)^+ - s(s-N_1-N_2)^-$$

最优减排策略为

$$u^* = \frac{1}{m}\frac{\partial V_2}{\partial x}$$

于是方程 (6.38) 变为

$$\frac{\partial V_2}{\partial t} - \frac{1}{2m}\Big(\frac{\partial V_2}{\partial x}\Big)^2 + s\mu_2\frac{\partial V_2}{\partial s} + \frac{1}{2}G^2\frac{\partial^2 V_2}{\partial x^2} + \frac{1}{2}\sigma_2^2 s^2\frac{\partial^2 V_2}{\partial s^2} - rV_2 = 0,$$

$$s > 0, x \in \mathbf{R}$$

该方程是二维非线性偏微分方程，一般难以得到解析解，可以使用数值算法进行求解。与单时段模型类似，综合企业自身减排和排放权购买两部分的花费，使得总费用最低的购买量 N_2 满足：

$$\frac{\partial V(0,x;S_0,N_2)}{\partial N_2} + S_0 = 0$$

6.6.3 模型求解

下面通过数值方法对上述数模型进行分析。参数选择如表 6.3 所列。

表 6.3 模型参数（一）

P	N_1	N_2	σ_1	σ_2	μ_2	m
100	0	4500	150	0.2	0.02	0.2

从图 6.41 中可以看到，在企业竞拍结束后，企业后续减排费用和初始 CO_2 排放量预期之间是递增关系。即企业当前的排放量超出限额越多，则企业在竞拍后的其他减排费用也将越大。

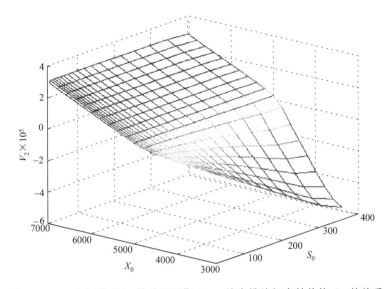

图 6.41 V_2 和初始 CO_2 排放量预期 X_0、首次排放权竞拍价格 S_0 的关系

此外，从图 6.41 中还可看出，在初始 CO_2 排放量预期较小时，初始竞拍价格越大，企业的后续减排总费用也越低。这是因为此时，企业在到 T，即第一阶段结束核查时，排放权有剩余的概率较大，因此，价格越高，企业能在第二阶段节省的费用就越多。

另外，当初始排放量逾期远超排放限额时，后续总减排费用和初始竞拍价格无关。这是因为企业在此状态下将以接近罚款价格 P 来进行排放权的处罚和减排。

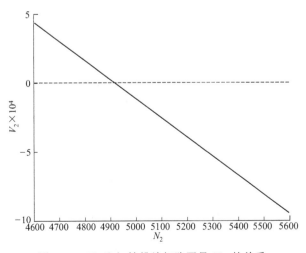

图 6.42 V_2 和初始排放权购买量 N_2 的关系

选取参数 $X=5000$，$S_0=105$，由图 6.42 可知 V_2 对于 N_2 单调递减。即在其他条件不变的情况下，初始通过竞拍获得的购买量越多，则企业在后续减排的花费就越低。但是此时初始竞拍购买的排放权的价格也将越高。因此，企业在实际安排过程中，可以根据实际情况，通过参数校验获得参数后，检验 V_2 相较于 N_2 的递减速率，从而找到最佳的排放权购买量。在这种购买量下，企业总体减排的费用最低。

6.7　企业减排技术最佳引进时间模型

为了应对气候变化，许多国家和地区制订了相应的二氧化碳减排方案。例如对排放企业收取碳税，建立排放权交易市场，发展绿色能源技术，减少化石能源的使用等。对企业而言，需要对新技术引进的收益及减排成本进行综合考虑，以制订适合自身的减排策略。

6.7.1　问题简述

在碳税政策下，企业应该引进新技术以减排，但新技术不断更新，引进后对设备有维修费用，过早引进显然不智，而过晚引进会有大量的碳排放无法处理，所以企业什么时候引进二氧化碳减排的新技术为佳？

6.7.2　模型建立

如前，用随机微分方程描述企业的二氧化碳排放率，用指数递减模型描述科技引进成本，讨论企业减排技术的最佳引进时间问题。

假设概率空间 $(\Omega, \mathscr{F}, P)$ 以及域流 $F=(\mathscr{F}_t)_{t\geqslant 0}$，满足通常条件，下文的不确定性都在该概率空间上进行讨论。假设某生产企业在产品生产过程中排放二氧化碳，且需缴纳碳排放税。为了减少碳排放税的支出，企业决定对现有生产设备进行改造，使二氧化碳排放率降低。在本章中，假设该改造过程是个不可逆的投资过程，且企业只进行一次改造，即企业一旦决定进行设备改造，则今后将不再改变生产方式。

假设该企业初始的二氧化碳排放率 Q_t^1 满足：

$$\frac{\mathrm{d}Q_t^1}{Q_t^1} = \mu_1 \mathrm{d}t + \sigma \mathrm{d}W_t \tag{6.39}$$

在安装减排设备后，公司的二氧化碳排放率 Q_t^2 满足：

$$\frac{\mathrm{d}Q_t^2}{Q_t^2} = \mu_2 \mathrm{d}t + \sigma \mathrm{d}W_t \tag{6.40}$$

式中，μ_1、μ_2 为漂移参数，假设 $\mu_1 > \mu_2$，表示安装设备以后，公司的排放率增长将降低，表示减排的效果，此外假设市场无风险利率，r 是常数，且满足 $r > \mu_2$，即减排后的排放率低于 r。波动率参数 $\sigma > 0$ 假设是常数，可以通过调整 σ 对企业的二氧化碳排放率的不确定性进行拟合，W_t 是适应于 $\mathscr{F}_t$ 的标准布朗运动，表示企业未来碳排放的不确定性，该不确定性来源于生产过程、产品需求的不确定性等。同样用几何布朗运动描述企业的碳排放率的文献可参见 [101]。假设企业安装减排装备的时间为 τ，在安装减排设备前后二氧化碳排放率连续，即 $Q_{\tau^-}^2 = Q_{\tau^+}^1$。

假设政府规定的碳税率为常数 $C > 0$，则企业在安装减排设备以后，二氧化碳排放率为 Q_t^2，因此企业未来所支付的碳排放税在 t 时刻的现值可表示为

$$
\mathrm{E}\left[\int_t^\infty D(s)Q_s^2 \mathrm{d}s \,\middle|\, \mathscr{F}_t\right] = \int_t^\infty \mathrm{E}\left[Q_t^2 D(s) \mathrm{e}^{\left(\mu_2 - \frac{\sigma^2}{2}\right)(s-t) + \sigma(W_s - W_t)} \,\middle|\, \mathscr{F}_t\right] \mathrm{d}s
$$

$$
= \int_t^\infty Q_t^2 \mathrm{e}^{\mu_2(s-t) - rs} \mathrm{d}s = \frac{Q_t^1}{r - \mu_2} D(t)
$$

其中 $D(s) = \exp(-rs)$，表示贴现率。企业在安装减排设备以后，需要支出对该设备的管理成本，假设管理费率为常数 $M > 0$，则在 t 时刻，企业未来支付的管理费的现值可表示为

$$
\int_t^\infty D(s)M \mathrm{d}s = \frac{M}{r} D(t)
$$

记企业减排设备的购买安装费用为 I_t，且随着科技水平的进步，安装率的提高，该费用将逐渐降低。在本节讨论中，我们不考虑安装该设备所需要持续的时间，即在 τ 时刻企业一旦决定安装该设备，则企业的二氧化碳排放率将立即由 Q_τ^1 转为 Q_τ^2。企业考虑自身当下的二氧化碳排放水平以及设备购买安装成本，选择最佳的设备引进时间，使得所支出的总预期成本最低，于是企业的总期望减排成本 $V(I, Q)$ 可表示为

$$
V(I, Q) = \inf_{\tau \in T} \mathrm{E}\left[\int_0^\tau D(s)CQ^1(s)\mathrm{d}s + I(\tau)D(\tau) + \frac{CQ^1(\tau)}{r - \mu_2}D(\tau)\right.
$$

$$
\left. + \frac{M}{r}D(\tau) \,\middle|\, I(0) = I, \quad Q^1(0) = Q\right]
$$

$$
= \inf_{\tau \in T} \mathrm{E}\left\{\int_0^\tau D(s)CQ^1(s)\mathrm{d}s + \left[I(\tau) + \frac{CQ^1(\tau)}{r - \mu_2}\right.\right.
$$

$$
\left.\left. + \frac{M}{r}\right]D(\tau) \,\middle|\, I(0) = I, \quad Q^1(0) = Q\right\} \tag{6.41}
$$

T 表示在 $[0, \infty]$ 中取值的所有停时的集合。式(6.41) 中包含四部分，分

别为：

① $\int_0^\tau D(s)CQ(s)\mathrm{d}s$ 表示从 0 时刻到减排设备安装前，企业所需要支付的碳税；

② $I(\tau)D(\tau)$ 表示减排设备在 τ 时刻的投资成本，包括设备购买的费用和安装的费用等；

③ $CQ^1(\tau)D(\tau)/(r-\mu_2)$ 表示安装减排设备后，企业从 τ 时刻开始所需支付的碳税；

④ $MD(\tau)/r$ 表示安装减排设备后，在企业的生产活动中，对减排设备支出的设备管理和运营费用。

企业通过在原有设施安装减排设备，或建设新型排放低的设施来替代原有设施，以及使用二氧化碳捕集技术等来降低自身的二氧化碳排放。技术进步以及新技术的普及率的提高，将导致减排设施费用降低，假设该企业引入减排设施的费用满足指数递减模型[102]：

$$I_t = I_0 \mathrm{e}^{-\kappa t}$$

式中，I_0、κ 为常数，$I_0 > 0$ 表示当前时刻安装减排设备所需要的成本。

即

$$\mathrm{d}I_t = -\kappa I \mathrm{d}t \tag{6.42}$$

根据动态规划原理[103]，在区域 $(I,Q) \in (0,\infty) \times (0,\infty)$ 上，$V(I,Q)$ 满足下面变分不等方程：

$$\max\left[-\mathscr{L}V + \kappa I \frac{\partial V}{\partial I}, \quad V - \left(I + \frac{CQ}{r-\mu_2} + \frac{M}{r}\right)\right] = 0 \tag{6.43}$$

其中

$$\mathscr{L}V \stackrel{\triangle}{=} \mu_1 Q \frac{\partial V}{\partial Q} + \frac{1}{2}\sigma^2 Q^2 \frac{\partial^2 V}{\partial Q^2} - rV + CQ \tag{6.44}$$

6.7.3　特殊情况下的模型求解

变分不等方程 (6.43) 的显式解一般难以得到，下面将对两种特殊情况下的问题进行求解分析。

(1) 情形一：确定性的碳排放率

假设 $\sigma = 0$，不考虑二氧化碳排放率的随机性，即假设企业的二氧化碳排放率是确定性的增长过程，满足：

$$\mathrm{d}Q_t^1 = \mu_1 Q_t^1 \mathrm{d}t, \quad \mathrm{d}Q_t^2 = \mu_2 Q_t^2 \mathrm{d}t$$

则由式（6.41）得

$$V(I,Q) = \inf_{0 \leqslant \tau < \infty} \left\{ \frac{CQ}{\mu_1 - r}[e^{(\mu_1 - r)\tau} - 1] + Ie^{-(\kappa + r)\tau} + \frac{CQ}{r - \mu_2}e^{(\mu_1 - r)\tau} + \frac{M}{r}e^{-r\tau} \right\}$$

$$(6.45)$$

定义

$$f(\tau) \stackrel{\triangle}{=} \frac{CQ}{\mu_1 - r}[e^{(\mu_1 - r)\tau} - 1] + Ie^{-(\kappa + r)\tau} + \frac{CQ}{r - \mu_2}e^{(\mu_1 - r)\tau} + \frac{M}{r}e^{-r\tau} \quad (6.46)$$

为了给出模型的显式解，方便讨论模型的性质，我们下面假设 $M = 0$，即不考虑企业安装设备以后的管理运营费用。

分析可知，若 $CQ\dfrac{\mu_1 - \mu_2}{r - \mu_2} - (\kappa + r)I \geqslant 0$，则在 $\tau = 0$ 时，$V(I,Q)$ 取得最小值，因此企业此时的最佳策略是立即实施，即购买安装减排设备。如果 $CQ\dfrac{\mu_1 - \mu_2}{r - \mu_2} - (\kappa + r)I < 0$，则最佳实施时刻 $\tau > 0$。可知该问题的最佳实施边界 (I^*, Q^*) 满足方程：

$$CQ^* \frac{\mu_1 - \mu_2}{r - \mu_2} - (\kappa + r)I^* = 0 \qquad (6.47)$$

图 6.43 为企业最佳实施边界的示意，该边界是 I-Q 坐标系下的一条射线，且该射线的斜率大于零，将区域 $(0,\infty) \times (0,\infty)$ 分成两部分，在边界左侧区域，企业的最优策略是继续等待，在边界的右侧，企业应该立即购买安装减排设备。

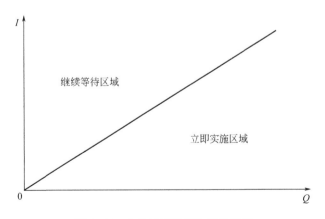

图 6.43　企业最佳实施边界的示意

于是继续等待区域可表示为

$$O \overset{\triangle}{=} \left\{ (I,Q) \in [0,\infty) \times [0,\infty) \mid CQ \frac{\mu_1 - \mu_2}{r - \mu_2} - (\kappa + r)I < 0 \right\}$$

立即实施区域可表示为

$$O^C \overset{\triangle}{=} \left\{ (I,Q) \in [0,\infty) \times [0,\infty) \mid CQ \frac{\mu_1 - \mu_2}{r - \mu_2} - (\kappa + r)I \geqslant 0 \right\}$$

同时，由式（6.47）可知，当碳税率 C 增加，该实施边界的斜率将增加，如图 6.44 所示，碳税率 $C_1 > C_2$。这表明政府如果提高碳税的力度，企业的等待区域将变小，即更多的企业将按照最优策略选择购买安装减排设备。

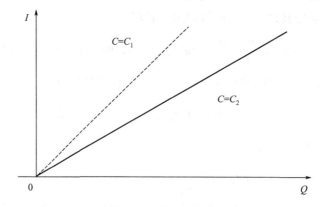

图 6.44　企业的最佳减排设备引进边界与碳税率的关系

图 6.45 为不同科技进步速度下最佳实施边界的示意，其中科技进步参数 $\kappa_1 > \kappa_2$，即如果该项减排技术发展较快，购买安装费用随时间降低较快，则企业等待实施的区域将增加，即等待一段时间后，安装成本降低后再选择实施此项减排技术。

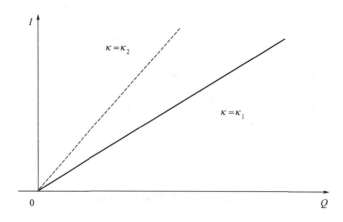

图 6.45　企业的最佳减排设备引进边界与技术进步的关系

在实施区域，企业的总预期花费为 $V(I,Q)=I+CQ/(r-\mu_2)$。在继续等待区域 O，企业的总预期花费可表示为

$$V(I,Q)=\frac{CQ}{\mu_1-r}\left[\mathrm{e}^{(\mu_1-r)\tau^*}-1\right]+I\mathrm{e}^{-(\kappa+r)\tau^*}+\frac{CQ}{r-\mu_2}\mathrm{e}^{(\mu_1-r)\tau^*}$$

其中 τ^* 满足 $f'(\tau^*)=0$，于是可以得到在继续等待区域上

$$\tau^*=\frac{1}{\mu_1+\kappa}\ln\left[\frac{I(\kappa+r)(r-\mu_2)}{CQ(\mu_1-\mu_2)}\right]$$

在继续等待区域上企业的碳排放总预期成本：

$$V(I,Q)=(CQ)^{\frac{\kappa+r}{\mu_1+\kappa}}I^{\frac{\mu_1-r}{\mu_1+\kappa}}\left[\frac{(\kappa+r)(r-\mu_2)}{\mu_1-\mu_2}\right]^{\frac{\mu_1-r}{\mu_1+\kappa}}\left[\frac{(\mu_1-\mu_2)(\kappa+\mu_1)}{(r-\mu_2)(\mu_1-r)(\kappa+r)}\right]-\frac{CQ}{\mu_1-r}$$

通过计算容易得到

$$\frac{\partial V}{\partial I}=\left[\frac{I}{CQ}\frac{(\kappa+r)(r-\mu_2)}{(\mu_1-\mu_2)}\right]^{\frac{\kappa+r}{\mu_1+\kappa}}>0$$

即总预期成本是减排设备购买安装费用的增函数，设备购买安装成本越高，则企业的总花费也将增加。

$$\frac{\partial V}{\partial Q}=C(CQ)^{\frac{r-\mu_1}{\mu_1+\kappa}}I^{\frac{\mu_1-r}{\mu_1+\kappa}}\left[\frac{(\kappa+r)(r-\mu_2)}{\mu_1-\mu_2}\right]^{\frac{\mu_1-r}{\mu_1+\kappa}}\left[\frac{\mu_1-\mu_2}{(r-\mu_2)(\mu_1-r)}\right]-\frac{C}{\mu_1-r}$$

$$\frac{\partial V}{\partial C}=Q(CQ)^{\frac{r-\mu_1}{\mu_1+\kappa}}I^{\frac{\mu_1-r}{\mu_1+\kappa}}\left[\frac{(\kappa+r)(r-\mu_2)}{\mu_1-\mu_2}\right]^{\frac{\mu_1-r}{\mu_1+\kappa}}\left[\frac{\mu_1-\mu_2}{(r-\mu_2)(\mu_1-r)}\right]-\frac{Q}{\mu_1-r}$$

因为在继续等待区域上，满足 $CQ\dfrac{\mu_1-\mu_2}{r-\mu_2}-(\kappa+r)I<0$，因此通过计算可知：

$$\frac{\partial V}{\partial Q}>0,\qquad\frac{\partial V}{\partial C}>0$$

即企业的最低减排总成本 $V(I,Q)$ 是初始排放率和碳税率的增函数，事实上，在其他条件不变的情况下，初始排放率越高，或者碳税率越高，则企业所缴纳的碳税将越高，因此总成本也将越大。

$$\frac{\partial^2 V}{\partial Q^2}=-\frac{C^2}{\mu_1+\kappa}(CQ)^{\frac{r-2\mu_1}{\mu_1+\kappa}}I^{\frac{\mu_1-r}{\mu_1+\kappa}}\left[\frac{(\kappa+r)(r-\mu_2)}{\mu_1-\mu_2}\right]^{\frac{\mu_1-r}{\mu_1+\kappa}}\left[\frac{\mu_1-\mu_2}{r-\mu_2}\right]<0$$

即企业最低总成本 $V(I,Q)$ 是初始排放率 Q 的凸函数。

(2) 情况二：技术引进成本恒定

考虑 $\kappa=0$ 的情形，如果 $\kappa=0$，则安装费用 $I_t=I$ 为常数，因此在区域 $Q\in(0,\infty)$ 上，$V(Q)$ 满足下面变分不等方程：

$$\max\left[-L^1V,V-\left(I+\frac{CQ}{r-\mu_2}+\frac{M}{r}\right)\right]=0 \tag{6.48}$$

其中

$$L^1V\overset{\triangle}{=}\mu_1Q\,\frac{\partial V}{\partial Q}+\frac{1}{2}\sigma^2Q^2\,\frac{\partial^2 V}{\partial Q^2}-rV+CQ$$

此时算子变为一维算子，可以按照求解永久美式期权的方式来对问题进行求解。假设 Q^* 是自由边界，即区间 $(0,Q^*)$ 是继续等待区域，在该区域上，值函数满足下面问题：

$$\mu_1Q\,\frac{\partial V}{\partial Q}+\frac{1}{2}\sigma^2Q^2\,\frac{\partial^2 V}{\partial Q^2}-rV+CQ=0 \tag{6.49}$$

$$V(Q^*)=I+\frac{CQ^*}{r-\mu_2}+\frac{M}{r} \tag{6.50}$$

$$V'(Q^*)=\frac{C}{r-\mu_2} \tag{6.51}$$

$$V(0)=0 \tag{6.52}$$

下面求解该问题，不难发现 $CQ/(r-\mu_1)$ 是方程 (6.49) 的一个特解。对于齐次方程

$$\mu_1Q\,\frac{\partial V^1}{\partial Q}+\frac{1}{2}\sigma^2Q^2\,\frac{\partial^2 V^1}{\partial Q^2}-rV^1=0 \tag{6.53}$$

令 $V^1=Q^\alpha$，α 是待定常数。则由方程 (6.50) 可得 α 满足：

$$\frac{1}{2}\sigma^2\alpha^2+\left(\mu_1-\frac{1}{2}\sigma^2\right)\alpha-r=0 \tag{6.54}$$

解得两个根：

$$\alpha_1=\frac{\dfrac{\sigma^2}{2}-\mu_1+\sqrt{\left(\mu_1-\dfrac{\sigma^2}{2}\right)^2+2r\sigma^2}}{\sigma^2}>0$$

$$\alpha_2=\frac{\dfrac{\sigma^2}{2}-\mu_1-\sqrt{\left(\mu_1-\dfrac{\sigma^2}{2}\right)^2+2r\sigma^2}}{\sigma^2}<0$$

因此方程 (6.53) 的通解可表示为

$$V(Q)=C_1Q^{\alpha_1}+C_2Q^{\alpha_2}+\frac{CQ}{r-\mu_1}$$

其中 C_1，C_2 是待定常数。由式(6.52) 可知 $C_2=0$。又由式(6.50) 可得

$$C_1=\left(I+\frac{M}{r}\right)(Q^*)^{-\alpha_1}+C(Q^*)^{1-\alpha_1}\left[\frac{\mu_2-\mu_1}{(r-\mu_2)(r-\mu_1)}\right]$$

最后通过式(6.51) 可得

$$V(Q) = \frac{\left(I + \frac{M}{r}\right)^{1-\alpha_1} (CQ)^{\alpha_1}}{1-\alpha_1} \left[\frac{(r-\mu_2)(r-\mu_1)\alpha_1}{(\mu_2-\mu_1)(1-\alpha_1)}\right]^{-\alpha_1} + \frac{CQ}{r-\mu_1}$$

$$Q^* = \frac{\left(I + \frac{M}{r}\right)\alpha_1(r-\mu_2)(r-\mu_1)}{C(1-\alpha_1)(\mu_2-\mu_1)}$$

通过直接计算，不难得出下面结论：

$$\frac{\partial V}{\partial I} = \left(I + \frac{M}{r}\right)^{-\alpha_1} (CQ)^{\alpha_1} \left[\frac{(r-\mu_2)(r-\mu_1)\alpha_1}{(\mu_2-\mu_1)(1-\alpha_1)}\right]^{-\alpha_1} > 0$$

$$\frac{\partial V}{\partial M} = \frac{1}{r}\left(I + \frac{M}{r}\right)^{-\alpha_1} (CQ)^{\alpha_1} \left[\frac{(r-\mu_2)(r-\mu_1)\alpha_1}{(\mu_2-\mu_1)(1-\alpha_1)}\right]^{-\alpha_1} > 0$$

$$\frac{\partial Q^*}{\partial I} = \frac{\alpha_1(r-\mu_2)(r-\mu_1)}{C(1-\alpha_1)(\mu_2-\mu_1)} > 0$$

$$\frac{\partial Q^*}{\partial M} = \frac{\alpha_1(r-\mu_2)(r-\mu_1)}{rC(1-\alpha_1)(\mu_2-\mu_1)} > 0$$

$$\frac{\partial Q^*}{\partial C} = \frac{\alpha_1(r-\mu_2)(r-\mu_1)}{C^2(1-\alpha_1)(\mu_2-\mu_1)} < 0$$

$$\lim_{C \to \infty} Q^* = 0 \tag{6.55}$$

即最低总预期成本是市场上减排设备购买安装费用 I 和设备管理费率 M 的增函数。在其他条件不变的情况下，购买安装费和管理费越大，则企业所支付的成本也将越大，因此总的预期成本也将越大。最佳实施边界 Q^* 是减排设备购买安装费用 I 和设备管理费率 M 的增函数，事实上，如果 I 较大，则企业将在排放率 Q 更高的情况下才会选择安装减排设备。如果管理费率较高，则企业在安装减排设备以后所支出的费用将越大，因此企业在排放率较高的时候才会选择安装减排设备。此外最佳实施边界 Q^* 是政府规定的碳税率的减函数，即如果 C 较大，则企业安装减排设备以后所带来的成本节省的效果将越大，因此企业将考虑在减排率较低的时候就安装减排设备。这也说明政府如果想让更多的企业实施减排，则可以通过提高碳税率达到目的。由式(6.55) 可以看出，如果碳税率很高，则企业将立即选择安装减排设备。

注释：对于一般情形，可以用有限差分方法对模型（6.44）进行数值求解。差分方法可参见文献 [32]，具体参数使用如表 6.4 所列。

表 6.4　模型参数（二）

κ	μ_1	μ_2	M	C	σ	r
0.02	0.007	0.002	4.5×10^5	10	0.15	0.03

图 6.46 给出了企业的最佳实施边界，该边界将空间分成两部分，左侧是继续等待区域，右侧是立即执行区域。

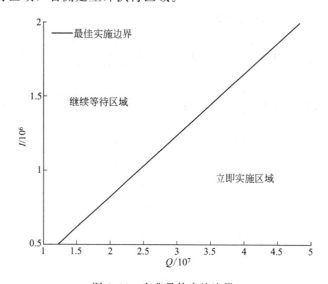

图 6.46　企业最佳实施边界

6.7.4　模型扩展

在前面的模型中，我们假设减排设备的引进安装费用满足指数递减模型。而实际中，技术进步往往是不连续的，具有一定的突发性。Murto[104] 给出了技术进步的跳跃模型，Fuss[105] 在该假设下讨论了存在碳交易市场情况下投资碳捕获技术的最佳时刻。在该模型中，假设碳减排设备购买安装费用满足：

$$I_t = I_0 \psi^{N_t}$$

式中，$I_0 > 0$ 表示在初始时刻减排设备的购买安装费用，即初始投资成本；N_t 为强度为 λ 的泊松过程；ψ 为常数，$0 < \psi < 1$，反映了技术进步对初始投资成本的影响，例如，如果在 t 时刻发生一次技术飞跃，即泊松过程发生一次跳跃，则成本将下降为 ψI_{t-}。

在该假设下，随机源有两部分，企业的二氧化碳排放率和市场上减排设备的引进安装费用。

由动态规划原理，企业的总预期减排成本 $V(Q,I)$ 满足的变分不等方程为

$$\max\left\{-LV-\lambda\left[V(Q,\psi I)-V(Q,I)\right],V-\left(I+\frac{CQ}{r-\mu_2}+\frac{M}{r}\right)\right\}=0$$

$$(6.56)$$

其中算子 L 如前定义。该模型的显式解一般难以得到，可通过数值方法进行计算讨论。

第 7 章

总结和展望

虽然碳排放的实现，数学模型的应用只是其中技术层面的很小一部分，但也是很重要的一部分。它可以帮助人们理解碳排放的原理，利用碳市场的功能、处理相关数据、优化碳减排的过程等。尤其在今天大数据和计算机的时代，数学模型的角色更是不可或缺。

在这本书里，我们呈现了数学模型在碳减排领域多方面的应用。

第 1 章介绍了碳排放背景。

第 2 章，我们简单地为一些本书中要用到的数学知识做了一些准备，当然作为数学的特点，这些准备远不能说严谨，也不能说足够。但我们为读者提过了相关的参考文献以备读者更深入的研讨。

第 3 章，我们提供了一些比较成熟的和碳排放相关的数学模型：人口模型、气温模型、GDP 模型、人口经济科技与环境污染方程、扩散模型、二叉树模型、马科维茨优化模型、市场价格的连续随机过程、Black-Scholes 模型和 GARCH 模型。

第 4 章，我们通过一些简单的数学模型，使读者直接理解数学建模的方法和碳减排结果。这些方法有：**概率统计模型**，它可以应用到碳排放相关的数据处理，找出数据变量之间的关系。例如如何应用回归拟合、GARCH 模型和因子模型来处理数据；**减排边际费用曲线**的建立，这对碳减排的评估和优化很重要；**碳项目的数学规划模型**是应用数学规划的方法对几个有关碳减排的项目进行优化，当然数学规划的应用是很广泛的，远不止这几个例子；**合理分配碳许可**是应用 Shapley 方法进行碳许可分配，这里只是提供一个碳许可合理分配的方法，在实际应用中还会有更多的因素影响到碳许可的分配，也就会有不同的方法；**微积分优化碳控制**是应用微积分求最值的方法找到生产和碳减矛盾中在碳减许可范围内收益最大、消耗最小的生产安排；**碳排放权涨跌的马尔科夫模型**是通过马尔科夫模型找出碳价涨跌的概率；**大气颗粒屏蔽热辐射的蒙特卡洛模拟**是通过蒙托卡洛模拟来评估大气的温室效应；**树种发展竞争模型**则是通过微分方程的平衡解来分析两种影响环境的物种（这里是阔叶林和针叶林）的竞争和驱替；**污染扩散模型**是通过扩散方程来计算污染的蔓延和扩散；**碳排放随机过程模型**是将人口模型、GDP模型带入人口经济科技与环境污染方程中，从而评估人口增长和经济发展等因素对环境污染的影响，从而计算一些相关的概率和成本。

第5章则聚焦碳市场。应用金融数学的成果对金融中一个特别的市场——碳市场进行研究。介绍了碳市场的一些产品，对于其中一些衍生产品进行了定价方法介绍，特别对一些**嵌入了未定权益的碳金融产品**进行了定价研究。最后还用马科维茨最优组合理论对中国现有的**碳市场进行了数据分析最优投资组合研究**。

第6章是比较难的一章，主要内容是关于碳优化的一些研究成果，包括几种**国家碳排放率的优化模型**，即上限有控制或无控制、考虑碳交易的、带惩罚机制的情形；**企业排放权最佳购买量模型**，包括单时段和两时段；以及**企业减排技术最佳引进时间模型**。我们对这些问题进行了建模和计算以及一些理论结果，涉及的数学问题比较艰深，有随机控制、HJB方程、粘性解等。

第7章，也就是本章，对本书的内容进行了总结和展望。

总体来看，全球的碳排放现状不容乐观，中国的碳减排也举步维艰。国务院提出到2020年全国碳排放交易市场"制度完善、交易活跃、监管严格、公开透明"，这体现了全国碳市场在最近几年发展完善的四个方向。中国主管部门提出的未来碳减排的基本框架如下：

① 一套法律基础，即《碳排放权交易管理条例》；

② 三项核心制度，即碳排放监测报告与核查制度、碳配额管理制度和市场交易制度；

③ 四大支撑系统，即碳排放数据报送系统、碳排放权注册登记系统、碳排放权交易系统、碳排放权交易结算系统。

根据王克在《全国碳排放交易市场发展历程与展望解读》中的分析[113]：

"2020年以后的碳市场发展目标则存在很大的不确定性，但是考虑到与我国温室气体排放控制与低碳发展转型进程相匹配，也可以粗略地将未来全国碳市场发展划分为逐步发展成熟以及成熟运行两个阶段。

（1）全国碳市场发展逐步成熟阶段（2020—2030年）

我国提出要在2030年左右达到碳排放峰值，碳市场的逐步成熟运行对于我国实现该目标具有重要意义。因此，预计从 2020 年开始再用十年左右的时间，逐步完善全国碳市场。在初期发电行业碳市场稳定运行的前提下，再逐步扩大市场覆盖范围，包括逐步引入石化、化工、建材、钢铁、有色、造纸、航空等重点行业，以及丰富交易品种和交易方式。并探索开展碳排放初始配额有偿拍卖、碳金融产品引入以及碳排放交易国际合作等工作。

（2）全国碳市场的成熟运行阶段（2030 年以后）

由于我国 2030 年碳排放达峰以后可能将进入碳排放绝对量较为快速下降的发展阶段，我国碳市场需要从服务于碳强度下降目标转而服务于碳排放绝对量下降目标。在这一背景下，碳配额的稀缺程度需要进一步提高，碳市场价格需要进一步升高，初始配额的有偿分配比例需要进一步提高，碳金融产品的产品种类、市场规模等需要进一步增强，国际合作的深度与广度需要进一步加大。"

在未来的碳减排中，毫无疑问，数学将继续扮演重要角色。虽然碳减排的话题已经谈了不少时间，但在实施方面还刚刚开始。随着法律的逐步完善，管理水平的提升，规划的科学合理，技术的全面发展，越来越多的数学应用将大踏步地走入这个领域，有极大的发展空间。数学将在碳减排的方方面面发挥作用，数学模型也是一定是必不可少的。现在我们至少能看到数学模型可应用于碳减排领域以下几个方向：

① 碳排放的数据处理和分析；

② 碳分配的合理化；

③ 碳计算的精进；

④ 碳排放管理的科学和优化；

⑤ 碳市场的深化和新的碳产品的设计；

⑥ 碳风险的估计和控制管理；

⑦ 碳排放理论的完善。

这些方面要用到的数学工具几乎涵盖了数学的各个分支，从数学建模到统计、计算方法、运筹学、数学分析、泛函、微分方程、最优控制等。对第一线的碳减排工作者来说，提高数学素养势在必行。对数学工作者来说碳减排也是一个巨大的挑战，其涉及许多有深度、有难度的数学问题等着数学工作者去解决，同时如何将现有的数学知识应用到碳减排的具体工作中也有一条艰难而漫长的路要走。

但无论如何，由于碳减排的重要性，数学模型应用到碳减排的领域具有非常光明的前景和极大的用武之地。这个领域的数学模型远不止这本书中提到的模型。随着计算机、大数据、人工智能的发展，对数学的要求也越来越多，越来越深，越来越紧迫。更多的数学应用领域将会开发出来。所以对应用数学来说，碳减排是一片丰润的土壤，有待数学工作者和碳减排第一线的科技工作者去开垦、去耕耘，也期望着在这个领域可以收获丰硕的成果。

附　录

附录 1　碳减排方面专有名词解释

AAU

Assigned Amount Units，政府分配排放单位

CCER

Chinese Certified Emission Reduction，中国核证自愿减排量，是指经国家主管部门在国家自愿减排交易登记簿进行登记备案的减排量。自愿减排项目减排量经备案后，在国家登记簿登记并可在经备案的交易机构内交易。国内外机构、企业、团体和个人均可参与温室气体自愿减排量交易。

CDM

Clean Development Mechanism，清洁发展机制

CER

Certified Emission Reduction，核证减排额度

ERUs

Emission Reduction Units，减排量单位

EUA

European Union Allowance，欧洲初始排放许可

EU ETS

European Union Emission Trading Scheme，欧盟排放交易机制

GWP

Global Warming Potential，暖潜质。GWP 是一种物质产生温室效应的一个指数。GWP 是在 100 年的时间框架内，各种温室气体的温室效应对应于相同效应的二氧化碳的质量。二氧化碳被作为参照气体，是因为其对全球变暖的影响最大。

$$\mathrm{GWP}(x) = \frac{\int_0^{TH} a_x \cdot \left[x(t) \right] \mathrm{d}t}{\int_0^{TH} a_r \cdot \left[r(t) \right] \mathrm{d}t}$$

其中 TH 是计算时的评估期间长度；a_x 是 1kg 气体的辐射效率〔单位为 W/(m² · kg)〕；$x(t)$ 则是 1kg 气体在 $t=0$ 时间释放到大气后，随时间衰减之后的比例。分子是待测化学物质的积分量，分母则是二氧化碳的积分量。随着时间变化，辐射效率 a_x 及 a_r 可能不是常数。许多温室气体吸收红外线辐射的量和其浓度成正比，但有些重要的温室气体（如二氧化碳、甲烷、一氧化二氮）目前的红外线吸收量和其浓度成非线性的关系，而且未来也可能仍然是非线性关系。

IET

International Emissions Trading，国际间的排放交易

IPCC

Intergovernmental Panel of Climate Change，政府间气候变化委员会

JI

Joint Implementation，联合履行机制

Kyoto Protocol

《京都议定书》

NAP

National Allocation Plan，国家的分配标准

Paris Agreement

《巴黎协定》

UNFCCC

United Nations Framework Convention on Climate Change，《联合国气候变化框架公约》

United Nations declaration of the human environment

《联合国人类环境会议宣言》，也叫《斯德哥尔摩人类环境会议宣言》

温室效应

又称"花房效应"，即大气保温效应。大气能使太阳短波辐射到达地面，但地表受热后向外放出的大量长波热辐射线却被大气吸收，这样就使地表与低层大气温作用类似于栽培农作物的温室。工业革命后，人类向大气中排入的二氧化碳等吸热性强的温室气体逐年增加，大气的温室效应也随之增强，其引发了一系列问题已引起了世界各国的关注。

温室气体

指大气中能吸收地面反射的太阳辐射，并重新发射辐射的一些气体，如水蒸气、二氧化碳、大部分制冷剂等。它们的作用是使地球表面变得更暖。大气中主要的温室气体是水汽（H_2O），水汽所产生的温室效应占整体温室效应的 $60\%\sim70\%$，其次是二氧化碳（CO_2），约占 26%，其他还有臭氧（O_3）、甲烷（CH_4）、氧化亚氮（N_2O）、全氟碳化物（PFCs）、氢氟碳化物（HFCs）、含氯氟烃（HCFCs）及六氟化硫（SF_6）等。

碳交易

指合同的买方通过支付卖方而获得温室气体减排额。买方可以将购得的减排额用于减缓温室效应从而实现减排目标。在 6 种被要求减排的温室气体中，二氧化碳为最大宗，所以交易以每吨二氧化碳当量为计算单位，故而通称为"碳交易"，其交易市场称为"碳市场"。

附录 2 碳优化模型相关数学证明

一、6.2 中解的存在唯一性

(一) 定理 6.1 的证明

1. 有限区域上的近似解

定义 $\Omega_R = (-R, R)$，$Q_{RT} = \Omega_R \times [0, T]$，不妨设 $R > \ln\overline{I}$。考虑如下问题：

$$\begin{cases} L_1 \Phi = 0, (x, t) \in Q_{RT} \\ \Phi(x, 0) = \psi_0 [f_0(x)], x \in \Omega_R \\ \Phi(-R, t) = 0, \Phi(R, t) = f_0(R), t \in [0, T] \end{cases} \tag{A.1}$$

对初边值条件进行如下近似以满足二阶相容性条件：

$$\begin{cases} L_1 \Phi = 0, (x, t) \in Q_{RT} \\ \Phi(x, 0) = \varphi_\varepsilon [f_0(x)], x \in \Omega_R \\ \Phi(-R, t) = h_{1\varepsilon}(t), \Phi(R, t) = h_{2\varepsilon}(t), t \in [0, T] \end{cases} \tag{A.2}$$

式中，$\varphi_\varepsilon(x) \in C^{2+\alpha}(\Omega_R)$，$h_{1\varepsilon}(t), h_{2\varepsilon}(t) \in C^{1+\alpha/2}([0, T])$ 定义如下：

$$\varphi_\varepsilon(x) = \begin{cases} 0, x < -\varepsilon \\ 光滑, x \in [-\varepsilon, \varepsilon] \\ x, x > \varepsilon \end{cases}$$

$$h_{1\varepsilon}(t) = \begin{cases} 0, t \in \{0\} \cup (\varepsilon, T] \\ 光滑, t \in (0, \varepsilon) \end{cases} ; h_{2\varepsilon}(t) = \begin{cases} a_0 (e^R - \overline{I}), t \in \{0\} \cup (\varepsilon, T] \\ 光滑, t \in (0, \varepsilon) \end{cases}$$

上述函数满足如下条件：

$$0 \leqslant \varphi_\varepsilon'(x) \leqslant 1, h_{1\varepsilon}(t) \geqslant 0, h_{2\varepsilon}(t) \geqslant 0, |h_{1\varepsilon}| \leqslant g_1(0)/r,$$

$$|h_{2\varepsilon} - a_0(e^R - \overline{I})| \leqslant a_0 \overline{I} \varepsilon$$

$$h_{1\varepsilon}'|_{t=0} = g_1(0), \quad h_{2\varepsilon}'\Big|_{t=0} = \Big(a_1\mu + a_2\rho \frac{P_m - P_0}{P_0 e^{\rho T} + P_m - P_0} - r\Big) a_0 e^R$$

$$+ ra_0 \overline{I} + \inf_{C \in \mathcal{C}} \{g_1(C) - C a_0 e^R\}$$

其中 ε 为足够小的正常数。

容易验证 $h(t)$ 在 $[0, +\infty)$ 上有界：

$$|h(t)| \leqslant \max\Big\{\Big|a_1\mu - \frac{1}{2}a_1^2\sigma^2\Big|, \Big|a_1\mu + a_2\rho - \frac{1}{2}a_1^2\sigma^2\Big|\Big\} \overset{\triangle}{=} M_0, \ \forall t \geqslant 0$$

$$\tag{A.3}$$

由于

$$h'(t) = \frac{a_2 \, \rho^2 P_0 (P_m - P_0) e^{\rho(T-t)}}{[P_0 e^{\rho(T-t)} + P_m - P_0]^2}$$

在 $[0,T]$ 上连续，$h'(t)$ 在 $[0,T]$ 上有界。定义

$$M_1 = \max_{t \in [0,T]} |h'(t)|$$

取

$$W_U(x,t) = \frac{g_1(0)}{r} + a_0 e^{at+x}, \ W_D = 0$$

其中

$$a = \max\left\{ M_0 + \frac{1}{2} a_1^2 \sigma^2 - r, 0 \right\} \tag{A.4}$$

由于 ε 足够小，使得 $\varepsilon < a_0 \overline{I}$，容易验证，在 Q_{RT} 上，W_U 和 W_D 满足如下不等式：

$$L_1 W_U = \left[a_1 - h(t) - \frac{1}{2} a_1^2 \sigma^2 + r \right] a_0 e^{at+x} + g_1(0) - \inf_{C \in C} \{ g_1(C) - C a_0 e^{at+x} \}$$

$$\geqslant g_1(0) - g_1(0) + \left(a - M_0 - \frac{1}{2} a_1^2 \sigma^2 + r \right) a_0 e^{at+x} \geqslant 0$$

$$L_1 W_D = - \inf_{C \in C} \{ g_1(C) \} \leqslant 0$$

在抛物边界 $\partial_p Q_{RT}$ 上，W_U 满足：

$$W_U(x,0) = \frac{g_1(0)}{r} + a_0 e^x > \varphi_\varepsilon(x), x \in \Omega_R$$

$$W_U(-R,t) = \frac{g_1(0)}{r} + a_0 e^{at-R} > h_{1\varepsilon}(t),$$

$$W_U(R,t) = \frac{g_1(0)}{r} + a_0 e^{at+R} > h_{2\varepsilon}(t), t \in [0,T]$$

同时，W_D 满足：

$$W_D(x,0) = 0 \leqslant \varphi_\varepsilon(x), x \in \Omega_R$$

$$W_D(-R,t) = 0 \leqslant h_{1\varepsilon}(t), \ W_D(R,t) = 0 \leqslant h_{2\varepsilon}(t), t \in [0,T]$$

定义

$$H_1(p,q) = \begin{cases} \dfrac{G_1(p) - G_1(q)}{p - q}, & p \neq q \\ 0, & p = q \end{cases}$$

对任意 $p > q$，下列不等式成立：

$$\frac{G_1(p)-G_1(q)}{p-q}=\frac{1}{p-q}\left[\inf_{C\in C}\{g_1(C)-Cp\}-\inf_{C\in C}\{g_1(C)-Cq\}\right]$$

$$\leqslant\frac{1}{p-q}\sup_{C\in C}\{-C(p-q)\}=0$$

$$\frac{G_1(p)-G_1(q)}{p-q}\geqslant\frac{1}{p-q}\inf_{C\in C}\{-C(p-q)\}=-\overline{C}$$

由于 p 和 q 的任意性，将上式中 p 与 q 互换，可知上式在 $p<q$ 时仍成立。因此，对任意 $p,q\in\mathbf{R}$，

$$-\overline{C}\leqslant H_1(p,q)\leqslant0 \tag{A.5}$$

定义

$$L_1(\Phi_1-\Phi_2)=L(\Phi_1-\Phi_2)-H_1(\Phi_{1x},\Phi_{2x})(\Phi_1-\Phi_2)_x$$

则 W_U 满足：

$$L_1(\Phi_R^\varepsilon-W_U)\leqslant0$$

结合式(A.5)，由强最大值原理（文献［106］，定理 3.7），$\Phi_R^\varepsilon-W_U$ 的非负最大值只能在 ∂_pQ_{RT} 上取得。特别的，在 Q_{RT} 上，有 $\Phi_R^\varepsilon\leqslant W_U$。类似可证 $\Phi_R^\varepsilon\geqslant W_D$。因此有如下关于 Φ_R^ε 的估计：

$$0\leqslant\Phi_R^\varepsilon\leqslant\frac{g_1(0)}{r}+a_0\mathrm{e}^{at+x},\ \forall R>0,\varepsilon>0 \tag{A.6}$$

方程（A.2）可以改写为

$$\Phi_{Rt}^\varepsilon-\frac{1}{2}a_1^2\sigma^2\Phi_{Rxx}^\varepsilon+B(t,\Phi_R^\varepsilon,\Phi_{Rx}^\varepsilon)=0$$

其中

$$B(t,p,q)=rp-h(t)q-G_1(q)$$

因为

$$\frac{\partial B}{\partial p}=r,|B(t,0,0)|=-g_1(0)$$

$$|B(t,p,q)|\leqslant\max\{[2g_1(0)+a_0\mathrm{e}^{aT+R}],M_0+\overline{C}\}(1+|q|)$$

$$|\frac{\partial B}{\partial t}|+|\frac{\partial B}{\partial p}|+(1+|q|)|\frac{\partial B}{\partial q}|\leqslant(r+M_1+M_0+\overline{C})(1+|q|)$$

由文献［107］中定理 9.6.2，上述初边值问题（A.2）存在至少一个解 $\Phi_R^\varepsilon\in C^{2+a,1+a/2}(\overline{Q_{RT}})$。

2. 有界区域上 $\{\Phi_R^\varepsilon\}$ 的 $C^{2+a,1+a/2}$ 有界性

对任意给定 $L>0$，考虑 Q_{LT} 和函数序列 $\{\Phi_R^\varepsilon\}_{R>L}$。在上一部分中我们已经证明，对于任意 $R>L$，有 $\|\Phi_R^\varepsilon\|_{L^\infty(Q_{LT})}\leqslant\frac{g_1(0)}{r}+a_0\mathrm{e}^{aT+L}$。因此

对于任意 $p>1$，$\|\Phi_R^\epsilon\|_{L^p(Q_{LT})}$ 有界。将方程（A.2）改写为如下形式：

$$\Phi_t - [h(t) - H_1(\Phi_x, 0)]\Phi_x - \frac{1}{2}a_1^2\sigma^2\Phi_{xx} + r\Phi = g_1(0)$$

根据文献［77］中定理 3.10，在 $Q_K \xlongequal{\triangle} (-K, K) \times (1/K, T] \subset\subset Q_{LT}$ 上有如下估计：

$$\|\Phi_R^\epsilon\|_{W^{2,1,p}(Q_K)} \leqslant C\left[\frac{2g_1(0)}{a_1^2\sigma^2} + \|\Phi_R^\epsilon\|_{L^p(Q_{LT})}\right]$$

其中 C 只依赖于 p，Q_K，Q_{LT}。特别的，根据文献［1］中定理 3.14，对于 $p>3$，$\alpha = 1 - 3/p$，

$$\|\Phi_R^\epsilon\|_{C^{2+\alpha,1+\alpha/2}(\overline{Q_K})} \leqslant C\|\Phi_R^\epsilon\|_{W^{2,1,p}(Q_K)}$$

其中 C 只依赖于 p，Q_K。

因为 $\Phi_{Rx}^\epsilon \in C^{\alpha,\alpha/2}(\overline{Q_K})$，$G_1(p)$ 是关于 p 的 Lipshitz 连续函数，所以 $G_1(\Phi_{Rx}^\epsilon)(x, t) \in C^{\alpha,\alpha/2}(\overline{Q_K})$。在 $Q_{K/2} \subset\subset Q_K$ 上对方程 $L\Phi = G_1(\Phi_x)$ 应用文献［77］中的定理 3.2，可以得到如下估计：

$$\|\Phi_R^\epsilon\|_{C^{2+\alpha,1+\alpha/2}(\overline{Q_{K/2}})} \leqslant C\left[\frac{2}{a_1^2\sigma^2}\|G_1(\Phi_{Rx}^\epsilon)\|_{C^{\alpha,\alpha/2}(\overline{Q_K})} + \|\Phi_R^\epsilon\|_{L^\infty(\overline{Q_K})}\right]$$

其中 C 只依赖于 $a_1^2\sigma^2$，M_0，r，$\mathrm{dist}\{Q_{K/2}, \partial Q_K\}$。

3. 无界区域上的解

取 $K=1$。$\{\Phi_R^\epsilon\}_{R>0,\epsilon>0}$ 在 $C^{2+\alpha,1+\alpha/2}(Q_K)$ 上有界，因此对于 $0<\beta<\alpha$，$\{\Phi_R^\epsilon\}_{R>0,\epsilon>0}$ 是 $C^{2+\beta,1+\beta/2}(Q_K)$ 上的紧序列。

当 $\epsilon = 2^{-1}$ 时，存在子序列 $\{\Phi_{R_{1n}}\} \subset \{\Phi_R^\epsilon\}$，$R_{1n} \to +\infty(n \to \infty)$，使得在 Q_1 上有 $\Phi_{R_{1n}} \to \Phi_{11}(n \to \infty)$，$\Phi_{11}$ 在 Q_1 上满足方程（A.2）。

当 $\epsilon = 2^{-1}$ 时，存在子序列 $\{\Phi_{R_{2n}}\} \subset \{\Phi_{R_{1n}}\}$，$R_{2n} \to +\infty(n \to \infty)$，使得 $\Phi_{R_{2n}} \to \Phi_{12}(n \to \infty)$，且 Φ_{12} 在 Q_1 上满足方程（A.2）。

重复此过程可得子序列 $\{\Phi_{R_{kn}}\} \subset \{\Phi_{R_{(k-1)n}}\}$，$R_{kn} \to +\infty(n \to \infty)$，满足 $\Phi_{R_{kn}} \to \Phi_{1k}(n \to \infty)$，且 Φ_{1k} 在 Q_1 上满足方程（A.2）。

在上述序列中选择 $\{\Phi_{R_{kk}}\}_{k \geqslant 1}$，由上述推导可知此序列收敛。记序列极限为 Φ，则 Φ 在 Q_1 上满足方程（A.1）。将这一序列简记为 $\{\Phi_{1n}\}_{n \geqslant 1}$。

取 $K=2$，存在 $\{\Phi_{2n}\} \subset \{\Phi_{1n}\}$ 使得在 Q_2 上有 $\Phi_{2n} \to \Phi_2(n \to \infty)$，且 Φ_2 满足方程（A.1）。显然在 Q_1 上有 $\Phi_2 = \Phi$。

重复这一过程，取子列 $\{\Phi_{Kn}\} \subset \{\Phi_{(K-1)n}\}(K>1)$，使得在 Q_K 上 $\Phi_{Kn} \to \Phi_K(n \to \infty)$。$\Phi_K$ 在 Q_K 上满足方程（A.1），且在 Q_{K-1} 上有 $\Phi_K = \Phi_{K-1}$。

选择 $\{\Phi_{KK}\}_{K\geqslant 1}$，则 $\Phi_{KK}\rightarrow\Phi(K\rightarrow+\infty)$。于是 Φ 在 $Q_{\infty,T}$ 上满足方程 (6.5)。

4. Φ 满足初值条件的证明

考虑函数

$$U(x,t)=a_0\mathrm{e}^{x+(a_1\mu+a_2\rho-r)t}\left(\frac{P_{\mathrm{m}}}{P_0\mathrm{e}^{\rho t}+P_{\mathrm{m}}-P_0}\right)^{a_2}$$
$$\cdot N[d_1(x,t)]-a_0\overline{I}\mathrm{e}^{-rt}N[d_2(x,t)]$$

其中

$$d_1(x,t)=\frac{1}{a_1\sigma\sqrt{t}}\Big[x-\ln\overline{I}+\left(a_1\mu+a_2\rho+\frac{1}{2}a_1^2\sigma^2\right)t$$
$$+a_2\ln\left(\frac{P_{\mathrm{m}}}{P_0\mathrm{e}^{\rho t}+P_{\mathrm{m}}-P_0}\right)\Big]$$

$$d_2(x,t)=d_1(x,t)-a_1\sigma\sqrt{t},N(x)=\frac{1}{\sqrt{2\pi}}\int_{-\infty}^{x}\mathrm{e}^{-w^2/2}\mathrm{d}w$$

$U(x,t)$ 是如下方程的解：

$$\begin{cases}LU=0,(x,t)\in Q_{\infty,T}\\U(x,0)=a_0(\mathrm{e}^x-\overline{I})^+,x\in\mathbf{R}\end{cases}$$

由 $U(x,t)$ 的表达式可证出 $U\in C^{2+\alpha,1+\alpha/2}(Q_{\infty,T})$，$U$ 在 $\overline{Q_{\infty,T}}$ 上 Lipshitz 连续，且对任意 $(x,t)\in Q_{\infty,T}$ 有

$$\frac{\partial U}{\partial x}=a_0\mathrm{e}^{x+(a_1\mu+a_2\rho-r)t}\left(\frac{P_{\mathrm{m}}}{P_0\mathrm{e}^{\rho t}+P_{\mathrm{m}}-P_0}\right)^{a_2}N[d_1(x,t)]>0$$

$$\frac{\partial U}{\partial x}\leqslant a_0\mathrm{e}^{x+(a_1\mu+a_2\rho-r)t}$$

因为 $U(x,t)\rightarrow 0(x\rightarrow-\infty)$，所以对任意 $(x,t)\in Q_{\infty,T}$ 有 $U(x,t)\geqslant 0$。同时可以证明 $U(x,t)\leqslant a_0\mathrm{e}^{x+(a_1\mu+a_2\rho-r)t}$。因此 U 满足如下不等式：

$$0\leqslant U\leqslant a_0\mathrm{e}^{x+(a_1\mu+a_2\rho-r)t},(x,t)\in Q_{\infty,T} \tag{A.7}$$

容易验证

$$L_1(\Phi_R^\varepsilon-U)=G_1(\Phi_{Rx}^\varepsilon)-G_1(\Phi_{Rx}^\varepsilon-U_x)$$
$$=\inf_{C\in C}\{g_1(C)-C\Phi_{Rx}^\varepsilon\}-\inf_{C\in C}\{g_1(C)-C(\Phi_{Rx}^\varepsilon-U_x)\}$$
$$\geqslant\inf_{C\in C}\{-CU_x\}=-\overline{C}U_x\geqslant-M_2\mathrm{e}^x$$

其中

$$M_2\overset{\triangle}{=}\overline{C}a_0\max\{\mathrm{e}^{(a_1\mu+a_2\rho-r)T},1\}$$

同时

$$L_1(\Phi_R^\epsilon - U) = \inf_{C \in C}\{g_1(C) - C\Phi_{Rx}^\epsilon\} - \inf_{C \in C}\{g_1(C) - C(\Phi_{Rx}^\epsilon - U_x)\} \leqslant 0$$

当 R 足够大时，下列不等式在 Q_{RT} 上成立：

$$\frac{g_1(0)}{r} \leqslant a_0 e^R, R \geqslant \max\{aT, (a_1\mu + a_2\rho - r)T\}$$

由式（A.6）和式（A.7），在 $\partial_p Q_{RT}$ 上有如下估计：

$$\Phi_R^\epsilon(x,0) - U(x,0) = \varphi_\epsilon[a_0(e^x - \overline{I})] - a_0(e^x - \overline{I})^+ \in [0, \epsilon], x \in \Omega_R$$

$$|\Phi_R^\epsilon(R,t) - U(R,t)| \leqslant \max\left\{\frac{g_1(0)}{r} + a_0 e^{at+R}, a_0 e^{(a_1\mu + a_2\rho - r)t + R}\right\}$$

$$\leqslant a_0 \max\{e^{(a_1\mu + a_2\rho - r)T}, e^{aT} + 1\}e^R \overset{\triangle}{=} M_3 e^R$$

$$|\Phi_R^\epsilon(-R,t) - U(-R,t)| \leqslant \max\left\{\frac{g_1(0)}{r} + a_0 e^{at-R}, a_0 e^{(a_1\mu + a_2\rho - r)t - R}\right\}$$

$$\leqslant \frac{g_1(0)}{r} + a_0 \overset{\triangle}{=} M_4$$

因此 $\Phi_R^\epsilon - U$ 满足：

$$\begin{cases} L_1(\Phi_R^\epsilon - U) \in [-M_2 e^x, 0], (x,t) \in Q_{RT} \\ \Phi_R^\epsilon - U|_{t=0} \in [0, \epsilon], x \in \Omega_R \\ \Phi_R^\epsilon - U|_{x=R} \in [-M_3 e^R, M_3 e^R], t \in [0, t] \\ \Phi_R^\epsilon - U|_{x=-R} \in [-M_4, M_4], t \in [0, t] \end{cases}$$

对任意 $L > 0$，考虑 Φ_R^ϵ （$R > L$）和上文定义的 U，以及下列函数：

$$\overline{W_1}(x,t) = A_1 t + \epsilon + B e^{m_1 t} \mathbf{1}_{\{x>L\}}[e^{n_1(x-L)} - n_1(x-L) - 1]$$
$$+ C e^{m_1 t} \mathbf{1}_{\{x<-L\}}[e^{-n_1(x+L)} + n_1(x+L) - 1]$$

$$\underline{W_1}(x,t) = -A_2 t e^{\alpha_1 t + \beta\sqrt{1+x^2}} - B e^{m_1 t} \mathbf{1}_{\{x>L\}}[e^{n_1(x-L)} - n_1(x-L) - 1]$$
$$- C e^{m_1 t} \mathbf{1}_{\{x<-L\}}[e^{-n_1(x+L)} + n_1(x+L) - 1]$$

其中

$$A_1 = g_1(0) + \max\{BM_5, CM_6\}e^{m_1 T}, A_2 = 2\max\{BM_5, CM_6, M_2\}$$

$$B = 2M_3 e^{2L-R}, C = 2M_4 e^{2(L-R)}$$

$$m_1 = \max\left\{(M_0 + \overline{C})n_1 + \frac{1}{2}a_1^2\sigma^2 n_1^2 - r, 0\right\} + 1, n_1 = 2$$

$$\alpha_1 = \max\left\{\frac{1}{2}a_1^2\sigma^2\beta_1^2 + \left(M_0 + \frac{1}{2}a_1^2\sigma^2 + \overline{C}\right)\beta_1 - r, 0\right\}, \beta_1 = 1$$

$$M_5 = M_0 n_1 + (m_1 + r)\ln\frac{m_1 + r}{m_1 - M_0 n_1 - \frac{1}{2}a_1^2\sigma^2 n_1^2 + r}$$

$$M_6 = (M_0 + \overline{C})n_1 + (m_1 + r)\ln \frac{m_1 + r}{m_1 - (M_0 + \overline{C})n_1 - \frac{1}{2}a_1^2\sigma^2 n_1^2 + r}$$

容易验证 $\overline{W}_1$，$\underline{W}_1 \in C^1(Q_{RT})$，且 $\overline{W}_1$ 满足：

$$L_1\overline{W}_1 \geqslant \overline{W}_{1t} - h(t)\overline{W}_{1x} - \frac{1}{2}a_1^2\sigma^2\overline{W}_{1xx} + r\overline{W}_1 - g_1(0)$$

$$= A_1 + rA_1 t - g_1(0) + Be^{m_1 t}\mathbf{1}_{\{x>L\}}\left\{\left[m_1 - h(t)n_1 - \frac{1}{2}a_1^2\sigma^2 n_1^2 + r\right]\right.$$

$$\left. \bullet\, e^{n_1(x-L)} - (m_1 + r)n_1(x-L) - [m_1 - h(t)n_1 + r]\right\}$$

$$+ Ce^{m_1 t}\mathbf{1}_{\{x<-L\}}\left\{\left[m_1 + h(t)n_1 - \frac{1}{2}a_1^2\sigma^2 n_1^2 + r\right]e^{-n_1(x+L)}\right.$$

$$\left. + (m_1 + r)n_1(x+L) - [m_1 + h(t)n_1 + r]\right\}$$

$$\geqslant A_1 - g_1(0) + Be^{m_1 T}\mathbf{1}_{\{x>L\}}\left[\left(m_1 - M_0 n_1 - \frac{1}{2}a_1^2\sigma^2 n_1^2 + r\right)e^{n_1(x-L)}\right.$$

$$\left. - (m_1 + r)n_1(x-L) - (m_1 + M_0 n_1 + r)\right]$$

$$+ Ce^{m_1 T}\mathbf{1}_{\{x<-L\}}\left[\left(m_1 - M_0 n_1 - \frac{1}{2}a_1^2\sigma^2 n_1^2 + r\right)e^{-n_1(x+L)}\right.$$

$$\left. + (m_1 + r)n_1(x+L) - (m_1 + M_0 n_1 + r)\right]$$

$$= A_1 - g_1(0) + Be^{m_1 T}\mathbf{1}_{\{x>L\}}F_1[n_1(x-L)]$$
$$+ Ce^{m_1 T}\mathbf{1}_{\{x<-L\}}F_1[-n_1(x+L)]$$

其中

$$F_1(z) \overset{\triangle}{=} \left(m_1 - M_0 n_1 - \frac{1}{2}a_1^2\sigma^2 n_1^2 + r\right)e^z - (m_1 + r)z - (m_1 + M_0 n_1 + r)$$

因为 $F_1(0) < 0$，$F_1'(0) < 0$ 且对所有 $z > 0$ 有 $F_1''(z) > 0$，$F_1(z)$ 的最小值在

$$z_1 = \ln \frac{m_1 + r}{m_1 - M_0 n_1 - \frac{1}{2}a_1^2\sigma^2 n_1^2 + r}$$

处取得，z_1 满足 $F_1'(z_1) = 0$。$F_1(z)$ 的最小值为

$$F_{1\min} = -M_0 n_1 - (m_1 + r)\ln \frac{m_1 + r}{m_1 - M_0 n_1 - \frac{1}{2}a_1^2\sigma^2 n_1^2 + r} = -M_5 < 0$$

于是在 Q_{RT} 上有

$$L_1\overline{W}_1 \geqslant A - g_1(0) - \max\{B, C\}M_5 e^{m_1 T} \geqslant 0 \geqslant L_1(\Phi_R^\varepsilon - U)$$

另外，当 R 足够大，使得 $\frac{1}{2}e^{n_1(R-L)} \geqslant n_1(R-L)+1$ 时，在 $\partial_p Q_{RT}$ 上有如下不等式：

$$\overline{W}_1(R,t) \geqslant B[e^{n_1(R-L)}-n_1(R-L)-1] \geqslant \frac{1}{2}Be^{n_1(R-L)} \geqslant M_3 e^R \geqslant \Phi_R^\varepsilon - U|_{x=R}$$

$$\overline{W}_1(-R,t) \geqslant B[e^{n_1(R-L)}-n_1(R-L)-1] \geqslant \frac{1}{2}Be^{n_1(R-L)} \geqslant M_4 \geqslant \Phi_R^\varepsilon - U|_{x=-R}$$

$$\overline{W}_1(x,0) \geqslant \varepsilon \geqslant \Phi_R^\varepsilon - U|_{t=0}$$

于是可以推出 $\Phi_R^\varepsilon - U - \overline{W}_1$ 是下列方程的一个弱下解：

$$\begin{cases} L_2\Phi = 0, (x,t) \in Q_{RT} \\ \Phi|_{\partial_p Q_{RT}} = 0 \end{cases}$$

其中

$$L_2\Phi \overset{\triangle}{=} L\Phi - H_1[(\Phi_R^\varepsilon - U)_x, \overline{W}_{1x}]\Phi_x$$

由弱最大值原理（文献 [106] 中定理 3.1），在 Q_{RT} 上有 $\Phi_R^\varepsilon - U \leqslant \overline{W}_1$。

类似可以验证

$$L_1\underline{W}_1 \leqslant \underline{W}_{1t} - h(t)\underline{W}_{1x} - \frac{1}{2}a_1^2\sigma^2\underline{W}_{1xx} + r\underline{W}_1 + \underline{W}_{1x}\mathbf{1}_{\{\underline{W}_{1x}>0\}} - g_1(0)$$

$$= -A_2 e^{a_1 t + \beta_1\sqrt{x^2+1}} - g_1(0) - [M_0 - h(t)\beta_1 x(x^2+1)^{-1/2}$$

$$- \frac{1}{2}a_1^2\sigma^2\beta_1^2 x^2(x^2+1)^{-1} - \frac{1}{2}a_1^2\sigma^2\beta_1^2(x^2+1)^{-3/2}$$

$$+ \overline{C}\beta_1\mathbf{1}_{\{x<0\}}x(x^2+1)^{-1/2} + r]A_2 t e^{a_1 t + \beta_1\sqrt{x^2+1}}$$

$$- Be^{m_1 t}\mathbf{1}_{\{x>L\}}\left\{\left(m_1 - h(t)n_1 - \frac{1}{2}a_1^2\sigma^2 n_1^2 + r\right)e^{n_1(x-L)}\right.$$

$$\left. - (m_1+r)n_1(x-L) - [m_1 - h(t)+r]\right\}$$

$$- Ce^{m_1 t}\mathbf{1}_{\{x<-L\}}\left(\left\{m_1 - [\overline{C}-h(t)]n_1 - \frac{1}{2}a_1^2\sigma^2 n_1^2 + r\right\}e^{-n_1(x+L)}\right.$$

$$\left. + (m_1+r)n_1(x+L) - \{m_1 - [\overline{C}-h(t)]n_1 + r\}\right)$$

$$\leqslant -A_2 e^{a_1 t + \beta_1\sqrt{x^2+1}} - Be^{m_1 t}\mathbf{1}_{\{x>L\}}F_1[n_1(x-L)]$$

$$- Ce^{m_1 t}\mathbf{1}_{\{x<-L\}}F_2[-n_1(x+L)], (x,t) \in Q_{RT}$$

其中

$$F_2(z) \overset{\triangle}{=} \left[m_1 - (M_0 + \overline{C})n_1 - \frac{1}{2}a_1^2\sigma^2 n_1^2 + r\right]e^z - (m_1+r)z$$

$$- [m_1 + (M_0 + \overline{C})n_1 + r]$$

且 F_2 的最小值为

$$F_{2\min} = -(M_0 + \overline{C})n_1 - (m_1 + r)\ln \frac{m_1 + r}{m_1 - (M_0 + \overline{C})n_1 - \frac{1}{2}a_1^2\sigma^2 n_1^2 + r} = -M_6 < 0$$

因此

$$L_1\underline{W}_1 \leqslant -\frac{A_2}{2}e^{\beta_1\sqrt{x^2+1}} - \left(\frac{A_2}{2} - BM_5\mathbf{1}_{\{x>L\}} - CM_6\mathbf{1}_{\{x<-L\}}\right)$$

$$\leqslant -M_2 e^x \leqslant L_1(\Phi_R^\varepsilon - U)$$

在抛物边界上，$\underline{W}_1$ 满足（不妨假设 $M_4 \leqslant e^R$）：

$$\underline{W}_1(R,t) \leqslant -\frac{1}{2}Be^{n_1(R-L)} \leqslant -M_3 e^R \leqslant \Phi_R^\varepsilon - U|_{x=R}$$

$$\underline{W}_1(-R,t) \leqslant -\frac{1}{2}Ce^{n_1(R-L)} \leqslant -M_4 \leqslant \Phi_R^\varepsilon - U|_{x=-R}$$

$$\underline{W}_1(0,t) \leqslant -Be^{m_1 t}\mathbf{1}_{\{x>L\}}[e^{n_1(x-L)} - n_1(x-L) - 1]$$

$$-Ce^{m_1 t}\mathbf{1}_{\{x>L\}}[e^{-n_1(x+L)} + n_1(x+L) - 1] \leqslant 0 \leqslant \Phi_R^\varepsilon - U|_{t=0}$$

因此在 Q_{RT} 上有 $\Phi_R^\varepsilon - U \geqslant \underline{W}_1$。由上面的推导可以得出 $U + \underline{W}_1 \leqslant \Phi_R^\varepsilon \leqslant U + \overline{W}_1$。注意到 $\overline{W}_1(x,0)|_{x\in\overline{\Omega}_L} = \varepsilon$，$\underline{W}_1(x,0)|_{x\in\overline{\Omega}_L} = 0$，因此在 $t=0$ 处有

$$\varphi_0 \leqslant \Phi_R^\varepsilon(x,0) \leqslant \varphi_0 + \varepsilon, x \in \overline{\Omega}_L$$

令 $\varepsilon \to 0$，$R \to +\infty$，得 $\Phi(x,0) = \varphi_0[f_0(x)]$ 对 $x \in \overline{\Omega}_L$ 成立。令 $L \to +\infty$，则对于任意 $x \in \mathbf{R}$ 有 $\Phi(x,0) = \varphi_0[f_0(x)]$。另外，在 $Q_{\infty,T}$ 上有如下不等式：

$$U - 2M_2 t e^{a_1 t + \beta_1\sqrt{1+x^2}} \leqslant \Phi \leqslant U + g_1(0)t \tag{A.8}$$

（二）定理 6.2 的证明

假设问题（6.6）在 M_1 上有两个解 Φ_1，Φ_2，则存在 a_1，a_2，b_1，b_2，使得在 $\mathbf{R}$ 上有 $|\Phi_1(x,t)| \leqslant a_1 e^{b_1 x}$，$|\Phi_2(x,t)| \leqslant a_2 e^{b_2 x}$。令 $C_1 = a_1 + a_2$，$C_2 = \max\{b_1, b_2\}$，则在 $\mathbf{R}$ 上有 $|\Phi_1 - \Phi_2| \leqslant C_1 e^{C_2|x|}$。另外，$\Phi_1 - \Phi_2$ 满足如下方程：

$$\begin{cases} L_3(\Phi_1 - \Phi_2) = 0, (x,t) \in Q_{\infty,T} \\ \Phi_1 - \Phi_2|_{t=0} = 0, x \in \mathbf{R} \end{cases}$$

其中

$$L_3\Phi = L\Phi - H_1(\Phi_{1x}, \Phi_{2x})\Phi$$

因此在 Q_{RT} 上，$\Phi_1 - \Phi_2$ 满足：

$$\begin{cases} L_3(\Phi_1 - \Phi_2) = 0, (x,t) \in Q_{RT} \\ \Phi_1 - \Phi_2 \mid_{x=R} \in [-C_1 e^{C_2 R}, C_1 e^{C_2 R}], t \in [0,T] \\ \Phi_1 - \Phi_2 \mid_{x=-R} \in [-C_1 e^{C_2 R}, C_1 e^{C_2 R}], t \in [0,T] \\ \Phi_1 - \Phi_2 \mid_{t=0} = 0, x \in \Omega_R \end{cases}$$

取

$$\overline{W}_2(x,t) = C_3 e^{\alpha_2 t + \beta_2 \sqrt{x^2+1}}$$

其中

$$\alpha_2 > \max\left\{\frac{1}{2}\alpha_1^2 \sigma^2 \beta_2^2 + \left(M_0 + L + \frac{1}{2}\alpha_1^2 \sigma^2\right)\beta_2 - r, 0\right\}$$

$$\beta_2 = C_2 + 1, \quad C_3 = C_1 e^{-R}$$

则在 Q_{RT} 上，$\overline{W}_2$ 满足：

$$L_3 \overline{W}_2 = \{\alpha_2 - [h(t) + H_1(\Phi_{1x}, \Phi_{2x})]\beta_2 x(x^2+1)^{-1/2}$$

$$- \frac{1}{2}a_1^2 \sigma^2 \beta_2^2 x^2 (x^2+1)^{-1} - \frac{1}{2}a_1^2 \sigma^2 \beta_2 (x^2+1)^{-3/2} + r\} \overline{W}_2$$

$$\geqslant \left[\alpha_2 - \left(M_0 + L + \frac{1}{2}a_1^2 \sigma^2\right)\beta_2 - \frac{1}{2}a_1^2 \sigma^2 \beta_2^2 + r\right] \overline{W}_2 \geqslant 0$$

在 $\partial_p Q_{RT}$ 上，$\overline{W}_2$ 满足：

$$\overline{W}_2(R,t) \geqslant C_1 e^{C_2 R}, \overline{W}_2(-R,t) \geqslant C_1 e^{C_2 R}, \ t \in [0,T], \ \overline{W}_2(x,0) \geqslant 0, x \in \Omega_R$$

根据强极值原理（文献［106］中定理 3.7），在 Q_{RT} 上 $\Phi_1 - \Phi_2 \leqslant \overline{W}_2$。令 $\underline{W}_2 = -\overline{W}_2$，类似可证明 $\Phi_1 - \Phi_2 \geqslant \underline{W}_2$。

对任意 $x \in \mathbf{R}$，存在 $R > 0$ 使得 $x \in [-R,R]$，则有

$$-(1+a_0)e^{at+2|x|-R} \leqslant (\Phi_1 - \Phi_2)(x,t) \leqslant (1+a_0)e^{at+2|x|-R}$$

令 $R \to \infty$，于是有 $(\Phi_1 - \Phi_2)(x,t) = 0$。因此在 $Q_{\infty,T}$ 上有 $\Phi_1 - \Phi_2 \equiv 0$，即方程在 M_1 上的解是唯一的。

二、6.4 中粘性解的存在唯一性

（一）定理 6.3 的证明

先证明两个引理。

1. 引理 A.1 ［值函数 $V(I,c,t)$ 的性质］

（1）对于任意 $(c,t) \in \mathbf{R}^+ \times [0,T]$，式(6.18) 定义的值函数 $V(I,c,t)$ 对于 I 单调递增。

（2）值函数 $V(I,c,t)$ 在 $\mathbf{R}^+ \times \mathbf{R}^+ \times [0,T]$ 中关于其自变量连续。

（3）值函数 $V(I,c,t)$ 至多二次增长，即 $\forall(I,c,t)\in\mathbf{R}^+\times\mathbf{R}^+\times[0,T]$，$\exists M>0$ 使得

$$|V(I,c,t)|\leqslant M(1+|I|^2+|c|^2)$$

证明： ①对于固定策略 $0\leqslant q\leqslant\overline{q}$ 和任意 $(c,t)\in\mathbf{R}^+\times[0,T]$，记 $I_s^{t,I}$ 是初值为 $I_t=I$ 的排放过程，$s\geqslant t$。假设 $0<I^1\leqslant I^2$ 并定义

$$Z_s=I_s^{t,I^2}-I_s^{t,I^1}$$

则对所有的 $s\geqslant t$，都有 $Z_s\geqslant0$。特别的，$I_T^{t,I^2}\geqslant I_T^{t,I^1}$。此外，因为值函数 (6.18) 的期望部分对于 I_T 递增，可以得到

$$J(I^2,c,t;q)\geqslant J(I^1,c,t;q)\geqslant V(I^1,c,t),\quad\forall0\leqslant q\leqslant\overline{q}$$

又因为 q 的任意性，有 $V(I^2,c,t)\geqslant V(I^1,c,t)$，所以单调性成立。

② 首先证明 $V(I,c,t)$ 关于 I 连续，且关于 t 一致。固定 c，$t\in\mathbf{R}^+\times[0,T]$，$\forall I_2>I_1>0$，由式 (6.18) 的定义，存在 $0\leqslant q_1^*$，$q_2^*\leqslant\overline{q}$ 使得

$$0\leqslant J(I_i,c,t;q_i^*)-\inf_{0\leqslant q_i\leqslant\overline{q}}J(I_i,c,t;q_i)\leqslant\frac{1}{2}|I_2-I_1|,\quad i=1,2$$

所以

$$|V(I_2,c,t)-V(I_1,c,t)|$$
$$=\left|\inf_{0\leqslant q_2\leqslant\overline{q}}J(I_2,c,t;q_2)-\inf_{0\leqslant q_1\leqslant\overline{q}}J(I_1,c,t;q_1)\right|$$
$$\leqslant\left|J(I_2,c,t;q_1^*)-\inf_{0\leqslant q_1\leqslant\overline{q}}J(I_1,c,t;q_1)\right|$$
$$+\left|J(I_1,c,t;q_2^*)-\inf_{0\leqslant q_2\leqslant\overline{q}}J(I_2,c,t;q_2)\right|$$
$$\leqslant\left|J(I_2,c,t;q_1^*)-J(I_1,c,t;q_1^*)+\frac{1}{2}|I_2-I_1|\right|$$
$$+\left|J(I_1,c,t;q_2^*)-J(I_2,c,t;q_2^*)+\frac{1}{2}|I_2-I_1|\right|$$
$$\leqslant|J(I_2,c,t;q_1^*)-J(I_1,c,t;q_1^*)|$$
$$+|J(I_2,c,t;q_2^*)-J(I_1,c,t;q_2^*)|+|I_2-I_1|\qquad(A.9)$$

对任意 $0\leqslant q^*\leqslant\overline{q}$，有

$$|J(I_2,c,t;q^*)-J(I_1,c,t;q^*)|$$
$$\leqslant\mathrm{E}\{\mathrm{e}^{-\beta(T-t)}|[(I_{2,T}-\overline{I})^+-(I_{1,T}-\overline{I})^+]\min(C_T,P)$$
$$-[(I_{2,T}-\overline{I})^--(I_{1,T}-\overline{I})^-]C_T||I_{1,t}=I_1,I_{2,t}=I_2,C_t=c\}$$
$$\leqslant\mathrm{E}[\mathrm{e}^{-\beta(T-t)}2C_T|I_{2,T}-I_{1,T}||I_{1,t}=I_1,I_{2,t}=I_2,C_t=c]$$
$$\leqslant\mathrm{E}\left[2c|I_2-I_1|\exp\left\{\left[a_1\mu_1+a_2f(s)-\frac{1}{2}a_1^2\sigma_1^2-q^*-\beta+\mu_2-\frac{1}{2}\sigma_2^2\right]\mathrm{d}s\right.\right.$$

$$+ \int_t^T a_1 \sigma_1 \mathrm{d}W_s^1 + \int_t^T \sigma_2 \mathrm{d}W_s^2 \Big\} \Big| I_{1,t} = I_1, I_{2,t} = I_2, C_t = c \Big]$$

又因为

$$\mathrm{E}\Big[\exp\Big\{ \int_t^T a_1 \sigma_1 \mathrm{d}W_s^1 + \int_t^T \sigma_2 \mathrm{d}W_s^2 \Big\} \Big] = \exp\Big[\frac{T-t}{2}(a_1^2 \sigma_1^2 + \sigma_2^2 + 2\rho a_1 \sigma_1 \sigma_2) \Big]$$

因此，存在常数 $M_1 > 0$ 使得

$$|J(I_2, c, t; q^*) - J(I_1, c, t; q^*)| \leqslant \frac{M_1 c}{2}|I_2 - I_1|$$

于是我们可以得到

$$|V(I_2, c, t) - V(I_1, c, t)| \leqslant (M_1 c + 1)|I_2 - I_1|$$

其次，我们证明 $V(I, c, t)$ 关于变量 c 连续，且对于 t 一致。固定 $I, t \in \mathbf{R}^+ \times [0, T]$，$\forall c_2 \geqslant c_1 > 0$，存在 $0 \leqslant q_1^*$，$q_2^* \leqslant \bar{q}$ 使得

$$0 \leqslant J(I, c_i, t; q_i^*) - \inf_{0 \leqslant q_i \leqslant \bar{q}} J(I, c_i, t; q_i) \leqslant |c_2 - c_1|, \quad i = 1, 2$$

于是得到

$$|V(I, c_2, t) - V(I, c_1, t)|$$

$$= |\inf_{0 \leqslant q_2 \leqslant \bar{q}} J(I, c_2, t; q_2) - \inf_{0 \leqslant q_1 \leqslant \bar{q}} J(I, c_1, t; q_1)|$$

$$\leqslant |J(I, c_2, t; q_1^*) - J(I, c_1, t; q_1^*)| + |J(I, c_2, t; q_2^*)$$

$$- J(I, c_1, t; q_2^*)| + |c_2 - c_1|$$

对所有 $0 \leqslant q \leqslant \bar{q}$，有

$$|J(I, c_2, t; q) - J(I, c_1, t; q)|$$

$$\leqslant \mathrm{e}^{-\beta(T-t)} \mathrm{E}\{|(I_T - \bar{I})^+ [\min(C_{2,T}, P) - \min(C_{1,T}, P)]$$

$$- (I_T - \bar{I})^- (C_{2,T} - C_{1,T})| | I_t = I, C_{2,t} = c_2, C_{1,t} = c_1\}$$

$$\leqslant \mathrm{e}^{-\beta(T-t)} \mathrm{E}[|(I_T - \bar{I})^+ (C_{2,T} - C_{1,T})|$$

$$+ |(I_T - \bar{I})^- (C_{2,T} - C_{1,T})| | I_t = I, C_{2,t} = c_2, C_{1,t} = c_1]$$

$$\leqslant 2\mathrm{e}^{-\beta(T-t)} \mathrm{E}[|C_{2,T} - C_{1,T}|(|I_T| + \bar{I}) | I_t = I, C_{2,t} = c_2, C_{1,t} = c_1]$$

$$\leqslant 2\mathrm{e}^{-\beta(T-t)} \mathrm{E}[|C_{2,T} - C_{1,T}||I_T - \bar{I}| | I_t = I, C_{2,t} = c_2, C_{1,t} = c_1]$$

$$\leqslant 2\mathrm{e}^{-\beta(T-t)} \mathrm{E}\Big[|c_2 - c_1|I \exp\Big\{ \int_t^T \Big[a_1\mu_1 + a_2 f(s) - q - \frac{1}{2}a_1^2\sigma_2^2 + \mu_2 - \frac{1}{2}\sigma_2^2 \Big]$$

$$+ \int_t^T a_1\sigma_1 \mathrm{d}W_s^1 + \int_t^T \sigma_2 \mathrm{d}W_s^2 \Big\} + |c_2 - c_1|\bar{I} \exp\Big\{ \int_t^T \Big(\mu_2 - \frac{1}{2}\sigma_2^2 \Big) \mathrm{d}s + \int_t^T \sigma_2 \mathrm{d}W_s^2 \Big\} \Big]$$

又因为 $q \in [0, \bar{q}]$，以及

$$\mathrm{E}\left[\exp\left\{\int_t^T \sigma_2 \mathrm{d}W_s^2\right\}\right]=\exp\left[\frac{(T-t)\sigma_2^2}{2}\right]$$

存在常数 $M_2>0$ 使得

$$|J(I,c_2,t;q)-J(I,c_1,t;q)|$$

$$\leqslant 2|c_2-c_1|\left(I\exp\left\{\int_t^T[a_1\mu_1+a_2f(s)+\mu_2+\rho a_1\sigma_1\sigma_2-\beta]\mathrm{d}s\right\}\right.$$

$$\left.+\overline{I}\exp\left\{\int_t^T(\mu_2-\beta)\mathrm{d}s\right\}\right)\leqslant\frac{M_2}{2}(I+1)|c_2-c_1|$$

于是有

$$|V(I,c_2,t)-V(I,c_1,t)|\leqslant(M_2I+M_2+1)|c_2-c_1|$$

接下来，我们证明 $V(I,c,t)$ 关于变量 t 的连续性。固定 $I,c\in\mathbf{R}^+\times\mathbf{R}^+$，$\forall t_2\geqslant t_1\geqslant 0$，存在 $0\leqslant q_1^*$，$q_2^*\leqslant\overline{q}$ 使得

$$0<J(I,c,t_i;q_i^*)-\inf_{0\leqslant q_i\leqslant\overline{q}}J(I,c,t_i;q_i)<\frac{1}{2}|t_2-t_1|,\quad i=1,2$$

与式（A.9）类似，可以得到

$$|V(I,c,t_2)-V(I,c,t_1)|$$

$$=|\inf_{0\leqslant q_2\leqslant\overline{q}}J(I,c,t_2;q_2)-\inf_{0\leqslant q_1\leqslant\overline{q}}J(I,c,t_1;q_1)|$$

$$\leqslant|J(I,c,t_2;q_1^*)-J(I,c,t_1;q_1^*)|$$

$$+|J(I,c,t_2;q_2^*)-J(I,c,t_1;q_2^*)|+|t_2-t_1| \tag{A.10}$$

对任意 $0\leqslant q\leqslant\overline{q}$，记

$$S_i\overset{\triangle}{=}(I_{i,T}-\overline{I})^+\min\{C_{i,T},P\}-(I_{i,T}-\overline{I})^-C_{i,T},\quad i=1,2$$

式中，$C_{1,T}$，$C_{2,T}$ 是初值取 $C_{t_1}=c$、$C_{t_2}=c$ 时，过程（6.9）在 T 时的值；$I_{1,T}$，$I_{2,T}$ 是初值取 $I_{t_1}=I$、$I_{t_2}=I$ 时，过程（6.8）在 T 时的值。根据文献［112］中定理6.3的结论，可得

$$|J(I,c,t_2;q)-J(I,c,t_1;q)|$$

$$\leqslant\frac{g(\overline{q})}{\beta}[1-\mathrm{e}^{-\beta(t_2-t_1)}]+\mathrm{e}^{-\beta(T-t_2)}$$

$$\cdot\mathrm{E}[|S_2-S_1||I_{2,t_2}=I,C_{2,t_2}=c,I_{1,t_1}=I,C_{1,t_1}=c]$$

$$\leqslant|\mathrm{e}^{-\beta(T-t_2)}-\mathrm{e}^{-\beta(T-t_1)}|\mathrm{E}[|S_1||I_{2,t_2}=I,C_{2,t_2}=c,I_{1,t_1}=I,C_{1,t_1}=c]$$

$$\tag{A.11}$$

其中

$$\mathrm{E}[|S_2-S_1||I_{2,t_2}=I,C_{2,t_2}=c,I_{1,t_1}=I,C_{1,t_1}=c]$$

$$\leqslant\mathrm{E}[|\min\{C_{2,T},P\}[(I_{2,T}-\overline{I})^+-(I_{1,T}-\overline{I})^+]|$$

$$+|(I_{1,T}-\overline{I})^{+}(\min\{C_{2,T},P\}-\min\{C_{1,T},P\})|$$

$$+|C_{2,T}[(I_{2,T}-\overline{I})^{-}-(I_{1,T}-\overline{I})^{-}]|$$

$$+|(I_{1,T}-\overline{I})^{-}(C_{2,T}-C_{1,T})||I_{2,t_2}=I,C_{2,t_2}=c,I_{1,t_1}=I,C_{1,t_1}=c]$$

$$\leqslant E[2C_{2,T}|I_{2,T}-I_{1,T}|$$

$$+2|C_{2,T}-C_{1,T}||I_{1,T}-\overline{I}||I_{2,t_2}=I,C_{2,t_2}=c,I_{1,t_1}=I,C_{1,t_1}=c]$$

$$\leqslant M_2Ic\sqrt{t_2-t_1}+M_3c\sqrt{t_2-t_1} \qquad (A.12)$$

其中 $M_2>0$，$M_3>0$ 是常数，不难得到

$$E[|S_1||I_{2,t_2}=I,C_{2,t_2}=c,I_{1,t_1}=I,C_{1,t_1}=c]\leqslant M_4Ic+M_5c \qquad (A.13)$$

其中 $M_4>0$，$M_5>0$ 是常数。综上所述，由式（A.11）、式（A.12）和式（A.13），存在常数 $M_6>0$，$M_7>0$ 使得

$$|J(I,c,t_2;q)-J(I,c,t_1;q)|\leqslant\frac{M_6}{2}(I+1)c\sqrt{t_2-t_1}+\frac{M_7}{2}|t_2-t_1|$$

$$(A.14)$$

将式（A.14）代入式（A.10）得到

$$|V(I,c,t_2)-V(I,c,t_1)|\leqslant M_6(I+1)c\sqrt{t_2-t_1}+(M_7+1)|t_2-t_1|$$

这表明 $V(I,c,t)$ 对于 t 连续。综上结论，我们得到了值函数 $V(I,c,t)$ 的连续性。

③ 由式（6.18），

$$|V(I,c,t)|\leqslant E[|\int_t^T g(\overline{q})e^{-\beta(s-t)}ds|+|(I_T-\overline{I})^{+}C_Te^{-\beta(T-t)}|$$

$$+|(I_T-\overline{I})^{-}C_Te^{-\beta(T-t)}||I_t=I,C_t=c]$$

于是存在常数 $M_1>0$，$M>0$ 使得

$$|V(I,c,t)|\leqslant M_1E[1+\sup_{s\geqslant t}|I_s|^2+\sup_{s\geqslant t}|C_s|^2|I_t=I,C_t=c]$$

$$\leqslant M(1+|I|^2+|c|^2)$$

增长性得证，从而引理得证。

2. 引理 A.2（比较引理）

令 $x=\ln I$，$y=\ln c$，则式（6.19）和式（6.20）可转化为

$$\frac{\partial V}{\partial t}+\left[a_1\mu_1+a_2f(t)-\frac{1}{2}a_1^2\sigma_1^2\right]\frac{\partial V}{\partial x}+\left(\mu_2-\frac{1}{2}\sigma_2^2\right)\frac{\partial V}{\partial y}$$

$$+\frac{1}{2}a_1^2\sigma_1^2\frac{\partial^2V}{\partial x^2}+\rho a_1\sigma_1\sigma_2\frac{\partial^2V}{\partial x\partial y}+\frac{1}{2}\sigma_2^2\frac{\partial^2V}{\partial y^2}-\beta V$$

$$+\inf_{0\leqslant q\leqslant\overline{q}}\left[g(q)-q\frac{\partial V}{\partial x}\right]=0,\quad(x,y,t)\in\Omega_T\overset{\triangle}{=}\mathbf{R}\times\mathbf{R}\times[0,T] \qquad (A.15)$$

终值条件为

$$V(x,y,T)=(e^x-\overline{I})^+\min\{e^y,P\}-(e^x-\overline{I})^-e^y, \quad x\in\mathbf{R},y\in\mathbf{R}$$

假设 $U,V\in\overline{\Omega}_T\overset{\triangle}{=}\mathbf{R}\times\mathbf{R}\times[0,T]$ 分别是方程（A.15）的粘性上解和粘性下解（定义见第 2 章 2.7.3 部分），且满足

$$|U(x,y,t)|,|V(x,y,t)|\leqslant M(1+e^{2x}+e^{2y}) \tag{A.16}$$

其中常数 $M>0$。若

$$U(x,y,T)\geqslant V(x,y,T), \quad x\in\mathbf{R}, \quad y\in\mathbf{R} \tag{A.17}$$

那么

$$U(x,y,t)\geqslant V(x,y,t), \quad \forall (x,y,t)\in\overline{\Omega}_T$$

证明：用反证法证明，如果结论不成立，即假设存在（x^*，y^*，t^*）$\in\Omega_T$ 和 $\delta>0$ 使得

$$V(x^*,y^*,t^*)\geqslant U(x^*,y^*,t^*)+2\delta \tag{A.18}$$

成立，其中 $t^*>0$。事实上，如果 $t^*=0$，则由函数 U 和 V 的连续性，我们可以在（x^*，y^*，t^*）附近找到（x，y，t），使得满足式（A.18）。定义辅助函数

$$\Phi(x_1,y_1,x_2,y_2,t)=V(x_1,y_1,t)-U(x_2,y_2,t)-\phi(x_1,y_1,x_2,y_2,t)$$

其中（x_1，y_1，x_2，y_2，t）$\in\mathbf{R}^4\times(0,T]$，并且

$$\phi=\frac{\alpha}{2}[(x_1-x_2)^2+(y_1-y_2)^2]+\frac{\varepsilon}{2}e^{\lambda(T-t)}(e^{4x_1}+e^{4y_1}$$

$$+e^{4x_2}+e^{4y_2}+|x_1|^4+|y_1|^4+|x_2|^4+|y_2|^4)+\frac{\sqrt{\varepsilon}}{t}$$

记

$$F_\alpha=\sup_{\mathbf{R}^4\times(0,T]}(V-U-\phi)$$

因为式（A.16）和函数 U 和 V 的半连续性，F_α 能取到最大值，我们记

$$F_\alpha=\Phi(x_{1\alpha},y_{1\alpha},x_{2\alpha},y_{2\alpha},t_\alpha)<\infty$$

对任意足够小 $\varepsilon>0$，有

$$F_\alpha\geqslant V(x^*,y^*,t^*)-U(x^*,y^*,t^*)-\varepsilon e^{\lambda(T-t^*)}(e^{4x^*}+e^{4y^*}$$

$$+|x^*|^4+|y^*|^4)-\frac{\sqrt{\varepsilon}}{t^*}\geqslant\delta$$

由于 $\phi(\cdot)\geqslant 0$，可得

$$V(x_{1\alpha},y_{1\alpha},t_\alpha)\geqslant U(x_{2\alpha},y_{2\alpha},t_\alpha)+\delta \tag{A.19}$$

因为 $\Phi(0,0,0,0,T)\leqslant\Phi(x_{1\alpha},y_{1\alpha},x_{2\alpha},y_{2\alpha},t_\alpha)$，我们得到

$$\frac{\alpha}{2}[(x_{1\alpha}-x_{2\alpha})^2+(y_{1\alpha}-y_{2\alpha})^2]+\frac{\sqrt{\varepsilon}}{t_\alpha}$$

$$\frac{\varepsilon}{2}e^{\lambda(T-t_\alpha)}(e^{4x_{1\alpha}}+e^{4y_{1\alpha}}+e^{4x_{2\alpha}}+e^{4y_{2\alpha}}+x_{1\alpha}^4+y_{1\alpha}^4+x_{2\alpha}^4+y_{2\alpha}^4)$$

$$\leqslant V(x_{1\alpha},y_{1\alpha},t_\alpha)-U(x_{2\alpha},y_{2\alpha},t_\alpha)-V(0,0,T)+U(0,0,T)+2\varepsilon+\frac{\sqrt{\varepsilon}}{T}$$

$$\leqslant M_2(1+e^{2x_{1\alpha}}+e^{2y_{1\alpha}}+e^{2x_{2\alpha}}+e^{2y_{2\alpha}}) \tag{A.20}$$

其中 M_2 是正的常数。同时式（A.20）隐含着存在常数 $M_{1\varepsilon}>0$ 和 $M_{2\varepsilon}>0$ 使得

$$x_{1\alpha}^4+y_{1\alpha}^4+x_{2\alpha}^4+y_{2\alpha}^4\leqslant M_{1\varepsilon}$$

和 $t_\alpha>M_{2\varepsilon}>0$。从而，存在一个子列，我们仍记为 $(x_{1\alpha},y_{1\alpha},x_{2\alpha},y_{2\alpha},t_\alpha)$ 收敛到某点 $(x_{1\varepsilon},y_{1\varepsilon},x_{2\varepsilon},y_{2\varepsilon},t_\varepsilon)\in\mathbf{R}^4\times(0,T]$。此外式（A.20）还隐含着存在常数 $M_{3\varepsilon}>0$ 使得

$$\frac{\alpha}{2}[(x_{1\alpha}-x_{2\alpha})^2+(y_{1\alpha}-y_{2\alpha})^2]\leqslant M_{3\varepsilon}$$

于是，当 $\alpha\to\infty$ 时有 $x_{1\alpha}\to x_{2\alpha}\to x_{2\varepsilon}=x_{1\varepsilon}$，$y_{1\alpha}\to y_{2\alpha}\to y_{2\varepsilon}=y_{1\varepsilon}$，从而，我们可以记，$x_{2\varepsilon}=x_{1\varepsilon}=x_\varepsilon$，$y_{2\varepsilon}=y_{1\varepsilon}=y_\varepsilon$。

由 $F_\alpha\geqslant\Phi(x^*,y^*,x^*,y^*,t^*)$ 可以得出

$$V(x_{1\alpha},y_{1\alpha},t_\alpha)-U(x_{2\alpha},y_{2\alpha},t_\alpha)$$

$$\geqslant V(x^*,y^*,t^*)-U(x^*,y^*,t^*)$$

$$-\varepsilon e^{\lambda(T-t^*)}(e^{4x^*}+e^{4y^*}+|x^*|^4+|y^*|^4)-\frac{\sqrt{\varepsilon}}{t^*}$$

如果令 $\alpha\to\infty$，则得到

$$V(x_{1\alpha},y_{1\alpha},t_\alpha)-U(x_{2\alpha},y_{2\alpha},t_\alpha)\to V(x_\varepsilon,y_\varepsilon,t_\varepsilon)-U(x_\varepsilon,y_\varepsilon,t_\varepsilon)$$

如果 $t_\varepsilon=T$，令 $\varepsilon\to0$，因为式（A.17），我们可以得出

$$V(x^*,y^*,t^*)\leqslant U(x^*,y^*,t^*)$$

这和假设（A.18）矛盾；所以 $t_\varepsilon\neq T$，这表明对任意足够大的 α，都有 $(x_{1\alpha},y_{1\alpha},t_\alpha)$，$(x_{2\alpha},y_{2\alpha},t_\alpha)\in\mathbf{R}\times\mathbf{R}\times(0,T)$。由 Ishii 引理（参考文献 [92] 中定理 6.1），存在 θ，$\hat{\theta}$，A，B 使得

$$(\theta,p,A)\in cD^{+(2,1)}V(x_{1\alpha},y_{1\alpha},t_\alpha)$$

$$(\hat{\theta},\hat{p},B)\in cD^{-(2,1)}U(x_{2\alpha},y_{2\alpha},t_\alpha)$$

其中

$$p=\begin{pmatrix}\alpha(x_{1\alpha}-x_{2\alpha})+\dfrac{\varepsilon}{2}e^{\lambda(T-t_\alpha)}(4e^{4x_{1\alpha}}+4x_{1\alpha}^3)\\[2mm]\alpha(y_{1\alpha}-y_{2\alpha})+\dfrac{\varepsilon}{2}e^{\lambda(T-t_\alpha)}(4e^{4y_{1\alpha}}+4y_{1\alpha}^3)\end{pmatrix}$$

$$\hat{p} = \begin{pmatrix} \alpha(x_{1\alpha}-x_{2\alpha}) - \dfrac{\varepsilon}{2}e^{\lambda(T-t_\alpha)}(4e^{4x_{2\alpha}}+4x_{2\alpha}^3) \\[2mm] \alpha(y_{1\alpha}-y_{2\alpha}) - \dfrac{\varepsilon}{2}e^{\lambda(T-t_\alpha)}(4e^{4y_{2\alpha}}+4y_{2\alpha}^3) \end{pmatrix}$$

$$\theta - \hat{\theta} = -\frac{\varepsilon}{2}\lambda e^{\lambda(T-t_\alpha)}(e^{4x_1}+e^{4y_1}+e^{4x_2}+e^{4y_2}$$

$$+|x_1|^4+|y_1|^4+|x_2|^4+|y_2|^4) - \frac{\sqrt{\varepsilon}}{t_\alpha^2}$$

以及 4×4 对称矩阵 $\begin{pmatrix} A & 0 \\ 0 & -B \end{pmatrix}$ 满足：

$$\begin{pmatrix} A & 0 \\ 0 & -B \end{pmatrix} \leqslant 3\alpha \begin{pmatrix} 1 & 0 & -1 & 0 \\ 0 & 1 & 0 & -1 \\ -1 & 0 & 1 & 0 \\ 0 & -1 & 0 & 1 \end{pmatrix} + \frac{\varepsilon^2 e^{2\lambda(T-t_\alpha)}}{\alpha}$$

$$\cdot \begin{pmatrix} (8e^{4x_{1\alpha}}+6x_{1\alpha}^2)^2 & 0 & 0 & 0 \\ 0 & (8e^{4y_{1\alpha}}+6y_{1\alpha}^2)^2 & 0 & 0 \\ 0 & 0 & (8e^{4x_{2\alpha}}+6x_{2\alpha}^2)^2 & 0 \\ 0 & 0 & 0 & (8e^{4y_{2\alpha}}+6y_{2\alpha}^2)^2 \end{pmatrix}$$

$$+8\varepsilon e^{\lambda(T-t_\alpha)}$$

$$\cdot \begin{pmatrix} 3e^{4x_{1\alpha}} & 0 & -(e^{4x_{1\alpha}}+e^{4x_{2\alpha}}) & 0 \\ 0 & 3e^{4x_{1\alpha}} & 0 & -(e^{4y_{1\alpha}}+e^{4y_{2\alpha}}) \\ -(e^{4x_{1\alpha}}+e^{4x_{2\alpha}}) & 0 & 3e^{4x_{1\alpha}} & 0 \\ 0 & -(e^{4y_{1\alpha}}+e^{4y_{2\alpha}}) & 0 & 3e^{4x_{1\alpha}} \end{pmatrix}$$

$$+6\varepsilon e^{\lambda(T-t_\alpha)}$$

$$\cdot \begin{pmatrix} 3x_{1\alpha}^2 & 0 & -(x_{1\alpha}^2+x_{2\alpha}^2) & 0 \\ 0 & 3y_{1\alpha}^2 & 0 & -(y_{1\alpha}^2+y_{2\alpha}^2) \\ -(x_{1\alpha}^2+x_{2\alpha}^2) & 0 & 3x_{2\alpha}^2 & 0 \\ 0 & -(y_{1\alpha}^2+y_{2\alpha}^2) & 0 & 3y_{2\alpha}^2 \end{pmatrix} \tag{A.21}$$

其中 $cD^{+(2,1)}V(x_{1\alpha},y_{1\alpha},t_\alpha)$ 是 V 在点 $(x_{1\alpha},y_{1\alpha},t_\alpha)$ 的上半微分集（参考文献 [92] 中定义 4.1）；$cD^{-(2,1)}U(x_{2\alpha},y_{2\alpha},t_\alpha)$ 是 U 在点 $(x_{2\alpha},y_{2\alpha},t_\alpha)$ 的下半微分集。此外，由于 V 和 U 分别是方程（A.15）的粘性上解和粘性下解。我们可以找到合适的 $q^* \in [0,\overline{q}]$，使得

$$\left(\begin{matrix} a_1\mu_1 + a_2 f(t_\alpha) - \dfrac{1}{2}a_1^2\sigma_1^2 - q^* \\[2mm] \mu_2 - \dfrac{1}{2}\sigma_2^2 \end{matrix}\right)^T \left(\begin{matrix} \alpha(x_{1\alpha} - x_{2\alpha}) + \dfrac{\varepsilon}{2}e^{\lambda(T-t_\alpha)}(4e^{4x_{1\alpha}} + 4x_{1\alpha}^3) \\[2mm] \alpha(y_{1\alpha} - y_{2\alpha}) + \dfrac{\varepsilon}{2}e^{\lambda(T-t_\alpha)}(4e^{4y_{1\alpha}} + 4y_{1\alpha}^3) \end{matrix}\right)$$

$$+\theta + \frac{1}{2}tr\left[\left(\begin{matrix} a_1^2\sigma_1^2 & \rho a_1\sigma_1\sigma_2 \\ \rho a_1\sigma_1\sigma_2 & \sigma_2^2 \end{matrix}\right)A\right] - \beta V(x_{1\alpha}, y_{1\alpha}, t_\alpha) + g(q^*) \geqslant 0,$$

$$\left(\begin{matrix} a_1\mu_1 + a_2 f(t_\alpha) - \dfrac{1}{2}a_1^2\sigma_1^2 - q^* \\[2mm] \mu_2 - \dfrac{1}{2}\sigma_2^2 \end{matrix}\right)^T \left(\begin{matrix} \alpha(x_{1\alpha} - x_{2\alpha}) + \dfrac{\varepsilon}{2}e^{\lambda(T-t_\alpha)}(4e^{4x_{2\alpha}} + 4x_{2\alpha}^3) \\[2mm] \alpha(y_{1\alpha} - y_{2\alpha}) + \dfrac{\varepsilon}{2}e^{\lambda(T-t_\alpha)}(4e^{4y_{2\alpha}} + 4y_{2\alpha}^3) \end{matrix}\right)$$

$$+\theta + \frac{1}{2}tr\left[\left(\begin{matrix} a_1^2\sigma_1^2 & \rho a_1\sigma_1\sigma_2 \\ \rho a_1\sigma_1\sigma_2 & \sigma_2^2 \end{matrix}\right)B\right] - \beta V(x_{2\alpha}, y_{2\alpha}, t_\alpha) + g(q^*) \leqslant 0$$

接着，让两式相减，得到

$$-\frac{\varepsilon}{2}\lambda e^{\lambda(T-t_\alpha)}(e^{4x_1} + e^{4y_1} + e^{4x_2} + e^{4y_2} + |x_1|^4 + |y_1|^4 + |x_2|^4 + |y_2|^4) - \frac{\sqrt{\varepsilon}}{t_\alpha^2}$$

$$+\left(\begin{matrix} a_1\mu_1 + a_2 f(t_\alpha) - \dfrac{1}{2}a_1^2\sigma_1^2 - q^* \\[2mm] \mu_2 - \dfrac{1}{2}\sigma_2^2 \end{matrix}\right)^T \left(\begin{matrix} \dfrac{\varepsilon}{2}e^{\lambda(T-t_\alpha)}(4e^{4x_{1\alpha}} + 4x_{1\alpha}^3 + 4e^{4x_{2\alpha}} + 4x_{2\alpha}^3) \\[2mm] \dfrac{\varepsilon}{2}e^{\lambda(T-t_\alpha)}(4e^{4y_{1\alpha}} + 4y_{1\alpha}^3 + 4e^{4y_{2\alpha}} + 4y_{2\alpha}^3) \end{matrix}\right)$$

$$+\frac{1}{2}tr\left[\left(\begin{matrix} a_1^2\sigma_1^2 & \rho a_1\sigma_1\sigma_2 & 0 & 0 \\ \rho a_1\sigma_1\sigma_2 & \sigma_2^2 & 0 & 0 \\ 0 & 0 & a_1^2\sigma_1^2 & \rho a_1\sigma_1\sigma_2 \\ 0 & 0 & \rho a_1\sigma_1\sigma_2 & \sigma_2^2 \end{matrix}\right)\left(\begin{matrix} A & 0 \\ 0 & -B \end{matrix}\right)\right] - \beta(V-U) \geqslant 0$$

由式（A.21），令 $\alpha \to \infty$，得到

$$0 \leqslant -\lambda\varepsilon e^{\lambda(T-t_\varepsilon)}[e^{4x_\varepsilon} + e^{4y_\varepsilon} + x_\varepsilon^4 + y_\varepsilon^4] - \frac{\sqrt{\varepsilon}}{t_\varepsilon^4} + 4\varepsilon e^{\lambda(T-t_\varepsilon)}$$

$$\cdot\left\{\left[a_1\mu_1 + a_2 f(t_\varepsilon) - \frac{1}{2}a_1^2\sigma_1^2 - q^*\right](e^{4x_\varepsilon} + x_\varepsilon^3) + \left(\mu_2 - \frac{1}{2}\sigma_2^2\right)(e^{4y_\varepsilon} + y_\varepsilon^3)\right\}$$

$$+\varepsilon e^{\lambda(T-t_\varepsilon)}[a_1^2\sigma_1^2(8e^{4x_\varepsilon} + 6x_\varepsilon^2) + \sigma_2^2(8e^{4y_\varepsilon} + 6y_\varepsilon^2)] - \beta(V-U)$$

$$\text{(A.22)}$$

记

$$\Delta_1 = -\lambda\varepsilon e^{\lambda(T-t_\varepsilon)}[e^{4x_\varepsilon} + e^{4y_\varepsilon}] + 8\varepsilon e^{\lambda(T-t_\varepsilon)}[a_1^2\sigma_1^2 e^{4x_\varepsilon} + \sigma_2^2 e^{4y_\varepsilon}]$$

$$+4\varepsilon e^{\lambda(T-t_\varepsilon)}\left\{\left[a_1\mu_1+a_2f(t_\varepsilon)-\frac{1}{2}a_1^2\sigma_1^2-q^*\right]e^{4x_\varepsilon}+\left(\mu_2-\frac{1}{2}\sigma_2^2\right)e^{4y_\varepsilon}\right\}$$

$$\Delta_2=-\lambda\varepsilon e^{\lambda(T-t_\varepsilon)}(x_\varepsilon^4+y_\varepsilon^4)+6\varepsilon e^{\lambda(T-t_\varepsilon)}(a_1^2\sigma_1^2x_\varepsilon^2+\sigma_2^2y_\varepsilon^2)$$

$$+4\varepsilon e^{\lambda(T-t_\varepsilon)}\left\{\left[a_1\mu_1+a_2f(t_\varepsilon)-\frac{1}{2}a_1^2\sigma_1^2-q^*\right]x_\varepsilon^3+\left(\mu_2-\frac{1}{2}\sigma_2^2\right)y_\varepsilon^3\right\}$$

选取足够大的 $\lambda>0$，则有 $\Delta_1<0$。如果 $|x_\varepsilon|\geqslant1$，$|y_\varepsilon|\geqslant1$ 成立，则我们同样可以得出 $\Delta_2<0$；又若 $|x_\varepsilon|<1$ 或者 $|y_\varepsilon|<1$，那么我们只需要选取足够小的 $\varepsilon>0$，就有 $\Delta_2<\beta\delta$。于是由式（A.19）和式（A.22），我们得到结论：

$$0\leqslant-\beta\delta+\Delta_1+\Delta_2<0$$

这是个矛盾的结果，所以原假设不成立，即有

$$U(x,y,t)\geqslant V(x,y,t),\quad\forall(x,y,t)\in\overline{\Omega}_T$$

命题得证。

在第 2 章 2.7.3 部分，已经定义了一般的抛物型 HJB 方程的粘性解。这里我们针对第 6 章 6.4 节的具体问题给出粘性解的定义。

（二）定义［问题（6.19）和（6.20）的粘性解］

记 $Q_T=\mathbf{R}^+\times\mathbf{R}^+\times[0,T)$，$\overline{Q}_T=\mathbf{R}^+\times\mathbf{R}^+\times[0,T)$

$$F[D^2u(x,y,t),Du(x,y,t),u(x,y,t),x,y,t]$$

$$=x[a_1\mu_1+a_2f(t)]\frac{\partial u}{\partial x}+\mu_2y\frac{\partial u}{\partial y}+\frac{1}{2}x^2a_1^2\sigma_1^2\frac{\partial^2u}{\partial x^2}+\frac{1}{2}y^2\sigma_2^2\frac{\partial^2u}{\partial y^2}$$

$$+xy\rho a_1\sigma_1\sigma_2\frac{\partial^2u}{\partial x\partial y}-\beta u+\inf_{0\leqslant q\leqslant\overline{q}}\left[g(q)-qx\frac{\partial u}{\partial x}\right]$$

假设 $u:\overline{Q}_T\to\mathbf{R}$ 局部有解，定义：

① 在 $\overline{Q}_T$ 上的下半连续函数 $u(x,y,t)$ 称为方程（6.19）的粘性上解，如果对任意 $\varphi\in C^{2,2,1}(\overline{Q}_T)$，若 $u-\varphi$ 在 $(\overline{x},\overline{y},\overline{t})\in Q_T$ 取到局部最小值点，并且 $u(\overline{x},\overline{y},\overline{t})=\varphi(\overline{x},\overline{y},\overline{t})$，则

$$\frac{\partial\varphi}{\partial t}(\overline{x},\overline{y},\overline{t})+F[D^2\varphi(\overline{x},\overline{y},\overline{t}),D\varphi(\overline{x},\overline{y},\overline{t}),\varphi(\overline{x},\overline{y},\overline{t}),\overline{x},\overline{y},\overline{t}]\leqslant0$$

② 在 $\overline{Q}_T$ 上的上半连续函数 $u(x,y,t)$ 称为方程（6.19）的粘性下解，如果对任意 $\varphi\in C^{2,2,1}(\overline{Q}_T)$，若 $u-\varphi$ 在 $(\overline{x},\overline{y},\overline{t})\in Q_T$ 取到局部最大值点，并且 $u(\overline{x},\overline{y},\overline{t})=\varphi(\overline{x},\overline{y},\overline{t})$，则

$$\frac{\partial\varphi}{\partial t}(\overline{x},\overline{y},\overline{t})+F[D^2\varphi(\overline{x},\overline{y},\overline{t}),D\varphi(\overline{x},\overline{y},\overline{t}),\varphi(\overline{x},\overline{y},\overline{t}),\overline{x},\overline{y},\overline{t}]\geqslant0$$

③ 在 $\overline{Q}_T$ 上的连续函数 $u(x,y,t)$ 为方程（6.19）的粘性解当且仅当 $u(x,y,t)$ 既是方程（6.19）的粘性上解又是粘性下解。此外，如果满足 $u\mid_T=(I-\overline{I})^+\min\{c,P\}-(I-\overline{I})^-c$，则称 $u(x,y,t)$ 是问题（6.19）和问题（6.20）的粘性解。

现在可以根据文献［92］中的方法，证明定理 6.3，即问题（6.19）和问题（6.20）粘性解的存在性了。

由已经证明的值函数 $V(I,c,t)$ 的连续性，显然，其满足终值条件（6.20）。接下来，先要证明 $V(I,c,t)$ 是方程（6.19）的粘性下解。

假设 $\varphi\in C^{2,2,1}(\overline{Q}_T)$ 是一个试验函数，使得 $V-\varphi$ 在$(I_0,c_0,t_0)\in Q_T$ 取到局部最大值点，且 $V(I_0,c_0,t_0)=\varphi(I_0,c_0,t_0)$，这意味着存在邻域 $O(I_0,c_0,t_0)\in Q_T$，使得在该邻域内 $V(I,c,t)\leqslant\varphi(I,c,t)$。任给 $h>t_0$ 和常数控制 $q_t\equiv q$，由动态规划原理，有

$$V(I_0,c_0,t_0)\leqslant\mathrm{E}\Big[\int_{t_0}^h\mathrm{e}^{-\beta(s-t_0)}g(q)\mathrm{d}s+\mathrm{e}^{-\beta(h-t_0)}$$

$$\cdot V(I_h,C_h,h)\mid I_{t_0}=I_0,C_{t_0}=c_0\Big]$$

$$\leqslant\mathrm{E}\Big[\int_{t_0}^h\mathrm{e}^{-\beta(s-t_0)}g(q)\mathrm{d}s+\mathrm{e}^{-\beta(h-t_0)}$$

$$\cdot\varphi(I_h,C_h,h)\mid I_{t_0}=I_0,C_{t_0}=c_0\Big]$$

利用 Itô 公式（见文献［65］），式中的

$$\varphi(I_h,C_h,h)=\varphi(I_0,c_0,t_0)+\int_{t_0}^h\Big\{\frac{\partial\varphi}{\partial t}+I[a_1\mu_1+a_2f(t)-q]\frac{\partial\varphi}{\partial I}$$

$$+\mu_2C\frac{\partial\varphi}{\partial c}+\frac{1}{2}I^2a_1^2\sigma_1^2\frac{\partial^2\varphi}{\partial I^2}+\frac{1}{2}C^2\sigma_2^2\frac{\partial^2\varphi}{\partial c^2}+IC\rho a_1\sigma_1\sigma_2\frac{\partial^2\varphi}{\partial I\,\partial c}\Big\}\mathrm{d}t$$

$$+\int_{t_0}^h\frac{\partial\varphi}{\partial I}Ia_1\sigma_1\mathrm{d}W_t^1+\int_{t_0}^h\frac{\partial\varphi}{\partial c}C\sigma_2\mathrm{d}W_t^2$$

将 $\varphi(I_h,C_h,h)$ 代入上述不等式，两边同时除以 h，并令 $h\to t_0$，因为 q 的任意性，我们得到

$$\frac{\partial\varphi}{\partial t}(I_0,c_0,t_0)+F[D^2\varphi(I_0,c_0,t_0),D\varphi(I_0,c_0,t_0),\varphi(I_0,c_0,t_0),I_0,c_0,t_0]\geqslant0$$

故 $V(I,c,t)$ 是方程（6.19）的粘性下解。

然后，证明 $V(I,c,t)$ 是方程（6.19）的粘性上解。类似的，假设试验函数 $\varphi\in C^{2,2,1}(\overline{Q}_T)$，且 $V-\varphi$ 在 $(I_0,c_0,t_0)\in Q_T$ 取到局部最小值，这意味着存在邻域 $O(I_0,c_0,t_0)\in Q_T$，使得在该邻域内 $V(I,c,t)\geqslant\varphi(I,c,t)$。由动态规划原理，对每个 $m\in\mathbf{N}^+$，存在控制过程 $0\leqslant q^m\leqslant\overline{q}$ 使得

$$V(I_0,c_0,t_0)+\frac{1}{m^2}$$

$$\geqslant E\left[\int_{t_0}^{t_m} e^{-\beta(s-t_0)}g(q^m)ds+e^{-\beta(t_m-t_0)}V(I_{t_m}^m,C_{t_m}^m,t_m)\mid I_{t_0}^m=I_0,C_{t_0}^m=c_0\right]$$

$$\geqslant E\left[\int_{t_0}^{t_m} e^{-\beta(s-t_0)}g(q^m)ds+e^{-\beta(t_m-t_0)}\varphi(I_{t_m}^m,C_{t_m}^m,t_m)\mid I_{t_0}^m=I_0,C_{t_0}^m=c_0\right]$$

式中，$t_m=t_0+\frac{1}{m}$；I^m，C^m 是策略取 q^m 时问题（6.8）和问题（6.9）的解。再由 Itô 公式，

$$\frac{1}{m^2}\geqslant E\left[\int_{t_0}^{t_m} e^{-\beta(s-t_0)}\left\{g(q^m)+\frac{\partial\varphi}{\partial t}+I_s^m[a_1\mu_1+a_2 f(s)-q^m]\frac{\partial\varphi}{\partial I}\right.\right.$$

$$+\mu_2 C_s^m\frac{\partial\varphi}{\partial c}+\frac{1}{2}(I_s^m)^2 a_1^2\sigma_1^2\frac{\partial^2\varphi}{\partial I^2}+\frac{1}{2}(C_s^m)^2\sigma_2^2\frac{\partial^2\varphi}{\partial c^2}$$

$$\left.\left.+I_s^m C_s^m\rho a_1\sigma_1\sigma_2\frac{\partial^2\varphi}{\partial I\partial c}\right\}ds\mid I_{t_0}^m=I_0,C_{t_0}^m=c_0\right] \qquad (A.23)$$

又由文献［112］中定理 6.3 结论可知

$$\lim_{m\to\infty} E\left[\sup_{\xi\in[t_0,t_m]}\mid I_\xi^m-I_0\mid\right]=0$$

$$\lim_{m\to\infty} E\left[\sup_{\xi\in[t_0,t_m]}\mid C_\xi^m-c_0\mid\right]=0$$

在不等式（A.23）两边乘以 m 并令 $m\to\infty$，我们可以得到

$$0\geqslant\lim_{m\to\infty} mE\left[\int_{t_0}^{t_m} e^{-\beta(s-t_0)}\left\{g(q^m)+\frac{\partial\varphi}{\partial t}+I_0[a_1\mu_1+a_2 f(s)-q^m]\frac{\partial\varphi}{\partial I}\right.\right.$$

$$+\mu_2 c_0\frac{\partial\varphi}{\partial c}+\frac{1}{2}(I_0)^2 a_1^2\sigma_1^2\frac{\partial^2\varphi}{\partial I^2}+\frac{1}{2}(c_0)^2\sigma_2^2\frac{\partial^2\varphi}{\partial c^2}$$

$$\left.\left.+I_0 c_0\rho a_1\sigma_1\sigma_2\frac{\partial^2\varphi}{\partial I\partial c}\right\}ds\mid I_{t_0}^m=I_0,C_{t_0}^m=c_0\right]$$

于是有

$$\frac{\partial\varphi}{\partial t}(I_0,c_0,t_0)+F[D^2\varphi(I_0,c_0,t_0),D\varphi(I_0,c_0,t_0),\varphi(I_0,c_0,t_0),I_0,c_0,t_0]\leqslant 0$$

从而，$V(I,c,t)$ 是方程（6.19）的粘性上解。综上所述，粘性解的存在性得证。

最后，由引理 A.2 的比较引理，得到问题（6.19）和问题（6.20）粘性解的唯一性。

参 考 文 献

[1] Christoph Hambel, Holger Kraft, Eduardo S. Schwartz. Optimal Carbon Abatement in a Stochastic Equilibrium Model with Climate Change. Social Science Electronic Publishing, 2015.

[2] Stern N. Stern Review on the Economics of Climate Change. Cambridge: Cambridge University Press, 2006.

[3] Declaration of the United Nations Conference on the Human Environment, 1972. http://www.unep.org/Documents.Multilingual/Default.asp?DocumentID=97\&ArticleID=1503\&l=en.

[4] United Nations Framework Convention on Climate Change, 1992. http://www.unfccc.int.

[5] Kyoto Protocol, 1998. http://unfccc.int/resource/docs/convkp/kpchinese.pdf.

[6] Hepburn C. Carbon Trading: A Review of the Kyoto Mechanisms. Annual Review of Environment & Resources, 2017, 32 (1): 375-393.

[7] Carmona R, Fehr M, Hinz J. Optimal Stochastic Control and Carbon Price Formation. Siam Journal on Control & Optimization, 2009, 48 (4): 2168-2190.

[8] UNFCCC. The Kyoto Protocol mechanisms, 2007.
http://unfccc.int/resource/docs/publications/mechanisms.pdf.

[9] European Commission. The EU emissions trading system (EU ETS), 2013.
http://ec.europa.eu/clima/publications/docs/factsheet _ ets _ en.pdf.

[10] Belaouar R, Fahim A, Touzi N. Optimal production policy under carbon emission market. http://www.cmap.polytechnique.fr/~touzi/BFT-21June.pdf.

[11] Carmona R, Fehr M, Hinz J, Porchet A. Market Design for Emission Trading Schemes. Siam Review, 2010, 52 (3): 403-452.

[12] Brunner Steffen, Flachsland Christian, Luderer Gunnar, Edenhofer Ottmar. Emissions Trading Systems: an overview, 2018. http://www.pik-potsdam.de/members/brunner/publications/emissions-trading-overview.

[13] Fehr M, Hinz J. A quantitative approach to carbon price risk modeling. http://www.ifor.math.ethz.ch/sta/maxfehr/Carbon.pdf.

[14] UMUT Ç ETIN, Verschuere M. Pricing and hedging in carbon emissions markets. International Journal of Theoretical and Applied Finance, 2009, 12 (7): 949-967.

[15] Bunn D W, Fezzi C. Interaction of European Carbon Trading and Energy Prices. Social Science Electronic Publishing, 2007. http://citeseerx.ist.psu.edu/viewdoc/download?doi=10.1.1.668.1460&rep=rep1&type=pdf.

[16] Mccarthy James, F.Canziani Osvaldo, Leary Neil, J.Dokken David, S.White Kasey. Climate change 2001: Impacts, adaptation and vulnerability. Cambridge: Cambridge University Press, 2001.

[17] LECOURT Stephen, PALLIÈRE Clément, SARTOR Oliver. The impact of emissions-performance benchmarking on free allocations in EU ETS phase 3, Working paper. 2013. http://hdl.handle.net/1814/26334

[18] Ellerman A D, Buchner B K. The European Union Emissions Trading Scheme: Origins, Al-

location, and Early Results. Review of Environmental Economics & Policy, 2007, 1 (1): 66-87.

[19] 《第三次气候变化国家评估报告》编写委员会. 第三次气候变化国家评估报告. 北京: 科学出版社, 2015.

[20] 《中国能源》编辑部. 中美气候变化联合声明. 中国能源, 2014, 36 (11): 1-1.

[21] 梁进, 陈雄达, 张华隆, 项家梁. 数据建模讲义. 上海: 上海科学技术出版社, 2014.

[22] 姜启源, 谢金星, 叶俊. 数学模型. 北京: 高等教育出版社, 2011.

[23] 黄红选. 数学规划. 北京: 清华大学出版社, 2006.

[24] 沈荣芳. 运筹学. 北京: 机械工业出版社, 2009.

[25] 朱德通. 最优化模型与实验. 上海: 同济大学出版社, 2003.

[26] Shapley L S. A value for n-person games. Annals of Mathematical Studies, 1953, (28): 307-317.

[27] 姜礼尚, 陈亚浙. 数学物理方程讲义. 北京: 高等教育出版社, 2005.

[28] 叶其孝, 李正元. 反应扩散方程引论. 北京: 科学出版社, 1990.

[29] 王柔怀, 伍卓群. 常微分方程讲义. 北京: 人民教育出版社, 1979.

[30] 余德浩, 汤华中. 微分方程数值解法. 北京: 科学出版社, 2003.

[31] K W Morton, D F Mayers. 偏微分方程数值解. 北京: 人民邮电出版社, 2006.

[32] 姜礼尚, 陈亚浙. 数学物理方程讲义. 第3版. 北京: 高等教育出版社, 2007.

[33] Sheldon M Ross. 应用随机过程——概率模型导论. 北京: 人民邮电出版社, 2006.

[34] Samuel Karlin, Howard M. Taylor. 随机过程初级教程. 北京: 人民邮电出版社, 2007.

[35] Christian Robert. Monte Carlo Statistical Methods. New York: Springer, 2005.

[36] 高惠璇. 统计计算. 北京: 北京大学出版社, 1995.

[37] 程兴新, 曹敏. 统计计算方法. 北京: 北京大学出版社, 1989.

[38] Kirk Donald E. Optimal control theory: An introduction. Englewood Cliffs: Prentice-Hall, 1970.

[39] Fwuranq Chang. Stochastic Optimization in Continuous Time. Cambridge: Cambridge University Press, 2004.

[40] Bertsekas D P. Dynamic Programming and Optimal Control. Athena Scientific, 2005.

[41] 宋建. 人口预测和人口控制. 北京: 人民出版社, 1982.

[42] Tsoularis A, Wallace J. Analysis of logistic growth models. Mathematical Biosciences, 2002, 179 (1): 21-55.

[43] 杨晓丽, 梁进. 一国碳减排的最小费用研究. 系统工程理论与实践, 2014, 34 (3): 640-647.

[44] Dischel B. At last: A model for weather risk. Energy and Power Risk Management, 1988, 11 (3): 20-21.

[45] Peter Alaton, Boualem Djehiche, David Stillberger. On modelling and pricing weather derivatives. Applied Mathematical Finance, 2002, 9 (1): 1-20.

[46] Jūratė Šaltytė Benth, Fred Espen Benth. A critical view on temperature modelling for application in weather derivatives markets. Energy Economics, 2012, 34 (2): 592-602.

[47] 李永, 夏敏, 梁力铭. 基于O-U模型的天气衍生品定价研究——以气温期权为例. 预测, 2012, 31 (2): 18-22.

[48] Fischer Black，Myron Scholes. The Pricing of Options and Corporate Liabilities. Journal of Political Economy，1973，81 (3)：637-654.

[49] Marcos Chamon，Paolo Mauro. Pricing growth-indexed bonds. Journal of Banking and Finance，2006，30 (12)：3349-3366.

[50] Susanne Kruse，Matthias Meitner，Michael Schröder. On the pricing of GDP-linked financial products. Applied Financial Economics，2005，15 (16)：1125-1133.

[51] Ping Chen. Understanding economic complexity and coherence：market crash，excess capacity，and technology wavelets. Working paper，2002. http：//pchen. ccer. edu. cn/ homepage/Major%20papers%20by%20Chenping/EcoComplexSH802. pdf.

[52] Ping Chen. A biological perspective of macro dynamics and division of labor：persistent cycles，disruptive technology，and the trade-off between stability and complexity，Working paper，2003. http：//www. vwl. tuwien. ac. at/hanappi/PChenBiopes903. pdf.

[53] Ehrlich P R，Holdren J P. Impact of population growth. Science，1971，171 (3977)：1212-1217.

[54] Waggoner P E，Ausubel J H. A framework for sustainability science：a renovated IPAT identity. Proceedings of the National Academy of Sciences of the United States of America，2002，99 (12)：7860-7865.

[55] Paul R Ehrlich，Anne H Ehrlich，John P Holdren. Ecoscience：population，resources，environment. Journal of Range Management，23 (4)，1978.

[56] Dietz T，Rosa E A. Rethinking the environmental impacts of population，Affluence and technology. Human Ecology Review，1994：277-300.

[57] Emilio Zagheni，Francesco C Billari. A Cost Valuation Model Based on a Stochastic Representation of the IPAT Equation. Population & Environment，2007，29 (2)：68-82.

[58] Schulze P C. I＝PBAT. Ecological Economics，2002，40 (2)：149-150.

[59] Stern D I. The rise and fall of the environmental kuznets curve. World Development，2004，32 (8)：1419-1439.

[60] Fick Adolf. Ueber Diffusion. Annalen Der Physik，2006，170 (1)：59-86.

[61] Hull J C. Options，futures，and other derivatives. Beijng：Tsinghua University Press，2001.

[62] 姜礼尚. 期权定价的数学模型和方法. 北京：高等教育出版社，2003.

[63] Harry Markowitz. Market Efficiency：A Theoretical Distinction and So What?. Financial Analysts Journal，2005，61 (5)：17-30.

[64] Harry Markowitz. Portfolio Selection. Journal of Finance，1952，7 (1)：77-91.

[65] Steven E Shreve. 金融随机分析. 第二卷，连续时间模型. 上海：上海财经大学出版社，2008.

[66] George Daskalakis，Dimitris Psychoyios，Raphael N. Markellos，Modeling CO_2 emission allowance prices and derivatives：Evidence from the European trading scheme. Journal of Banking & Finance，2009，33 (7)：1230-1241.

[67] 姜礼尚，徐承龙，任学敏. 金融衍生产品定价的数学模型与案例分析. 北京：高等教育出版社，2008.

[68] Tim Bollerslevb. Generalized autoregressive conditional heteroskedasticity. Journal of Econo-

metrics, 1986, 31 (3): 307-327.

[69] Tsay R S. Analysis of financial time series. Third Edition. Hoboken: Wiley, 2010.

[70] 刘中文, 赵井会, 高朋钊. 基于能耗的碳排放测度方法研究. 统计与决策, 2012, (21): 33-36.

[71] Segnon M, Lux T, Gupta R. Modeling and forecasting the volatility of carbon dioxide emission allowance prices: A review and comparison of modern volatility models. Renewable & Sustainable Energy Reviews, 2017, (69): 692-704.

[72] María Eugenia Sanin, Violante F, María Mansanet-Bataller. Understanding volatility dynamics in the EU-ETS market. Energy Policy, 2015, 82 (1): 321-331.

[73] 谭飞燕, 李孟刚. 中国金融深化对二氧化碳排放影响的分析. 河北经贸大学学报, 2014, (6): 99-103.

[74] Ahmed Ali, Almihoub Ali, Mula Joseph, Rahman Mohammad. Marginal Abatement Cost Curves (MACCs): Important Approaches to Obtain (Firm and Sector) Greenhouse Gases (GHGs) Reduction. International Journal of Economics and Finance, 2013.

[75] Fabian Kesickia. Marginal Abatement Cost Curves for Policy Making—Model-derived versus Expert-based Curves. The 33rd IAEE International Conference, 6-9 June 2010, Rio de Janeiro, Brazil, 2010. http://www. homepages. ucl. ac. uk/~ucft347/Kesicki _ MACC. pdf.

[76] Criqui P, Mima S, Viguier L. Marginal abatement costs of CO_2, emission reductions, geographical flexibility and concrete ceilings: an assessment using the POLES model. Energy Policy, 1999, 27 (10): 585-601.

[77] Ackerman F, Bueno R. Use of McKinsey abatement cost curves for climate economics modeling, Somerville, 2011.

[78] Klepper G, Peterson S. Marginal abatement cost curves in general equilibrium: The influence of world energy prices. Resource & Energy Economics, 2004, 28 (1): 1-23.

[79] Fabian Kesickia. Marginal Abatement Cost Curves: Combining Energy System Modelling and Decomposition Analysis. Environmental Modeling & Assessment, 2013, 18 (1): 27-37.

[80] Christoph Böhringer, Thomas F Rutherford. Combining bottom-up and top-down. Energy Economics, 2008, 30 (2): 574-596.

[81] 廖振良. 碳排放交易理论与实践. 上海: 同济大学出版社, 2016.

[82] 杨晓丽. 与碳排放量相关的碳排放权的定价. 上海: 同济大学, 2010.

[83] 周利, 李文, 麦欣. 碳资产定价技术与方法. 广州: 华南理工大学出版社, 2015.

[84] Chevallier J, Ielpo F. Risk aversion and institutional information disclosure on the European carbon market: A case-study of the 2006 compliance event. Energy Policy, 2009, 37 (1): 15-28.

[85] ChangYi Li, S N Chen, S K Lin. Pricing derivatives with modeling CO_2 emission allowance using a regime-switching jump diffusion model: with regime-switching risk premium. European Journal of Finance, 2016, 22 (10): 1-22.

[86] 樊艳艳. 我国碳金融市场中碳排放权交易价格的影响因素分析. 太原: 山西财经大学, 2017.

[87] 张玥. 我国碳金融定价机制研究. 天津: 天津财经大学, 2011.

[88] 李红. 构建全国统一的碳金融市场体系研究. 北京：首都经济贸易大学，2017.

[89] 黄飞鸿. 基于欧盟碳排放贸易体系的碳金融衍生品定价研究. 广州：广东商学院，2011.

[90] 中国碳排放交易网，http：//www. tanpaifang. com/tanzhaiquan/201408/2537178. html.

[91] Benz E A，Trück S. Modeling the Price Dynamics of CO_2 Emission Allowances. Energy Economics，2009，31（1）：4-15.

[92] Fleming W H，Soner H M. Controlled Markov processes and viscosity solutions. 2 edition. New York：Springer，2006.

[93] Liang Gechun，Jiang Lishang. A Modified Structural Model for Credit Risk：Utility Indifference Valuation. Journal of Mathematical Analysis and Applications，2009，293（2）：421-433.

[94] Commoner B. The environmental cost of economic growth，In R. G. Ridker（Ed.），Population，Resources and the Environment，Washington，DC，U. S. Government Printing Office，1972：339-363.

[95] Tsoularis A N，Wallace James. Analysis of logistic growth models. Mathematical Biosciences，2002，179（1）：21-55.

[96] Xiaoli Yang，Jin Liang. Minimization of Carbon Abatement Cost：Modeling，Analysis and Simulation. Discrete and Continuous Dynamical System. Series B，2017，22（7）：2939-2969.

[97] Susanne Kruse，Matthias Meitner，Michael Schroder. On the pricing of GDP-linked financial products. Applied Financial Economics，2005，15（16）：1125-1133.

[98] Gechun Liang，Lishang Jiang. A modified structural model for credit risk. IMA Journal of Management Mathematics，2012，23（2）：147-170.

[99] Jan Seifert，Marliese Uhrig-Homburg，Michael Wagner. Dynamic behavior of CO_2 spot prices. Journal of Environmental Economics & Management，2008，56（2）：180-194.

[100] Rene Carmona，Francois Delarue，Gilles-Edouard Espinosa，Nizar Touzi. Singular Forward-Backward Stochastic Differential Equations and Emissions Derivatives. Annals of Applied Probability，2012，23（3）：1086-1128.

[101] Marc Chesney，Luca Taschini. The Endogenous Price Dynamics of Emission Allowances and an Application to CO_2 Option Pricing. Applied Mathematical Finance，2012，19（5）：447-475.

[102] Luis M Abadie，José M Chamorro. European CO_2 prices and carbon capture investments. Energy Economics，2008，30（6）：2992-3015.

[103] Pham H. Continuous-time stochastic control and optimization with financial applications. Heidelberg：Springer Berlin，2009.

[104] Murto P. Timing of investment under technological and revenue-related uncertainties. Journal of Economic Dynamics and Control，2007，31（5）：1473-1497.

[105] Sabine Fuss，Jana Szolgayová. Fuel price and technological uncertainty in a real options model for electricity planning. Applied Energy，2010，87（9）：2938-2944.

[106] Bei Hu. Blow-up Theories for Semilinear Parabolic Equations. Heidelberg：Springer，2011.

[107] 陈亚浙. 二阶抛物型偏微分方程. 北京：北京大学出版社，2003.

[108] Wang J，Forsyth P A. Maximal Use of Central Differencing for Hamilton-Jacobi-Bellman

PDEs in Finance. SIAM Journal of Numerical Analysis，2008，46（3）：1580-1601.

［109］ Forsyth P A，Labahn G. Numerical methods for controlled Hamilton-Jacobi-Bellman PDEs in finance. 2007. https：//cs. uwaterloo. ca/～glabahn/Papers/borrow-lend. pdf.

［110］ 杨晓丽. 与信用衍生产品及二氧化碳减排相关的最优控制问题研究. 上海：同济大学，2015.

［111］ 郭华英. 与碳减排和碳贸易相关的随机优化模型的研究. 上海：同济大学，2017.

［112］ Jiongmin Yong，Xunyu Zhou. Stochastic controls：Hamiltonian systems and HJB equations. Heidelberg：Springer，1999.

［113］ 王克. 全国碳排放交易市场发展历程与展望解读. 中华环境，2018.

［114］ 周鹏，梁进. 信用违约互换定价分析. 高校应用数学学报，2007（22）：311-314.

后　　记

　　经过一年多的努力，书稿终于完成。其间国际组织又召开了一些会议，以期推动减排降温。然而由于各种原因，进展极为缓慢。但碳减排的报告却越来越令人担忧，年年创新高。地球面临越来越严峻的考验。

　　作为数学工作者，也许我们无法去解决国家层面的碳减排问题，但仍有责任去科普、去宣传，以身作则地做些力所能及的工作，这也就是我们写这本书的初衷。

　　在这本书里，我们收集了一些和碳减排相关的各种数学模型，也呈现了一些我们正在研究的数学在碳减排定价优化控制方面的前沿结果。有些比较浅显，有些比较深奥。但希望读者不要被数学的抽象复杂的表象迷惑，而是能够通过这些模型了解数学以及计算机是如何应用在碳减排的各个领域，如何在这个领域发挥作用的。更期望这本书能起到一个抛砖引玉的作用，能够促进研究这个领域的数学和其他科学工作者越来越多，使得有越来越多的精彩的数学应用在碳减排中大显身手。

　　在本书出版期间，一场突如其来的新冠肺炎席卷全球，中国最早遭到病毒蔓延的伤害，被迫封城停摆达两个月之久，经济发展极大受阻。现在中国逐步复工复课，而国外疫情仍在恶化。有意思的是在人类付出巨大代价、活动大减、居家隔离的同时，地球的一些碳排指标却在好转。例如据生态环境部报告，2020 年 1～3 月，全国 $PM_{2.5}$ 平均浓度同比下降 18.5%；英国 CarbonBrief对 2020 年全球碳排放进行了更新预测，认为新冠疫情可能导致今年减少 20 亿吨的碳排放，相比 2019 年全球碳排放下降 5.5% 左右。因此，2020 年将是有史以来全球二氧化碳排放量下降幅度最大的年度。这不得不令人深思，难道这是大自然对人类的一次极为严重的警告？我们不能再忽视了！希望疫情过去后，人们不是简单地回到原来的生活，而是严肃审视自己的行为，以一种更环保的方式生活，减少碳排，爱惜地球，与大自然和谐相处。

　　这本书的出版并不是我们在碳减排数学模型研究的结束，而是一个阶段性的总结。我们希望有关碳减排的数学模型更加丰富，有更多的用武之地，我们将继续收集和进行相关模型的研究工作，在今后继续展现给大家。如果说我们的确做了点工作，虽然还远远不够，但如果这已为碳减排起到了绵薄之力，我们也备感欣慰。

我们希望数学模型可以为减排、为优化控制、为科学管理、为地球减负，为人类做出更大的贡献。我们更热切地希望碳减排的议题受到各行各业、从政府到百姓更加强烈的重视，并且身体力行，同心合力减排。

因为地球只有一个，我们在此同舟共济！